美是和谐

——周来祥美学文选

周来祥 著

山东文艺出版社

出版说明

"中国现代美学大家文库"共收入王国维、蔡元培、朱光潜、宗白华、蔡仪、李泽厚、汝信、蒋孔阳、刘纲纪、胡经之、周来祥、叶秀山、杨春时、朱立元、曾繁仁等15位美学大家的著作。这些大家分别为中国现代美学开创奠基时期、建设发展时期与当代反思超越时期的代表性学者。所选文章均为他们的代表性作品,且有部分是未发表的新作。作为现代著名美学家主要成果的汇集,本文库旨在对一百多年中国美学辉煌而曲折的发展历程进行梳理与回顾,全面立体地展示现代美学大家的主要学术成果,给美学研究者与普通读者提供经典、全面、权威的美学文本,从而推动新时代中国美学研究向纵深发展。

在编选过程中,对于王国维、蔡元培、朱光潜、宗白华、蔡仪等开创奠基时期美学大家的作品,为了保存历史的真实,依据其原始版本,除对文字明显讹误进行订正外,其余不做较大修改。对于其他美学大家的作品也尽量保持初次发表时的原貌。其中疏漏,尚祈读者指正。

山东文艺出版社

2019年12月

总序

中国百年美学辉煌而曲折的创新之路

尽管审美作为一种艺术的生存方式在中国五千多年悠久文化中有着极为丰富的呈现,中国自有独具特色的东方形态的美学,但现代美学学科却由西方创立并于20世纪初传入中国,迄今已有一百多年的历史。一百多年来,美学领域一代又一代学人在中国传统文化的基础上,历经艰难曲折,辛勤耕耘,不断创新,出现众多著名学者,涌现一批又一批丰硕成果。本丛书作为现代著名美学家主要成果的汇集,旨在回顾这一百多年中国美学辉煌而曲折的发展历程。同时,今年正值新中国成立70周年,中国美学发展的一百多年占据主要时间域的是党所领导的新中国成立后的70年,特别是改革开放40年。因此,本丛书从某种意义上来说,也是新中国成立70年的一份献礼。回顾历史是为了在新时代推动中国美学走向更加辉煌的未来。

众所周知,"美学"一词由德国学者鲍姆加登于1735年首次提出,其原文实为"感性学"之意,日本学人中江肇民用汉语"美学"一词翻译,传入中国后王国维使"美学"成为定译并被中国学人普遍接受。尽管"美学"一词来自外国,美学学科也是近代以来才出现的,但审美作为一种艺术的生存方式却早就存在于中国悠久的历史之中,美学也随着中国五千年的文明史而存在。现代以来伴随着中华民族坎坷曲折的发展历史,美学也在中国不断地发展,而且呈现空前兴盛的状态,这在世界美学史上是罕见的。美学为现代以来中国的人文教育贡献了自己的力量,也在诸多学人的努力与中西古今的冲撞影响中逐步形成现代中国特有的美学精神,值得我们为之书写与发扬。为此,山东文艺出版社特地出版本丛书,共收入15位现代美学家的文选。现代中国美学面临中与西、古与今、革命与学术三种发展境遇。首先是中西之间的关系,这是一种矛盾共存、吸收融合的关系。中西之间一直存在体用之争,长期以来中国美学走的是"以西释中"之路,但历史证明审美既然作为人的一种艺术的生存方式,那么中西之间就不存在先进与落后之别,而只有类型之不同。因此中国美学必须走出一条立足本土、吸收西方有益经验的美学建设之路。本丛书中的美学家的学术之路进一步证明了这一点,充分说明百年中国美学就是一条奋力探索中国美学话语之路,并取得显著成就,给我们以激励与启示,需要我们一代又一代美学工作者承前启后,继续前进,以创新性发展与创造性转化向中国和世界提供愈来愈有价值的美学理论。而马克思主义是放之四海而皆准的真理,马克思主义特别是中国化的马克思主义,对于现代中国美学的指导作用已经被历史事实充分证明。其次是古今关系问题,现代以来中国美学发展面临的主题是中国古代美学资源的现代转化问题。因为中国古代美学资源虽有着与现代美学相异的面貌，但有着巨大的价值，无论从民族立场还是从美学自身建设来说，都需要利用这一宝贵的资源，以便建设具有中国气派与中国面貌的现代美学形态。百年来中国美学界同仁为此付出艰辛努力，本丛书15位美学家的奋斗史也呈现了这种为中国美学民族资源现代转换而奋斗的现实状况。中国现代美学发展还面临着学术与革命的二重变奏，此前被认为是启蒙与救亡的二重变奏，有"救亡压倒启蒙"之说。但笔者倒认为，无论是启蒙与救亡，或者是学术与革命，都是历史的宿命，可以说不是美学工作者自己所能选择的，而且两者之间不仅是一种矛盾，也呈现一种互补。正是在民族救亡的抗日战争硝烟烽火之中，才出现了中国现代"为人民"与"为人生"的美学，才涌现了充满民族情怀的文艺作品，成为中华民族史的辉煌篇章。新中国成立后发生在中国的两次美学大讨论，面临着美学自身学术的发展与批判唯心论革命任务的二重变奏，使得唯物与唯心成为衡量正误的标准，这当然有限制学术发展的局限，但也促使美学界同仁钻研马克思主义，特别是马克思的《1844年经济学哲学手稿》，使得我国现代美学的马克思主义水平有了明显提高，这也是一种重要的学术收获。

本丛书收入的15位美学家其历史跨越幅度较大，基本上可分为中国现代美学开创奠基时期、建设发展时期与当代反思超越时期等三个时期。我们分别按照不同时期对于15位美学家做一个基本介绍。

首先是从20世纪初期开始直至新中国建立前的开创奠基时期，众所周知，包括美学在内的诸多人文学科的现代开创奠基之功首先归于王国维与蔡元培，现代形态的美学与美育就是他们率先引进并加以初步构建的。前已说到"美学"一词就是由王国维认可而从日本引进的。王国维还在1903年《论教育之宗旨》一文中首倡"美育"，并将之界定为"心育"，并提出了美育的"无用之用"的重要作用。当然，王国维还在著名的《人间词话》中提出了"审美的境界"论，继承古代"意境"之说，吸收西方理念之论，成为20世纪中西交融美学之重要成果。

蔡元培也是中国现代美学的重要奠基者之一，他以中西交融的学术修养和崇高的政治学术地位对现代美学，特别是美育的发展与传播做出了杰出的贡献。首先是以其担任教育总长与北大校长的便利，将美育首次纳入教育方针，并力倡"以美育代宗教"之说，强调了美育的科学与民主精神。蔡氏还在美学与美育的学科建设与课程建设上进行了开创性的探索。

朱光潜、宗白华与蔡仪则是继他们之后中国现代美学的开创者与奠基者。朱光潜在20世纪20年代后期即开始在中国倡导美学，并在美学基本知识、文艺心理学、悲剧美学、西方美学与中西比较美学等诸多方面最早进行研究介绍，出版《谈美》《悲剧心理学》《文艺心理学》《诗论》等论著，产生了重大影响，成为现代中国美学史上用力最多最专、影响最广的美学家之一。朱光潜对我国西方美学研究领域有开拓之功，他在新中国成立前的两本心理学论著就是以西方文献为主，并于1948年出版《克罗齐哲学述评》，其中对克罗齐直觉论美学的评述，使其成为我国研究西方美学的领跑者。特别是1963年出版的《西方美学史》，奠定了我国西方美学学科的发展基础，成为该领域的经典。朱光潜倾其毕生精力于西方美学论著的翻译，译介了柏拉图《文艺对话集》、黑格尔《美学》与维科《新科学》等名著，为我们提供了集信、达、雅于一体的西方美学经典译本，惠及一代又一代学人。朱光潜也是我国主客观统一的"创造论美学"的奠基者。在1957年开始的那场美学大讨论之中，朱光潜作为被批判者一方面努力学习马克思主义论著，一方面积极应对论争。他根据马克思主义基本观点明确表示不同意当时占据话语统治地位的"认识论"美学，因为"依照马克思主义把文艺作为生产实践来看，美学就不能只是一种认识论了，就要包括艺术创造过程的研究了"。朱光潜认为艺术创造是以主客观统一为前提的，他的创造论美学是我国美学大讨论的重要理论收获之一。朱光潜还是我国中西美学比较研究的开创者之一，他早期写作的《诗论》，应用文艺心理学原理，采用中西比较方法，对中国传统诗学与美学进行了认真的梳理，是我国现代中西比较美学研究的重要成果。朱光潜晚年潜心钻研马克思主义基本理论，特别是《1844年经济学哲学手稿》，写作了《谈美书简》和《美学拾穗集》，力图以马克思主义为指导研究美与美感、形象思维、现实主义与浪漫主义等基本问题，成为马克思主义美学中国化的可贵探索。朱光潜为我国美学事业奋斗了一生，被称为"美学老人",其作品和思想在国内外具有广泛深远的影响。

宗白华是我国古代美学研究的重要开创者与奠基者。宗白华有深厚的西方学术功底,曾经留学欧洲,翻译了多种西方美学经典,特别是他所翻译的康德《判断力批判》上卷,表现了对于康德美学的深刻理解,成为该论著的翻译经典,至今仍有重要价值。但宗白华却将自己的研究视角聚焦于中国古代美学,在中西结合的广阔视域中提出"气本论生命美学",为立足本土创建具有中国特色的美学理论奠定了基础,做出了示范。宗白华于20世纪80年代出版的《美学散步》与《艺境》,成为现代中国美学研究的经典读本和当代研究古代美学的必备之书,被广泛地引用与研究。宗白华于1928年前后写作《形上学——中西哲学之比较》,又于1979年发表《中国美学史中重要问题的初步探索》等文,为中国古代美学研究奠定了哲学的基础。在前文之中,宗白华明确将西方哲学(包括美学)基础表述为抽象时空之几何哲学,中国乃"四时自成岁之历律哲学",划分了西方美学之科学主义与中国美学之天人合一人文主义之区别。后文乃第一次将《周易》作为我国最重要的古代美学经典之一,指出"《易经》是儒家经典,包含了宝贵的美学思想。如《易经》有六个字:'刚健、笃实、辉光',就代表了我们民族一种很健全的美学思想"。这就为后人的中国美学研究奠定了扎实的理论基础。宗白华首次提出中国古代美学研究应以传统艺术与艺术创作为中心,由此开辟了中国传统美学独特的研究路径。他说，"在西方，美学是大哲学家思想体系的一部分，属于哲学史的内容……在中国，美学思想却更是总结了艺术实践，回过头来又影响艺术的发展"；因此，他主张"研究中国美学史的人应当打破过去的一些成见，而从中国极为丰富的艺术成就和艺人的思想里，去考察中国美学思想的特点"。他本人正是这样实践的，总结了绘画、戏剧、建筑、音乐、诗歌之中的美学思想，别开生面，使人耳目一新。宗白华还以中西比较的视野建构了中国传统美学研究的特殊内涵。首先是他对中国传统美学"意境"的理论进行了全新的研究与阐释，将意境阐释为"有节奏的生命"或"生命的节奏"；同时，宗白华还深入研究了中国传统美学之中的时间与空间关系，提出中国传统美学化空间于时间的重要艺术论题，对中国传统美学的虚实相生进行了独特的研究。宗白华还阐发了中国传统美学的其他有关范畴，例如国画的"气韵生动"、书法的"筋血骨肉"、建筑的"飞动之美"、戏曲的"以动代静"、舞蹈的"生命玄冥的肉身化之美"、音乐的"声情并茂的胜妙之美"和诗歌的"情景交融的意境之美"等等。可以说，宗白华的成果尽管字数不多，却是浓缩的精华，可谓字字千金。

蔡仪是中国现代唯物主义美学的开创者与积极推动者。他于20世纪40年代白色恐怖的历史语境下，排除重重障碍写作出版了著名的《新艺术论》和《新美学》两本专著，以大无畏的理论勇气力批当时盛行的唯心主义哲学与美学理论，系统而有力地创立了富有理论特色的唯物主义美学与艺术思想体系。他在《新美学》开头第一句话就指出：旧美学已完全暴露了它的矛盾，而他的新美学是以新的方法建立新的体系。他在这两本著作之中明确提出"美在客观事物"与"美在典型"等崭新的美学理论观点，被称为"中国现代第一个依据自己的思考去表述自己的有系统的美学思想的学者"。新中国成立后，蔡仪继续以其对马克思主义的信仰与对真理的追求，带领他的团队为创立中国特色的马克思主义的唯物论美学而奋斗，进行了科研、学生培养与文献译介等一系列富有成效的学术工作。特别是以其坚持真理、矢志不渝的精神投入第一、二次美学大讨论之中，树起了"客观派"的美学大旗，深入阐释了他所坚持的马克思主义唯物主义美学原理，积极参与学术论辩，建构具有鲜明特色的中国式的马克思主义唯物主义美学体系。该体系包括"美在客观存在""美的认识""美是典型"等紧密相关的美学范畴。蔡仪旗帜鲜明地提出："美的本质是什么呢？我们认为美是客观，不是主观。"他又说："美的事物就是典型的事物，就是种类的普遍性、必然性的显现者。"后来蔡仪又引入了马克思《1844年经济学哲学手稿》中有关"美的规律"的论述，认为美的客观性与典型性表现为按照美的规律来造形。蔡仪还提出了"自然美""社会美""具象概念"与"美的观念"等美学范畴，具有创造性的学术价值。他所主编的《文学概论》教材为推动我国高校美学与文艺学教学起到重大作用。

　　我国美学发展的第二个时期是新中国成立之后，在马克思主义与毛泽东思想的指导下美学有了新的发展，具有显著的中国特色。这一时期最重要的美学学术事件就是两次美学大讨论，使得美学出现了从未有过的兴盛，尤其改革开放后的第二次美学大讨论更是兴起了一股美学热，为世界美学史所罕见。新中国成立后的美学发展交织着革命与学术的二重变奏，所谓"革命"是指第一次美学大讨论起源于对唯心主义美学观之批判，目的是进一步普及马克思主义的唯物论，政治的指向性非常明显，大讨论中的政治色彩也非常浓厚；所谓"学术"是指这次美学大讨论是以"百家争鸣，百花齐放"的方式展开的，也就是说大讨论的过程中对于所谓唯心主义观点一般当作"学术问题"处理，而其结果也的确在一定程度上起到了普及马克思主义唯物论的作用，产生了以李泽厚为代表的"实践论"美学，其具有科学性与理论的自洽性，极大地影响到中国很长一段时期内美学学科的发展及其面貌。本丛书涉及的李泽厚、汝信、蒋孔阳、刘纲纪、胡经之、周来祥与叶秀山就是这一时期的代表人物。

李泽厚是新中国成立后我国美学研究领域的标志性人物，是社会论实践美学的创立者与两次美学大讨论的重要推动者，也是少有的具有重要国际影响的中国现代美学家。他是巴黎国际哲学院院士、美国科罗拉多学院荣誉人文学博士，其《美学四讲》入选著名的《诺顿文学理论与批评选集》。李泽厚在哲学基本理论、中国思想史、美学与伦理学领域均有重要建树。在美学领域，他成为第一次美学大讨论社会学派的领军人物，在这次美学大讨论中起到实际的主导作用。在20世纪80年代的第二次美学大讨论中他力倡的"主体性"理论成为改革开放后思想解放运动的代表性思潮。他更加明确地提出"实践论美学",以马克思关于物质生产实践是人类一切活动之基础的理论为指导,提出"人化自然""实践本体""情本体"与"积淀说"等一系列具有独创性的美学观点。他出版了《批判哲学的批判》《美的历程》《华夏美学》与《美学四讲》等经典美学论著。晚年,李泽厚深入研究中国传统文化,探索"以儒学代宗教"的"天地境界论",提出"中国审美主义的感情以深植历史性为'本体'"的"以美育代宗教"之说。李泽厚强调的"美是合规律性与合目的性的统一""救亡压倒启蒙"与"中国文化的儒道互补"等观念对中国现代美学的发展产生了重要影响。

汝信是这一时期西方美学学科的重要开拓者,他早在20世纪50年代就开始了西方哲学与美学的研究,并于1958年在《哲学研究》上发表《论车尔尼雪夫斯基对黑格尔美学的批判》。1963年又出版了《西方美学史论丛》,是国内第一本以西方美学为主题的综合研究著作,与同年出版的朱光潜的《西方美学史》一起,标志着在我国西方美学已经成为一门独立的学科。1983年汝信又出版了《西方美学史论丛续编》。汝信坚持马克思主义指导西方美学研究,特别坚持马克思主义唯物史观的指导。他从宇宙观、认识论、伦理观与政治思想等方面全面地、认真地研究柏拉图的美学思想,对新柏拉图主义的重要代表普罗提诺进行了深入剖析,填补了这一方面的研究空白。他的《黑格尔的悲剧论》深刻剖析了黑格尔悲剧论广阔的历史感与社会文化视野，成为西方美学研究的范本。汝信还对俄国别林斯基、车尔尼雪夫斯基与普列汉诺夫等人的美学思想进行了深入的研究，均有开拓的价值。汝信用具有说服力的材料批驳了当时苏联哲学界流行的将德国古典哲学说成是德国贵族对于法国大革命的一种反动的错误判断，论证了青年黑格尔是当时德国新兴资产阶级的思想代表，黑格尔的辩证法反映了资产阶级上升时期的愿望和要求。汝信对黑格尔的劳动和异化理论的开拓性研究填补了国内研究的空白。此外，他在现代西方美学研究方面有许多新的拓展。20世纪80年代，汝信到美国哈佛大学访学之时即逐步将美学研究的注意力转向黑格尔以后发展起来的另一条相反的思想线索，即以个人为特征的由克尔凯郭尔和尼采所代表的社会思潮。此时汝信逐步转向现代西方哲学与美学研究，他率先并引领学生发表了有关文章，出版了专著，在国内学术界开风气之先，影响深远。汝信不仅在西方美学理论研究方面辛勤耕耘，还直接从西方艺术作品与古迹中去找寻美，并于1992年出版了《美的找寻》一书，成为西方美学审美意识研究的重要范本。他担任主编，历时九年写作出版了四卷本《西方美学史》，以其资料的原初性与理论创新性为特点，成为进入西方美学研究的"钥匙"。1998年，汝信担任中华美学学会第三任会长，以其谦虚、开放与睿智的人格与扎实学风富有成效地引领中国美学学科由20世纪进入21世纪。

　　蒋孔阳是我国现代美学建设发展时期最重要的代表人物之一，他的美学贡献是多方面的。首先，他是我国现代西方美学研究的奠基者之一，1980年《德国古典美学》出版，该书是蒋孔阳的代表作，也是我国第一部断代的西方美学专著，在国内外均产生了重大影响。该书以整体研究的方法，坚持唯物史观的指导，对德国古典美学的产生、发展与内涵进行了深入的研究与阐发，具有独到的见解。蒋孔阳还与朱立元一起主编了七卷本《西方美学通史》，是迄今为止我国最全的一部西方美学通史，对西方美学研究起到了重要推动作用。蒋孔阳是中国古代音乐美学研究的奠基者之一，他于1986年出版的《先秦音乐美学思想论稿》一书，引起广泛影响，至今仍然是音乐美学领域的经典论著之一。蒋孔阳首先确定了中国古代音乐美学的重要地位，认为公元前2世纪的《乐记》完全可以与古希腊亚里士多德的《诗学》相媲美。他以唯物史观为指导，从经济社会的广阔背景上研究了先秦音乐产生的社会文化根源。蒋孔阳以扎实稳妥的文献考订为基础，探索了中国先秦时期音乐思想的特殊范畴及丰富内涵。他还采取整体研究方法，将先秦时期诸多学派的音乐思想作为一个整体来审视。蒋孔阳是我国美学大讨论的主将，也是实践派美学的重要参与者与创新者之一。特别是1993年出版的《美学新论》，是他一生美学研究的总结，也是新时期我国美学研究的重要成果与收获。他突破了实践美学"美先于美感"的基本判断，提出美与美感同生同在的观点。美与美感到底谁先谁后呢？他说，"从生活和历史的实践来说，我们很难确定先有那么一个形而上学的、与人的主体无关的美的存在，然后再由人去感受和欣赏它，再由美产生出美感来",事实上,美与美感,像"火与光一样,同时诞生,同时存在"。这实际上是对实践美学的重大突破,并从实践美学的人生本体走向审美关系论美学,因此蒋孔阳的"新美学"可以概括为"审美关系论美学"。他提出了审美关系的四重属性:感性基础、自由属性、整体属性与情感属性。蒋孔阳突破了实践美学将实践局限于物质生产的理论界定,而是将精神生产甚至是审美活动也看作一种实践。蒋孔阳还在《美学新论》中突出了审美的"创造性"特色,提出独树一帜的"多层累的突创说"。总之,蒋孔阳的审美关系论美学是新中国成立以来直至20世纪90年代我国美学研究的一个总结。

刘纲纪是我国美学建设发展时期的重要推动者,他在美学基本理论、中国古代美学与书画美学方面取得一系列具有突破性的重要成就。刘纲纪是我国两次美学大讨论的重要参与者,也是实践美学的重要开创者之一。他在20世纪80年代出版的《艺术哲学》已经成为实践美学的经典论著之一。刘纲纪从研究马克思《1844年经济学哲学手稿》出发,提出"社会实践本体论"的重要观点,认为马克思的本体论在本质上是实践本体论,并认为物质生产实践是艺术、美感与美的本源,认为劳动对美的创造还与人类生活实践创造紧密结合。刘纲纪构建了一个实践美学理论框架,这个框架以实践本体论为哲学基础,以创造为主体性活动,最后以自由为人的根本诉求,可概括为"实践—创造—自由"相统一的美学体系。刘纲纪继承宗白华美学传统并加以发展,成为中国美学领域的重要开拓者之一。20

世纪80年代,刘纲纪与李泽厚共同主编《中国美学史》,特别是由刘纲纪独立执笔撰写的第一、二卷被认为是中国美学史的开山之作。该著作提出了中国美学史的对象、任务、特征与分期等问题,以及儒、道、释、禅四大主干的重要观点和中国美学史的六大特征,为中国美学史的进一步发展奠定了基础。刘纲纪于20世纪90年代初出版的《周易美学》是对宗白华周易美学研究的拓展,成为中国周易美学研究的经典之作。刘纲纪准确地提出将《周易》作为中国古代美学研究的切入点,挖掘其生命论美学内涵,为中国古代美学进一步健康发展找到了一条较佳路线。刘纲纪结合中国美学特别是周易美学特点提出,中国美学常常在没有"美"字的地方包含着美的内涵,从而揭示了中国美学的特殊性所在。他还具体揭示了《周易》之"元亨利贞"与"阳刚阴柔"所包含的美学内涵。刘纲纪还从中西比较视野深入阐释了《周易》之生命论美学相异于西方的特殊价值意义,《周易美学》是中华美学走向世界与走向现代的有益尝试。刘纲纪还是著名书画家,在书画美学领域建树颇多。

胡经之教授是我国文艺美学学科的重要倡导者。1980年在昆明召开的全国首届美学会上,胡经之在发言中指出,高等学校的美学教学不能只停留在讲美学原理的层面,还应开拓和发展文艺美学。这实际上是在改革开放背景下贯彻"解放思想,实事求是"思想路线的结果,试图突破以政治代艺术的错误思潮,加强对文艺内部规律的研究。胡经之又于1982年1月在北京大学出版社出版的《美学向导》一书中发表《文艺美学及其他》一文,第一次从独立学科的角度论述了文艺美学。他还于1989年在北京大学出版社出版的《文艺美学》学术专著中,全面论述了文艺美学的对象、方法与内涵。胡经之教授还主编了与文艺美学有关的《中国古典美学丛编》《中国现代美学丛编》《西方文艺理论名著教程》等书,为中国文艺美学的进一步发展奠定了文献基础。正是在胡经之等学者的不懈努力下,文艺美学正式进入被教育部认可的学科体系,成为中国语言文学学科的二级学科文艺学的重要学科方向之一,进而培养了数量众多的研究人才。

周来祥是我国美学建设发展时期的重要参与者与积极推动者。他从事美学研究60多年,涉及领域广泛,在美学基本理论、文艺美学、中国古典美学、中西比较美学与审美文化史等方面均有特殊贡献,尤其是他倾其毕生精力创立并发展了"和谐美学学派",影响深远。他于1984年就出版了《论美是和谐》,此后又出版了《再论美是和谐》《三论美是和谐》与《古代的美 近代的美 现代的美》等论著,全面阐释了"美是和谐"的基本命题。周来祥是中国两次美学大讨论的积极参与者和实践派美学的重要推动者。他以社会实践为哲学前提,而其学术指向则是"和谐",即"人与自然、人与社会、人与自身的和谐",和谐既是美学追求的最高目标,也是人生最高的审美境界。他以马克思主义为指导论述了古代素朴的和谐美、近代的崇高美以及社会主义的新型的辩证的和谐美,构建了自己的"文艺美学"体系,被称为"和谐论文艺美学"。周来祥还以"和谐美学"为指导对中西美学进行了深入的比较研究,撰写了《中西古典美理论比较研究》等专著,他认为中西美学都以古典和谐美为理想,既有共同规律又有各自特点。周来祥还以"和谐美学"为指导主编了大型的六卷本《中华审美文化通史》,在中国审美文化研究方面多有建树。

在我国美学的建设发展时期,还必须提到叶朗教授对于中国传统美学研究发展所做出的重要贡献,他的《中国小说美学》《中国美学史大纲》与《美在意象》成为我国新时期传统美学研究的代表性成果。

叶秀山是我国著名哲学家与美学家,中国社科院学部委员。他的主要成就在于西方哲学研究上的诸多创新,但叶秀山对于美学也有着浓厚的兴趣,并积极参与,著作甚多,影响深远。他曾经参与了王朝闻主编的《美学概论》的编写,历时四年,做出了自己的贡献。在美学理论上,他于1988年出版著名的《思·史·诗》,成为我国最重要的现象学哲学与美学论著之一。该书深入地论述了现象学领域中哲思、历史与诗歌的关系,以及后现代理论家对此的解构与超越,给我国当代美学建设诸多启发。他于1991年出版《美的哲学》一书,该书并没有局限于美学学科内部研究范式,探讨"美"的本质与现象,而是从哲学的高度进行高屋建瓴式的阐发。叶秀山通过剖析人与世界的关系和人的生存状态,将艺术视为一种基本的生活经验和基本的文化形式、一种历史的"见证",在独特的哲学视角下阐释了自己的美学观与艺术观,呼吁让生活充满美和诗意。叶秀山对京剧与书法有着特殊的兴趣并进行了深入的研究。20世纪60年代开始,他出版了《京剧流派欣赏》与《古中国的歌——京剧演唱艺术赏析》等书,深入阐发了作为世界三大戏剧流派之一的京剧载歌载舞的艺术特征。他酷爱中国书法,曾经在20世纪70年代特殊时期偷偷研究书法艺术并练字。1987年他出版《书法美学引论》,提出"西方文化重语言,重说;而中国文化重文字,重写"的观点,开启了从这一特殊视角进行中西对话的新领域;并在该书中提出,中国书法"是一种活动的线条的舞蹈,那么,很自然地就会以草书作为它的范本",从美学的角度阐述了书法重节奏和韵律的美学特点,深化了我国书法美学研究。

20世纪90年代以来,中国改革开放进一步深化,工业化的弊端逐步显露。加上西方后现代文化的影响,中国文化领域逐步步入具有后现代色彩的反思与超越阶段。在美学领域,表现为对于两次美学大讨论,特别是对于"实践美学"的反思与超越,反思其固有的认识论理论根基、主客二分的思维模式与"人化自然"的理论局限,于是出现"后实践美学"。

首先是杨春时在1993年北京美学年会上提出了"超越实践美学,建立超越美学"的新见解,成为新时期当代中国美学的新气象。由此,出现"实践美学"与"后实践美学"的争论,这实际上是对实践美学的反思与超越,对于推进和活跃中国美学研究具有重要意义。杨春时也在批判以认识论为基础的实践美学的基础上建立了自己的生存论美学体系,用

"审美是自由的生存方式与超越解释方式"取代"美是人的本质力量的对象化"的定义,树立起自己的后实践美学的大旗。"生存"是其超越美学的逻辑起点,他认为,"生存"既不是"物的存在",也不是"动物的存在",而是"人的存在",是一种"自我的存在""有意义的存在"。"生存"与"实践"的区别在于它有超越性的本质,以理想超越现实,以感性超越理性,以精神超越物质,以个性超越社会性。2002年之后,他从生存论走向存在论,从主体性走向主体间性,逐步建立起自己的以"存在"为本体的"主体间性"超越美学的理论体系。由此说明,中国美学发展终于开始与世界美学的发展相同步。

1900年,胡塞尔即提出"现象学"方法,"悬搁"工具理性时代流行的主客二分对立,后来又发展到"相互主体性",即"主体间性",欧陆现象学以及由之产生的存在论哲学与美学逐步成为哲学与美学的主潮。与之相应,英美分析哲学与美学日渐发展,以"分析"解构了各种理性主义的本质主义。中国新时期的"后实践美学"就是试图以这种现象学与分析哲学的武器,突破传统美学,建设当代新的美学形态,朱立元就是从实践美学阵营中脱颖而出的当代美学家。他是继朱光潜、汝信与蒋孔阳之后我国西方美学研究方面的代表人物。他先是协助蒋孔阳主编了七卷本的《西方美学通史》,本人也著有多本西方美学论著,具有广泛的影响。朱立元长期继承发展蒋孔阳的实践美学思想,并持此观点参加当代学术界有关实践美学的讨论。但从20世纪90年代中期以后,朱立元开始反思实践美学认识本体论的局限。他从哲学范畴"本体"即"存在"的视角思考突破实践美学认识本体论的理论框架，逐步形成自己的"实践存在论美学"理论。2004年，朱立元发表论文正式提出自己的美学思想"以实践论与存在论的结合为哲学基础"。2008年，朱立元主编的《实践存在论美学丛书》五卷本出版，将实践存在论美学以较为完整的理论形态呈现于学术界。朱立元的"实践存在论美学"的基本特点是将马克思的"实践"概念赋予"实践存在论"的崭新含义，实际上是对传统实践美学的突破与发展。他指出，马克思在《1844年经济学哲学手稿》中多次提到"存在论的"（ontologisch）一词，"有力地证明了马克思存在论思想和维度的客观存在"。他以马克思的"实践存在论"为出发点，突破传统的"美的本质"的美学研究逻辑起点，认为"审美活动是美学问题的起点"，因为审美活动是人的实践存在方式之一，而审美活动正是审美关系的具体展开。为此，朱立元突破传统的"美、美感与艺术"的三元美学研究逻辑框架，提出"审美活动—审美形态—审美经验—艺术审美—审美教育"的美学研究逻辑框架。朱立元的探索是对传统实践论美学的突破，也是对马克思美学思想的新理解与新阐释，具有重要的学术意义。

承蒙山东文艺出版社的抬爱，将笔者作品也收入本丛书。笔者是从20世纪80年代初期由于教学工作的需要参与美学研究的，主要在西方美学、审美教育与生态美学方面用力较多。西方美学方面出版《西方美学简论》《西方美学论纲》与《西方美学范畴研究》等论著，审美教育方面曾出版《美育十讲》与《美育十五讲》等论著。收入本丛书的是生态美学方面的论文。生态美学是20世纪90年代中期在反思与超越的基础上产生的一种美学形态,笔者第一篇生态美学文章《生态美学:后现代语境下崭新的生态存在论美学观》发表于2002年,此后出版《生态存在论美学论稿》《生态美学导论》《生态美学基本问题研究》与《中西对话中的生态美学》等论著。生态美学产生于反思我国严重的环境污染、人类中心论的蔓延与美学领域实践美学的"人本体""工具本体"与"自然人化"等美学观点,在哲学基础上由传统认识论过渡到实践存在论,并由人类中心论过渡到生态整体论;在美学研究对象上突破"美学是艺术哲学"的观点,而将人与自然的审美关系包含在审美对象之中;在哲学方法上,突破传统美学主客二分的认识论方法,运用生态现象学方法;在自然审美上突破传统的"人化自然"的观点,认为没有实体性的自然美,自然美是审美对象的审美属性与人的审美能力交互产生的人与自然的审美关系;在审美属性上,否定静观美学,倡导"参与美学";在美学范式上突破传统的以如画为主的形式美学,倡导一种生态存在论美学,将诗意的栖居、家园意识与场所意识等引入生态美学;在传统文化上,认为中国传统社会以农为本的特点决定了中国传统美学本身就是一种生态的美学与艺术,是一种生生美学,应当发扬光大。生态美学是一种正在建设发展中的美学形态,需要更好地结合生活与文化的现实,在中西比较对话中加以完善,有望成为与欧陆现象学生态美学、英美分析哲学环境美学鼎足而立的中国特色生态美学。

回顾历史是为了更好地推动中国美学发展,当前我国进入中国特色社会主义建设的新时代,在"两个一百年"奋斗目标中,国家将"美丽中国"建设写到社会主义宏伟蓝图之上,为我国美学学科的未来发展开辟了更加广阔的天地。相信更多的青年学者会在美学学科中大展宏图,书写更加辉煌的美学篇章。

注:本文写作过程中参阅了科学出版社出版的《20世纪中国知名科学家学术成就概览》(哲学卷)等文献。

曾繁仁2018年9月29日写,2019年3月21日改定

目录

序文 / 001

第一编　和谐美学的总体风貌 / 001

和谐美学的总体风貌 / 002

现代自然科学方法和美学、文艺学的方法论 / 015

辩证思维方法与当代马克思主义美学、文艺学理论体系 / 025

美学是研究审美关系的科学
　　——再论美学研究的对象 / 049

文艺美学的对象与范围 / 066

东方与西方古典美学理论的比较 / 071

中华美学的根本特点及其对人类美学的贡献 / 082

第二编　中国古典美学与中国古代艺术 /105

是古典主义,还是现实主义
　　——从意境谈起 / 106
中国古典美学的奠基石
　　——论《乐记》的美学思想 / 118
古典和谐美的理想与中国古代艺术的模式 / 152
中国古典美学同近代浪漫主义、现实主义美学的分歧 / 166
中国古典美学的艺术本质观 / 206

第三编　美和崇高纵横论 /221

美和崇高纵横论 / 222
崇高·丑·荒诞
　　——西方近现代美学和艺术发展的三部曲 / 248
近代崇高型艺术的艺术本质观 / 271
荒诞和荒诞的后现代主义 / 282
在矛盾、冲突、激荡中追求着和谐 / 313
论哲学、美学中主客二元对立思维模式的产生、发展及辩证
　　的解决 / 329

附录　周来祥先生主要著述写作年表 /351

序文

周来祥先生是中国当代著名美学家,他创立的和谐美学在当代美学的理论格局中占有重要地位。周来祥先生2011年辞世距今已有七年,他留给后人一笔丰厚的美学遗产,这就是底蕴深厚的辩证思维的方法、切入精髓的古典美学研究以及从古代和谐突围的历史启示。尤其值得注意的是,在一般美学论述中通常仅作为诸多平面逻辑范畴之一的崇高,在和谐美学中转化为一个宏观的立体的历史范畴,这一转化不仅使和谐美学构成了一个从古代和谐经近代崇高到现代和谐,亦即从古代美经近代美到现代美的宏大完整的理论体系,更重要的是,崇高以其特有的矛盾对峙的美学特质,亦即主观与客观、理想与现实、表现与再现、情感与理智、时间与空间等一系列从属范畴的分裂互动,对应了中国美学从王国维至今的历史现实,对应了从封闭狭隘的古代和谐走向现代美学的历史要求,从而在对当代中国美学内在底蕴和发展动向的阐释上具有高度的适应性和巨大的理论潜力。

作为历史范畴,崇高在周先生的美学体系中有一个逐渐充实深化的过程；以20世纪80年代中期为界，和谐美学的发展分为前后两个阶段，可称为前期和谐说和后期和谐说。在前期研究中，崇高对于从古代和谐向现代和谐的转化过程，仅具有作为中介的过渡作用和从属地位；而在后期研究中，崇高则成为其整个理论体系的重心，并在与丑及荒诞等诸多范畴的复杂关联中，获得了更丰富、更深刻的理论规定和现实内容。

在周来祥美学中，崇高与"近代美学"的概念密切相关，而在和谐说的不同时期，这个概念也有不同的含义。在前期和谐说中，"近代美学"只是导向"现代美学"的过渡性环节，而这个"现代"就是20世纪50年代以来的中国美学，周先生又称之为"辩证和谐"或"新型和谐"，从这个角度看，王国维之后的中国"近代美学"和他之前的"古代美学"一样，都是一个过去时的概念。但在后期和谐说中，周先生认识到，无论是西方近代美学还是中国近代美学，都未曾达到"辩证和谐"的阶段，那种不同于古代素朴和谐的"新型和谐"，只是作为未来的审美理想发挥着感召和引导的作用。这样一来，原本作为辩证和谐的"现代美学"之"现代"，就不再指涉20世纪后半叶至今的现实过程，而成为一个未来理想或美学憧憬；相应地，原本包蕴着崇高的"近代美学"之"近代"，也不再是标示过去历史的概念，而成为一个指涉正在发生的历史过程和现实状态的美学范畴。

与前期和谐说中"近代美学"作为过渡阶段而导向"现代美学"不同，在后期和谐说中，"近代美学"作为否定的阶段却主要与"古代美学"相关，也就是说，后期和谐说逐渐突显了"近代美学"对古代和谐的突围和裂变的作用；从这个意义上说，前期和谐说的"近代美学"实际上就是从王国维运行至今的"现代美学"。为了避免概念上的混乱，应当从后期和谐说出发，将前期的"近代美学""近代崇高"等，统一地理解和表述为从古代美学艰难突围并且经常倒退回去的"现代美学"或"现代过程"，而这个"现代美学"的核心范畴，就是蕴含着矛盾冲突的非和谐的"崇高"。周来祥先生并没有将其和谐说划分为前后两期，这个分期是我在新世纪初做出的，周先生知道我对他的这个分期，他也是赞同的。

将王国维美学确定为中国古代美学的历史终结点，这是周来祥美学的重要贡献。周先生指出，美学史的研究要注意繁杂的历史材料中概念范畴的承接和更新，而王国维之所以成为中国美学的终结点，就在于他对"壮美"的倡导和论述。这个"壮美"即康德美学的"崇高"，不同于中国古代美学中与"优美"相对应的"壮美"，而这个"壮美"或"崇高"是不可能出现在古代和谐美学中的。王国维美学既是古代和谐的终结点，同时也是20世纪中国美学现代进程的起始点，王国维之后的中国美学，其历史任务就是对古代和谐的否定和对近代（现代）崇高的展开。在前期和谐说中，对于王国维美学这个历史关节点，周来祥美学更关注它对古代美学的终结，而不是它对现代美学的展开。20世纪80年代后期，进入后期和谐说的周来祥美学将研究的重点从和谐转向崇高，并对中国现当代美学的发展进行了深刻的反思，认为如果没有经过崇高的充分否定而突显现代和谐，那这个和诸实际上只能倒退到古代和谐。

　　作为历史起点,王国维美学包含着20世纪中国美学乃至更为久远的未来历史将逐渐展开的美学胚芽。尽管21世纪以来中国美学对这个历史起点逐渐形成某种共识,但却忽略或有意回避、曲解了王国维美学与康德美学的关系,总体上处在错乱低落的状态并向古代美学倒退[①]。为了走出古典主义延滞阻遏的困境,中国当代美学应当承继发扬老一辈美学家的理论遗产和思想传统,拓展、更新和重构美学的崇高,使之成为涵盖和引领整个当代美学发展的总范畴,推动中国美学以主客对峙、双维拉动的方式真正进入其现代行程。

邹　华
2018年7月28日

---

　　① 康德美学的重点不是纯形式的优美,而是象征自由精神的崇高。这个问题我在拙作《新时期文艺理论对西方现代美学的引进与移植》(《学术月刊》2016年第11期)一文中有较详细地论证;另外,关于"审美特征论"对"文革"结束至今的中国美学的影响,我在拙作《中国当代美学的八大范畴及其变异》中亦有所论述(《学术月刊》2018年第8期)。

第一编

和谐美学的总体风貌

和谐美学的总体风貌[①]

　　近来有些学界的同仁和青年朋友经常来函来电索要我的一些论著,但这些论著有的出版于50年代到80年代,有的散见于国内外各种报纸杂志,很难于找寻寄赠。请他们到有关单位去买,他们说书店已很难寻购,连出版社也把库存的售之一空了,因此,不少同志敦促我出一本较完整的选集,以供有关读者和研究者参考。我考虑再三,也觉得有必要,就这样做了。

　　为了说明我美学思想的整个体系和研究的总体风貌,这个选集大体分美学原理、文艺美学、中国美学、西方美学、中西方比较美学等五大部分。每个部分又大致按专题予以类编,如美学对象论、美学方法论、美是和谐论、美学体系论、艺术审美本质论、艺术形态论等。每一专题中又希望能见出我思想发展、变化的一些历史轨迹,以说明我美学思想的来龙去脉。

　　为了便于了解我的美学思想,使人们在接触每篇文章、每个观点时,能首先把它放在总体之中来掌握,以期真正达到在总体中把握局部,在局部中理解整体,在综合中进行分析,在分析中实现综

[①] 本文为《周来祥美学文选》(广西师范大学出版社,1998年版)自序。

合的现代辩证思维的高度。我想在这里先把我的美学思想体系做一个极简略的勾勒。

我从事美学文艺学的研究，始于50年代初，经过近十年的探索，到50年代末、60年代初，我在北京参加高等教育部组织的大学生《美学概论》教材的编写时，在一次美的本质问题的讨论会上，才首次提出了"美是和谐"的观点。我认为和谐为美，不和谐就不美，反和谐就是丑。有人说和谐是属于形式的范畴，我觉得它包括形式的和谐，但比形式要深刻丰富得多，它大致包括这样紧密相连的五层内涵：1. 感性对象形式的和谐，如人、物、艺术品等，其构成的质料、媒介的粗细、软硬、方圆、大小，及其比例、均衡、对称、多样统一的和谐（形式美）。2. 感性对象内容的和谐，如人的心理、情感和精神世界的和谐，艺术中的主观与客观、再现与表现、情感与理智、想象与思维等各种因素的和谐。3. 内容与形式的和谐统一。内容的和谐要求着形式的和谐，并制约着内容与形式之间的和谐，形式的和谐也规范和陶铸着内容的和谐。这个意义上的和谐在艺术美中体现得尤为显著。4. 审美对象和审美主体之间的和谐。从发生学的角度看，审美对象和审美主体是在实践中同时产生的。人类在实践中分化出理性认识关系、伦理实践关系和体验观照审美关系。只有在审美关系中，对象才呈现为审美对象，主体才被规定为审美主体。在这一意义上，对象才不是一般的对象（不是认识对象，也不是意志对象），而是特殊的审美对象，或者说对象才呈现为美。正因为如此，所以我说美是由和谐自由的审美关系规定的，或者说美是和谐的审美关系的对象性属性，是和谐自由的审美关系的载体。从现实的审美角度看，审美对象规定着审美主体，而只有审美主体才能观照和体验审美对象。对牛弹琴，琴不是牛的审美对象，牛也不是琴的审美主体，二者是互为条件的，否则就构不成现实的审美关系，也就构不成现实的审美对象和审美主体。因此也可以说现实的美同样是由现实的审美关系规定的。而且这种审美主体和审美对象浑然难分的无差别境界，常常成为人们追求的一种最高的理想境界。5. 上述所说的和谐，从历史唯物主义的角度看，说到底又被决定于社会历史过程中人与社会、人与自然、人与自身的复杂关系，这种复杂的社会关系又集中凝结在特定历史阶段的人身上。在我们社会主义不断向共产主义发展的今天，又特别体现于完美的和谐的全面发展的新人身上。只有感性与理性、个性与共性、肉体与灵魂全面和谐发展的新人，才能创造新的和谐的美，才能观照和谐的美。在当今，和谐为美，归根结底是以培育和塑造全面和谐发展的新人为最高理想。总之，和谐乃宇宙、人间之大法，之根本原理和运动规律，不可谓不大也。和谐为美的理论，在中国日益为人们所认同，出版了不少美学论著，已形成了一个很有生命力的新学派，被称之为"和谐美学体系"及"和谐美学学派"。

和谐还是一个抽象的范畴，逻辑范畴必须与历史相结合。和谐的逻辑展开与审美关系的历史发展（其根源是人类社会历史的变迁），与人类文化艺术的历史嬗变，与人类审美活动的历史实践，总体上是一致的。综观历史，和谐的嬗变，大体经过了古代素朴的和谐美、近代对立的崇高（广义的美）和现代辩证的和谐美三大历史阶段，或者说三大美的历史形态。

古代的美是素朴的和谐美，它把构成美（和艺术）的各种因素有序地、稳定地、平衡地、和谐地组合为一个有机整体，这被制约于古代主客未充分分裂的农业社会，同时也被决定于古代素朴辩证的哲学思维和古代人平衡和谐的心理模式及强调中和的文化传统。

近代的美是对立的崇高（广义的美），它把构成美（和艺术）的各种对立的、无序的、动荡的、不和谐的元素组合为一个矛盾复杂体。这种分裂与对立，又经历了从崇高、丑向荒诞发展的三部曲，这与从自由工业社会经垄断工业社会发展到后工业社会相适应，同时也受制于形而上学的哲学、否定的辩证法和悖论思维的演进。

现代的美是辩证和谐的美，它彻底否定了近代崇高的绝对对立，也扬弃了古代美的素朴和谐，它又吸收了近代的对立和古代的和谐并加以综合地发展，成为既追求深刻的对立，又追求高度和谐的最新的美。它既有近代的无序、动荡、不平衡、不稳定，又有古代的有序、稳定、平衡和宁静，这是与社会主义、共产主义的时代特征，及辩证唯物主义的哲学和现代人的辩证和谐的心理结构相一致的。

艺术作为现实美、生活美的反映，是审美意识的物化形态，现实美的本质、审美意识的本质规定着艺术的审美本质。现实美与艺术美只有物质与意识之分，在美的和谐自由的关系上是一致的。美是和谐，是感性对象内容与形式、审美主体与客体、人与社会、人与自然、人与自己的和谐，这在艺术中相应地表现为主观与客观、表现与再现、意志情感与理性认识、理想与现实、真与善以及物化审美意识的各种艺术媒介的和谐组合。所以在和谐自由的本质上，美、审美、艺术是三位一体地、内在地统一在一起的。不了解这一点就会把美和艺术砍成两橛，说美与艺术无关，论艺术也就在美之外了，这就使得有些文艺理论和艺术理论的著作，难于进入美学的层面，其研究的深度也受到一定的局限。

艺术作为美的反映、审美意识的物化、审美关系的典型，一方面与意志、目的、善相联系，一方面又与理智、认识、真相关联；或者说，一方面与感性伦理实践相联系，一方面与理论科学思维相联系。审美、艺术介于二者之间，是第三王国。从艺术与理论科学的关系看，艺术不以概念为中介，但又趋向于一种不确定的丰富多义的概念。艺术的特质在于以情感为中介的感知、理智、想象等多元因素和谐组合的审美意识形态,或者说它是一种模糊概念,是确定性与不确定性、明确性与不明确性的统一。从艺术与感性伦理实践的关系看,它是无目的的,但又符合于一定的社会目的。形式上无目的,实质上又体现了一定的社会目的,这是从必然到自由的一个飞跃,是更高的理性自由的产物,是艺术家长期自觉追求、刻苦实践、勤奋劳动的创造,绝不只是天赋的、本能的、潜意识的升华。因而,艺术在本质上是自由的审美意识。正因为艺术介于感性伦理实践和理性科学认识之间,介于科学的真和伦理的善之间,它才能保持着自己审美的品格,它才能在审美的感受、体验和愉悦之中,一方面导向思维、概念、真理的认知,具有深刻的认识价值;一方面又导向情感、意志、行动、实践,教育和鼓舞人们去参加改革现实的伟大斗争。艺术的审美本质就在于这二者之间,妙就妙在这个"之间"上,艺术创造的秘密和艺术家才能的高超,就在于对这个"之间"的"度"的把握和运用上。把握运用得巧妙,就能创造出艺术的珍品,而一旦跨越了这个"之间"的界限,完全倒向了意志实践领域,就可能导致标语、口号式的伪浪漫主义;而完全倒向理性科学思维领域,就可能导致概念化、公式化的假现实主义。从而失去了艺术的审美品格,失去了艺术感人的魅力。严格地说,这已经不是真正的艺术。

与美的三大历史形态相对应,艺术也依次出现了三大类别。与素朴的古典和谐美相呼应,艺术中出现了古典主义。古典主义要求把构成艺术的各种元素,如再现与表现、客观与主观、现实与理想、理智与情感、思维与想象、空间与时间、内容与形式以及物化艺术意识的艺术媒介等处理和组织为一个平衡、稳定、有机、和谐的统一体,这是艺术和美学第一个成熟的形态(在此之前还有一个原始崇高的时代，但那时艺术还在萌芽状态，它与原始的宗教、哲学、科学混为一体，尚未分化为独立的审美意识，准确地说它只能作为艺术的源头，混迹于原始文化的模态之中）。随着资本的发展和封建制度的崩溃，人与人、阶级与阶级之间的日益尖锐对立和古代人与自然、人与人素朴和谐关系的异化，形而上学思维的兴起和素朴辩证思维的裂变，在主体自觉的基础上，萌发了近代对立的崇高和与之相适应的浪漫主义和现实主义艺术。近代崇高型艺术有一个总体特征，就是把艺术中主观与客观、表现与再现、理想与现实、情感与理智、想象与思维、形式与内容、时间与空间以及构成形式的诸元素，予以分裂、对立，组成为一个不均衡、不稳定、不和谐、无序的、动荡的矛盾体。正因为一切元素处于不均衡、不稳定、不和谐之中，便逻辑必然地分裂为两种对立的形态，或偏于客观、再现、感性、现实、理智、思维、形式，或偏于主观、表现、理性、理想、情感、想象、内容。前者是现实主义，后者即浪漫主义。它们是近代社会分裂对立的一对双胞胎。

　　本来崇高的出现，是丑的升值和介入的结果。但丑在崇高中还是有限度的，崇高中的不和谐最终要导向和谐，痛感要转化为快感和解放感。崇高中的不和谐、不均衡的进一步发展，它的日趋极端化，便必然导致一切和谐因素的大涤荡，崇高中只剩了不和谐、甚至反和谐，这便蜕变为丑。丑与崇高有共同的对立原则、裂变原则，但崇高是不和谐与和谐的组合体，而丑则是不和谐、反和谐的组合体，这里已杀尽了一切和谐。丑带来了新的艺术，这便是西方人所说的现代主义。现代主义表面上像是一个大杂烩，这里流派纷呈，"主义"众多，此起彼伏，令人眼花缭乱，似难于有一个统一的认识。不过，它们虽变化万千，但有一条是不变的，那就是从对立走向极端化。与浪漫主义和现实主义的对立一样，这里出现了表现主义和自然主义两个极端。在这个意义上也可说，表现主义是浪漫主义的极端化，自然主义是现实主义的极端化。现实主义重客观、再现、感性、认识，但并不否定主体、表现、理性、观念，只是强调主体、表现、理性、观念要通过情节、场面"自然地流露出来"；浪漫主义强调主体、表现、情感、理性，但并不全然否定客观、再现、感性、现实的内容。而现代主义的极端化则不同了，它们由浪漫主义和现实主义的裂变开始，自然主义走到彻底否定主体、表现、理性、观念，追求纯粹客观、再现、感性、逼真的极致；而表现主义则彻底抛弃客观、再现、感性、现实、认知的因素，而追求纯粹主体、表现的极致。

不和谐、反和谐的极度发展必然导致无序、混乱、颠倒的荒诞。荒诞本质上同丑是一致的。丑还在反和谐中承认对立的两面，只是将对立推向极端，而荒诞则走到否定排斥一切对立面的混乱、无序、颠倒的地步。但荒诞又不同于丑。在丑中还有理性，既是从丑向荒诞、从现代主义向荒诞的后现代主义过渡的萨特、加缪，在描写非理性的荒诞事件时，处理的方式还是理性的，但到贝克特、尤奈斯库，则是从内容到形式彻底的非理性化了，这是其一。其二，丑否定统一性，是把对立极端化、绝对化的结果，而荒诞之否定统一性，则是走到根本取消一切对立的结果；丑的否定统一性，还在认识论的范围内，而荒诞则从认识论走到否定本体论的统一性，从而在根本上彻底粉碎了整体、本质、中心、秩序、和谐等观念，从本体上把一切都推入无序、颠倒、错乱的深渊。其三，丑使对立的两面，日益尖锐对立、日益极端化；荒诞则将这一极端化发展到只取一面而摒弃另一面的地步，即由两面走向单面化，更重要的是当他走到单面化之时，同时发现这个极度的单面正导向一个自相矛盾和悖论。一方面它在丑的极度对立和纷乱激荡中，否定了整体、本质、中心、秩序，追求着单面的无差别的和谐境界；而当它一旦达到这无差别的和谐之境，同时也就陷入否定整体、本质、中心、秩序之后的最根本的无序、颠倒、错乱之中，这一个悖论就像一个怪圈，渗透到荒诞和荒诞的后现代艺术的骨髓和血肉之中，成为它们总体的美学精神。就像丑的现代主义分裂为自然主义和表现主义一样，荒诞的后现代主义也必然对峙着相互否定的荒诞的戏剧和新小说派（这在绘画、雕塑中表现为抽象表现主义和超级写实主义、照相写实主义的对峙）。前者以"人本主义"为基础，后者以"物本主义"为基础。一个只要"主体"，一个只要"物种"。这种相互彻底排斥，各自单面化的两极对峙，本身就是一个单面化的自我悖论。失去客体的主体，本身就是一个非理性的荒诞自我；而失去"统一性""本质""中心""秩序"的客体"平面"，也必然是一个无序、颠倒、错乱的荒诞世界。或者直接展示那主体的荒诞的精神世界；或者以非理性的荒诞的自我去观察、描绘、处理那颠倒、错乱、无序的荒诞世界，这便是后现代主义艺术基本的审美特征。

　　随着社会主义之代替资本主义，并不断地向共产主义跃进，随着自觉的辩证思维之否定形而上学思维，随着和谐全面发展的社会主义、共产主义新人之替代分裂、异化、片面发展的近代人，新型的辩证和谐美和艺术必将否定近代对立的崇高（包括丑和荒诞）和崇高型的艺术。辩证和谐美的社会主义艺术，既否定了素朴和谐的古典主义艺术，也否定了近代对立的现实主义、浪漫主义、现代主义、后现代主义艺术。但这种否定是辩证的否定，是包含着肯定的否定，它既吸取了古典的和谐，又包容了近代深刻的对立，它是在辩证思维的基础上实现的一种更高的综合。它在构成艺术的各种元素之间，既追求着本质的对立，又追求着更高的和谐统一，真正达到了一种现代最高的辩证和谐的艺术。总之，与古典和谐美、近代对立的崇高（包括丑和荒诞）和现代辩证和谐美的发展同步，艺术也由古典主义，经浪漫主义、现实主义、现代主义、后现代主义，向现代辩证和谐艺术发展（当然现在还是一种美学的预测，还需要历史的发展来检验）。我觉得这是世界美学范畴和艺术范畴的逻辑发展史，也是人类美学思潮在逻辑形态中的发展史。

　　古代美（包括艺术，下同）、近代美、现代美是逻辑的形态，还是一般的规律，中西方美学和艺术总体上也体现着这一规律，但又有各自独特的风采。在素朴和谐的古代，西方偏于神人以和，有更多的宗教意味，中方偏于人人之和，有更浓的人间气息；西方偏重物理、感性形式的和谐，中方更重心理、伦理理性的和谐；西方偏于分解对立，相生相克，中方更重均衡和谐，相辅相成；西方更重壮美，有更多的悲剧因素，中方更重宁静、优美，崇尚大团圆；西方偏于模仿再现，中方则偏于抒情表现；西方偏于创造艺术典型，中方则偏于创造艺术意境；西方偏于美真统一，有更大的认识价值，中方则强调美善相合，寓教于乐，有更强烈的思想道德意义。西方在奴隶制的古希腊就达到了艺术和美学的峰巅，其精神一直延续到文艺复兴。中方则在封建制的唐宋时代出现了艺术和美学的高度繁荣，其流风余韵，迄今不绝。这是人类古代世界所创造的两大艺术和美学的高峰，是古典和谐美与和谐美的古典艺术的两个黄金时代，辉煌灿烂竞放异彩，形成了各具特色的两大美学体系和艺术传统，犹如两峰对峙、双水分流，日月经天，光照千秋。

　　近代对立的崇高在西方随着资本主义工业文明充分发展，也发展得比较成熟、完整，可以说是研究近代美学和近代艺术的一个典型形态。无论从古代和谐向近代崇高的转换，还是从崇高经丑向荒诞的历史嬗变，以及相应的在艺术中从浪漫主义、现实主义向现代主义（它的两极是表现主义和自然主义）和后现代主义（它的两极是荒诞戏剧、黑色幽默与新小说派）的发展，都相当充分、相当完整，各有一个独领风骚的相对独立的时期。而中国则不同，它几乎是在五四运动前后和改革开放的十几年之间，一齐涌进审美王国和艺术天地的。时间短，变化快，发展不充分，特别是在马克思主义美学和辩证和谐理想的光照之下，它们只能居于非主流文化的地位，而不能像西方那样一直坐在主宰的宝座上。从严格的现代美学观点来看，从整个人类社会发展的历史形态来看，两方总体上还处于近代资本时代。虽然它已有高科技的发展，也有前现代、现代和后现代之分，但那只是把近代的分裂、对立不断推向极端而已，在本质上并没有开创一个新的历史时代和艺术时代。这一点我们中国倒是更有了优势，从毛泽东、邓小平到江泽民，都在崇高精神中高扬着辩证和谐的光辉，这才是真正现代美学的开始，这才真正开创了一个现代美学和现代艺术的新时代。而西方却只在荒诞和悖论中，朦胧地透露出一线期望融解一切对立的和谐之光。

从以上极简略的概述中，可以看出我的美学思想以美是和谐这一基本命题为核心，辩证地发展出美学的整个体系，延伸于美学的各个分支学科。1. 我从美的本质是和谐，深入到文艺美学，研究艺术的审美本质，得出了艺术的审美本质也是和谐的结论，从而在深层的内在本质上，把两者统一起来考察。2. 接着我从和谐的历史发展和演变上，观察和区分了它的三大历史形态（包括三大艺术的历史形态）。3. 逻辑的发展又与历史的发展相结合、相一致，从而进一步描绘美和艺术在人类整个历史发展中的具体过程和感性风貌，这就是揭示中国美学和艺术与西方美学和艺术的一般历史进程。这在我的《论中国古典美学》和主编的《中国美学主潮》《西方美学主潮》中作了较详尽的叙述。4. 中西方美学和艺术的历史发展过程中，不但呈现出共同的规律，而且呈现出不同的规律，显示其各异的风采，它们虽然都经历了从古代素朴和谐、近代崇高向辩证和谐发展的一般进程，但又有不同的侧重，不同的现象形态，这种历史发展中的共同性和不同性，便构成了我中西方比较美学的基本内容。总之，我的美学思想从抽象到具体，从逻辑到历史，从美学原理到文艺美学，从美学理论到中国美学史和西方美学史，以及在历史发展中的中西比较美学，都以美是和谐为核心、为基本概念，美学的整个体系、美学各个分支学科的内涵，都由它逻辑必然地自生发自组织而来，都浑然为一个紧密联系的总体，正所谓吾道一以贯之。这使我同那些把美的研究与艺术的研究分割开来，把美学理论和美学史脱离开来，把中国美学史的研究和西方美学史的研究对立（或互相套用）起来的倾向相区别，这也使我避免走一些不必要的学术弯路。

应该说明的是：我的美学思想体系与我的研究方法是一体的，是内在的联系在一起的。方法有多种多样，而且有各种不同的层次。有的仅仅作为一种工具，是形式的，不关内容的；有的是关于内容的，或者说就是内容本身，是同一个问题的两个方面。我这里强调的方法不是前者，而是后者。在这个意义上我的美学体系是由我的美学方法转化而来的，而我的美学方法又植根于辩证唯物主义和历史唯物主义的世界观，也与辩证思维的认识心理结构融为一体。长期以来，我以辩证思维为统帅，借鉴现代自然科学的方法，竭力吸取近现代西方美学一切有益的方法，形成了多样综合的一体化方法。这一方法是开放的，多样的（不是多元的），一切有益于美学研究的，来者不拒，多多益善；这一方法又是一体的，融化于辩证思维之中，又为它所统摄的，不是并列的、杂陈的、各自为政的、互不相关的。在这方面我写了一系列文章，现选集于卷首，以示其地位之重要。我想研究每一个理论问题，研究整个美学体系，以及美学各个分支学科之间的联系，都应体现着抽象上升到具体、逻辑与历史相结合的精神。假若说美学原理是抽象的，文艺美学则是相对具体的；假若说美学原理、文艺美学是抽象的、逻辑的，那么中国美学史、西方美学史则是相对具体的、历史的。总之美学及其各个分支学科的内在结构也应是一个辩证思维的逻辑体系。

还应该强调的是，我的美学体系和方法，总的倾向、总的精神都是由抽象指向具体、由理论指向实践、由历史指向今天，由古典的和谐美经近代崇高，逻辑必然地走向现代辩证的和谐美，由古典主义艺术经近代崇高型艺术，历史必然地走向社会主义新型的美的艺术。辩证和谐美是最新、最高的美，社会主义艺术是人类最新、最高、最美的艺术。目前它还正在成长、发展，它的日益成熟、完善、繁荣，将不断地丰富、检验、发展我们的美学理论，我们期待着这一天的到来，现在我也正全力关注着我们时代审美和艺术活动的发展，不断地以历史实践检验、纠正、充实和评判我自己的美学思想，更望读者和方家多多给予关怀、支持和批评指正。

最后还需要特别补说一句的是，我的美学思想是一种哲学的思考、社会的思考、历史的思考、文化的思考，最终是关于人的思考。美学是社会、历史、文化、哲学综合的产物，最终这些因素又集中到人身上，也可以说是人的产物。人的社会、文化、哲学思维的现状不同，人的历史发展不同，制约着美、审美和艺术的不同形态。在这个意义上说，正是感性与理性、主体与客体未彻底分化，尚处于素朴的低层次的和谐完满的古代人，创造了古代的素朴的和谐美和艺术。正是不断裂变、异化的资本社会的近代人，创造了崇高、丑和荒诞，创造了浪漫主义、现实主义、现代主义和后现代主义艺术。而未来的新型的辩证和谐美和社会主义艺术，则依赖于马克思所说的以"个人全面发展"为基础的自由的现代人来完成。人一方面创造着美和艺术,一方面又以自己创造的理想的美和艺术,陶铸、规范、提升和生成着自己,发展着自己。在这里我的美学正是以社会、历史、文化中的人为焦点、为关注中心的,是以促进人的不断发展、不断完善、日益达到至真至善至美的和谐自由境界为目的的,这是我的终极关怀,这是我的奋斗目标,这是我追求的理想之境。

以上关于我美学思想的概述,极其简略,欲知其详,请细读全书。读完全书,更期待您宝贵的批评和教正。

(原载《文艺研究》1998年第5期)

现代自然科学方法和美学、文艺学的方法论

现代自然科学方法的引进，引起了两种截然相反的意见，一种意见是反对，认为现代自然科学方法不能解决作为社会现象的审美和艺术问题；一种意见认为现代自然科学方法是最新的、最科学的方法，甚至用它代替了马克思主义的辩证思维方法。我觉得这两种见解都有片面性。

现代自然科学方法和马克思主义的辩证思维方法，虽然是有区别的，但并不是绝对对立、相互排斥的。自然科学虽然是面对自然界的，但它一方面要受哲学世界观和方法论的统摄，同时它的发展又不断地反馈和推动哲学思维方法的发展。众所周知，19世纪自然科学的三大发现：细胞学说，能量守恒、转化定律和生物进化论对冲破和否定形而上学思维，对辩证思维的提出和发展起了巨大的作用。正如恩格斯指出的："首先是三大发现使我们对自然过程的相互联系的认识大踏步地前进了。"20世纪自然科学以爱因斯坦的相对论为发轫，以现代物理学为重点，更获得了飞跃的发展。系统论、信息论、控制论的提出，模糊数学、统计数学、分子生物学、量子化学、遗传工程的兴起，深化了人们对客观世界互相联系、互相转化、不断运动的认识，新的观念、新的方法在不少方面深化和发展了马克思主义的辩证思维方法。马克思主义辩证法本质上是批判

的、革命的，也就是说它是发展的、开放的，而不是僵死的、封闭的。它应该总括和吸取、改造、融合现代自然科学方法的一切有益的成果，从而创造性地发展自己，使之进一步现代化，更体现出新的时代的特点，达到时代的新的水平。

现代自然科学方法在哪些方面发展和深化了辩证思维方法呢？

第一，由对象自身属性进到系统整体属性的把握。牛顿的古典力学是元素决定论，它孤立地专注于对象本身，是一种实物中心论，是一种对象性思维。黑格尔创造的唯心的辩证思维，特别是经马克思改造和发展了的辩证思维，以已把握事物的整体属性为其主要特征。马克思对商品、货币、资本的分析，已不是就对象自身而言，而是首先以其关系的整体属性而言了。所以系统论的创始者贝塔朗菲早就指出，马克思是最早的系统论者。现代自然科学中系统论的出现，更丰富和深化了辩证思维的整体观念。系统论认为事物有两重属性，一是自身属性，一是系统质。在这两者中，尤以系统属性最为根本。事物的质首先是由系统质来决定的，对事物的认识首先是把它放在特定的系统中，把握其系统整体属性。这在思维方法上是一个显著的进展。从这一观念看，目前美学界的四派意见（即美在主观，美在自然和美在典型，美在事物的社会性和客观性，美是主客观统一），基本上还是元素决定论、实物中心论，是对象性思维，而不是系统决定论，不是辩证的整体观，不是系统性思维。辩证思维、系统论对美的探讨，是把它放在审美关系系统中探求其关系的系统整体属性。这也就是我之所以把美看作是主客体之间的一种和谐自由的关系质、系统质的原因所在。我在文艺美学中对艺术审美本质的分析也是这样，不是就艺术本身来研究艺术，而是把艺术放在理性的科学认识和感性伦理实践所组成的人类活动的大系统中来研究，把审美艺术活动和理性科学认识活动、感性伦理实践活动作为三个子系统，在其相互联系、相互作用、相互渗透中，把握艺术作为第三王国、作为物化的自由的审美意识的独特本质。系统论认为系统质并不是其构成要素的简单总和，而是由其要素的结构方式、相互作用决定的。相同的要素不同的结构（所谓"同素异构"）会产生不同的系统质。知觉（表象）、理解、情感、想象等要素，在艺术中存在，在科学中也存在，但由于不同的组合，在科学中以概念为中心而组合，在艺术中以情感为中介而组合，便形成了艺术与科学两大不同的系统质，使艺术和科学本质上区别开来。系统论还认为，同一要素在不同的系统中有不同的属性，不同的功能。同是理解、认识元素，在科学中和在艺术中就有不同的属性和功能，在科学中认识是创造概念，发现真理；在艺术中是深化典型、意境，是参与美的创造（这可避免概念化）。同样，艺术中的表象、情感、想象也不同于科学中的图式、情感和想象。系统论以其要素与系统、结构与功能等范畴概念对事物的研究和思维，显然是发展了辩证思维的整体观念，拓展了思维的空间。

第二，由分析—综合的思维模式，到综合—分析的思维模式。形而上学的思维模式把分析与综合截然分开，先分析，后综合，先对局部、个别作细致的分析，后进行全局、整体的综合，把整体理解为局部的简单相加，局部和总体是游离的。从黑格尔开始的辩证思维注意到分析和综合的结合，强调分析中有综合，综合中有分析，但具体上升到抽象的过程仍偏于分析，而抽象上升到具体的过程则偏于综合。系统论的提出，强调和发展了辩证思维关于综合的观念。它要求对事物的认识，在粗略的大致分析之后，先要有一个综合的总体的把握，在整体把握的基础上，在综合的统摄下，去进行局部的个别的分析。这样，分析是综合中的分析，局部是整体中的局部，从而发展了综合—分析的思维模式。我们对艺术的研究也正是从综合入手，先从总体上把握艺术的审美本质，然后在这一总体观念上，在综合指导下，去分析艺术的个别的、复杂的形态。而对这些形态的分析，也不是孤立的，不是作再现、表现、绘画、音乐的孤立分析，而是作为艺术整体的一个局部来分析的。

第三，由定性分析到定量分析。对事物的认识当然首先要把握其本质属性，但往往注意了定性分析，忽略了定量分析。没有定量分析，对事物运动的形态就很难作精确的把握。三论的发展把对事物的研究符号化、形式化、数学化，打通了自然和社会。运用数学方法对艺术作精确的定量分析，出现了艺术计量学，这在思维方法上也是一个明显的进展。有人说，审美和艺术不能进行定量分析，不能运用数学方法。这似乎说得太绝对。譬如自然美、形式美、艺术形式规律，从某一方面看，它们都可以说是一种数理逻辑，都需要进行数学分析，如形式美中的黄金律、音乐曲式的数理结构。同时，艺术作为以情感为中介的知觉（表象）、理解、想象和谐组合的自由的审美意识，既可作质的分析，又可作量的分析。情感、知觉、理解、想象的组合，虽同质但不同量。知觉（表象）、理解在量上占优势的，是偏于客观、感性、模拟的再现艺术；情感、想象占优势的，是偏于主观、理性、抒情的表现艺术。同是再现艺术，其认识、理解的量也不相等，因而又分成雕塑、绘画、文学等不同类型。文学虽然也有抒情诗，但文学的主导倾向是再现，它借助于词语，成为文艺中最富认识性、最具深刻理性内容的艺术。同是表现艺术，其情感想象的量也是不等式，因而又分成工艺美术、建筑、书法、音乐等各种类型，音乐以动态的乐音为手段，成为最富情感内容的表现艺术的极致。可见，对各种艺术类型的组合元素缺乏定量分析，是很难加以科学界定的。

第四，由精确到模糊。事物是相对静止的，因而可以作相对稳定的精确的认识。但事物又是处于永恒运动之中的，处于由此物发展到彼物的过渡之中的，这种过渡的中介环节就呈现出亦此亦彼的模糊性。形而上学专注于事物的精确分析，辩证思维把一切事物放在互为中介的运动之中，模糊数学方法更加强调和突出了把握这些环节（作为中介）的模糊性，使认识更深入一步。所谓模糊并不是不清楚，而是说对模糊的现象，只有用模糊思维才能更精确地把握，所以由精确到模糊是思维的一大进展。过去对审美和艺术本质的认识，有的只强调精确的一面，把艺术同科学概念等同起来，导致概念化、公式化；有的只强调模糊的方面，认为艺术是不能解释的，其实，审美和艺术是处于理性科学认识和感性伦理实践之间的中介环节，具有很大的亦此亦彼性，具有"可喻与不可喻""可解与不可解"的双重性。相对于概念认识来说，它是模糊的，具有"诗无达诂""只可意会不可言传"的一面。但艺术与科学、伦理又是相互渗透、内在地联系在一起的，它又趋向于某种不确定的概念和社会目的，在其主导倾向上又是可以解释、可以言传的。所以审美与艺术自身是模糊与精确，确定与不确定的统一。当然同科学的明确概念相比较，艺术和审美在总体上又是一种模糊观念、模糊意识，是更需要借助模糊思维方法来研究的。在这个意义上，可以建立一门模糊美学和模糊文艺美学。

第五，从有序到无序和从无序到有序。按照热力学第二定律，在闭合系统中，事物的发展是从有序到无序的，无序性以"熵"来表示，无序性的增大，也就是"熵"越来越大；"熵"不断增大的结果，就导致了宇宙的解体，世界的末日，即所谓"热寂说"。普利高津耗散结构理论的提出，则认为在一个远离平衡的开放系统中，通过与外界环境信息的相互交换、相互渗透，它有一种自组织、自调节的力量，不断地克服无序性，从而使事物又从无序走向有序。这在客观上为美和艺术的三大历史形态作了现代自然科学的论证。古代社会封闭的自然经济，阶级斗争尚未达到近代社会那样对立的程度，以至古代素朴的辩证思维产生了古典的和谐美和古典和谐美的艺术。随着近代工业经济的发展、资产阶级反对封建制度的斗争和个性解放运动的发展以及随着形而上学之代替古代素朴的辩证思维，近代崇高和崇高型艺术取代了古典的美。社会主义革命的不断胜利，马克思主义辩证思维日益建构人们的头脑，开辟了一个否定古典美和近代崇高，向现代对立统一的新型和谐美发展的广阔道路。作为社会现象的美和艺术历史发展的三大形态的更替，同自然现象从有序到无序，再从无序到有序的三种形态的转换是同形的，具有相似的运动形态和规律。这对美和艺术三大历史形态的理解和论证，又增加了一个新的方面，使之更充分更深化了。

第六，由必然规律到随机现象的认识。客观事物的发展有两大类型，一是必然现象，一是随机现象。前者以一种有其因必有其果的形式出现，后者表面上则似乎是杂乱无章、毫无规律的。过去受古典力学的影响，专注于从单个的偶然形式中去寻找线性因果的必然规律。而统计数字的发展，开始运用概率和统计方法发现这些随机现象，作为个别的现象虽然是零乱无序的，但从整体上看，却从无规律中呈现出规律性。这对人类的思维也是一个开拓。审美活动和艺术活动是社会现象和意识现象中更具随机性。艺术活动作为有目的和无目的对立统一的活动，在形态上带有更大的突发性、任意性，它似乎不受自觉意识的控制。特别是创造中的灵感，更是呼之不来，召之不出，而在探求深思的过程中，又会突然萌动，如泉涌不止，写出未预料到的精品的。古人对此百思不解，我们现在借助控制论、智能机和黑箱方法以及统计数字、模糊数学等方法，或许有可能逐步揭示艺术创造神奇而复杂的过程，更多地了解人脑这个伟大而又微妙器官的构造和活动的规律。

第七，由单向到双向逆反和多向。囿于线性因果思维，人们的认识多是单线、单向的。控制论的提出，运用控制和反馈两个环节，揭示了事物双向发展的模式，而随机现象的认识更使人们发现事物发展多线多向的可能性，从而使人们的思维突破单线、单向，向多线、多向、多角度、全方位发展，思维空间有了新的拓展。过去受"进化论"自然选择观念的影响，过分强调了对客观规律的服从的方面，而控制论运用反馈不断进行调节，使之达到预定目的活动，则突出了主体价值、目的、方向参与客观事物进程的重要性。这样人们可以从多种方案、多种效果中，选择最优方案、最佳效果，而不是仅仅听命于一种方案、一种效果了。

第八，由线形圆圈构架，到双向逆反纵横交错的网络式圆圈构架。近代形而上学把思维片面化、直线化。现代辩证思维扬弃了这种直线形思维，创造性地提出了肯定—否定—肯定的圆圈式的思维构架。作为揭示事物过去、现在、未来的历史进程来说，这是一个大的思维飞跃；但作为这一事物与其他事物的共时态的横向联系来说，则未充分注意。现代自然科学方法囿于形而上学思维的某些局限，忽略了此事物与彼事物之相互中介、转化和发展的历史总体，因而在总体上是静态的、并列的、横向的研究。但它强调了特定事物自身的动态研究，在这方面它反对形而上学，深化了辩证思维。它一方面研究自身的纵向发展，同时更着重研究与他事物的横向联系，初步描绘了一个静态（总体上说）的纵横交错的网络结构。这对我们将是一个有益的启示。我们可否将其静态的横向研究吸取、改造、融合到圆圈式思维构架中来，从而使线形的圆圈发展成为网络式圆圈呢？在文艺美学中，我尝试着这样做，对文学艺术一方面作了纵向探讨，从艺术的审美本质这一最抽象、最简单的规定出发，运用辩证思维的抽象上升到具体、逻辑与历史相统一的方法，概述了从古典的平衡、有序的和谐美，经近代激荡、无序、对立的崇高（广义的美），曲折地螺旋地上升到现代对立统一的新的和谐美的历史过程。同时阐述了从再现艺术经表现艺术向再现与表现高度综合发展的时代趋势。另一方面，我又作了横向的分析，探索艺术家反映现实进行艺术创造的美学规律，解剖艺术作品的审美构成因素及其组合的复杂形态，阐明艺术作品经过艺术欣赏、艺术批评的中介，在社会实践中所发生的能动作用，以及欣赏趣味、理论批评对艺术创造的反馈调节功能。纵与横、动与静、历时与共时不是截然分开的。纵中有横、横中有纵；动中有静、静中有动，这些对立的因素又总是辩证地统一在一起的。

总之，现代自然科学方法对马克思主义辩证思维有不少丰富、深化和发展，马克思主义辩证法应该也需要总结概括现代自然科学方法的成就，以发展自己，使辩证思维进一步科学化、精密化、现代化，达到前所未有的新的时代水平。

现代自然科学方法作为研究自然界产生的方法，虽然内含着深刻的辩证内容，但却未上升到哲学方法论的高度，未达到世界观的水平。方法论并不是单一的，而是一个多层次的结构系统，它的最高的最普遍的层次是哲学方法论（也是世界观），是辩证唯物主义，是马克思主义的辩证方法。它的最低层次是特定科学的独特方法。从最高到最低，中间有一系列的中介环节，譬如我们把世界分为自然、社会、思维三大领域，那么与自然界相适应的是自然辩证法，与社会历史相适应的是历史唯物主义，与认识思维相适应的是辩证逻辑，这三大方法都可称为中介环节。在这个意义上，现代自然科学方法大体上就是处于中介环节的特殊方法。虽然它的价值和意义在不少地方超越了这个特殊方法的地位，对一般哲学方法论作了深化和发展，但整体上却还不是哲学方法论，当然也就不能代替辩证唯物主义和辩证思维。这是现代自然科学方法本身的局限之一。

其二，现代自然科学方法，主要适用于自然界的研究。虽然自然、社会、思维存在着同形同构的现象（在这方面也可用来分析社会、思维现象），但在内容上却是根本不同的。不能不顾社会这个特殊对象和内容，把现代自然科学方法硬套在它的头上，那样就可能歪曲和否定了社会的内容，过去社会达尔文主义就曾犯过这样的错误。在人类社会领域，最科学的方法还是历史唯物主义，只有运用这种方法，才能揭示社会领域的特殊内容。现代自然科学方法、数学方法主要是形式分析（相对于社会科学），而社会领域首要的却是社会的、历史的、时代的具体内容。在这个意义上，现代自然科学方法也必须在马克思主义辩证思维的指导下，进行提炼、改造，使之上升为哲学方法论，上升为辩证唯物主义和历史唯物主义的组成部分，对美学和文艺学才是真正适用的。

其三，现代自然科学方法是横断科学方法，是共时态的，因而缺乏一种历史感。在这一根本问题上，恰恰显示出逻辑与历史相统一的辩证思维的最大优势，相比之下，更露出现代自然科学方法的弊端。当然系统论也讲动态，但不是指一个系统的过去、现在和将来，不是指系统与系统之间的转化和发展，它缺乏这样一个历史视野。从热力学第二定律到普利高津的耗散结构，虽然也考察了封闭系由有序到无序和开放系统由无序再到有序的运动过程，甚至这个过程与美和艺术发展的三大历史形态（即从和谐、有序的古典美，发展到近代对立、无序的崇高，再发展到既对立又有序的新型的美）是近似的，同形同构的，但也仅止于形式上有共同性。而一谈到美和艺术三大历史形态的美学性质、社会内容及其形成、发展和更替的根据、条件和规律，耗散结构理论就完全无能为力了。

审美和艺术介于理性科学认识和感性伦理实践之间,妙就妙在这个"之间"上,美学也是一门"之间"的学问,它与多种学科有深刻的内在联系。因此,它不但需要现代自然科学的最新成果,还需要多种学科的科学方法。概而言之,一切对美学研究有用的方法,我们都要像鲁迅所说的采取"拿来主义"的态度。当然我们也不是开各种方法的杂货摊,而是要形成一个多元的综合的一体化的方法。

(原载《文学评论》1986年第4期)

辩证思维方法与当代马克思主义美学、文艺学理论体系

一、方法与观念

关于方法，基本上可以分为两种，一种是外在的技术性的，只涉及形式，不关内容的方法。譬如渡河，既可以架桥，又可以乘船，只要达到目的，方法可以多样。在思维方法中，形式逻辑也是只涉及形式，不牵扯内容的。比如说："凡人都要死，张三是人，所以张三也必死。"这一判断的内容形式都是对的。但若说："凡人皆不死，张三是人，所以张三也不死。"这一判断的内容是错的，但判断形式却不错。而我们这里所说的思维方法，特别是辩证思维的方法，是内在的本质性的方法，是内容的，而不仅是形式的。它和内容是一个东西，或者说是同一事物的两个方面。世界观是对世界总的看法，用这种总的观念去观察研究客观世界，就变成了研究客观事物的方法论，在这里观念就变成了方法，世界观就变成了方法论。所以世界观和方法论是同一的，可以相互转化的，一方面观念可以转化为方法，另一方面也可以从方法转化为观念。运用不同的方法论去观察、研究问题，所得的结论也是不同的，方法制约着观念。用实证的经验的方法去观察研究问题，便只能做出详尽的但

都是肤浅的现象描述,而难于上升到理性的高度。而用理性主义的方法研究思考问题,便会构造出思辨的观念体系。用结构主义来研究艺术,便必然割断艺术与作家、读者、社会、文化的多方面联系,仅仅把艺术作品作为一种孤立的结构和存在方式来研究,从而得出艺术是一个超然的绝对本体的错误观念(当然,结构主义美学在研究艺术结构上也有独特的理论贡献,这里不是全面评价,均从略)。因而可以说,不同的方法产生不同的观念,方法制约着观点,方法论制约着世界观,方法最终必然导向或归结为观念,归结为世界观。所以黑格尔说:"方法不是别的,正是客观的结构之展示在它自己的纯粹本质属性里。""这方法与其对象和内容并无不同。""因为这正是内容本身,正是内容自身所具有的、推动内容前进的辩证法。"他又说:"方法不是外在形式,而是内容的灵魂和概念。"①

总之,科学的方法是内容的、实质性的,是内容本身,而不是外在的、技术性的、单纯形式的,因而揭示某一客观真理的方法只有一个,而不是多样的,不是任何一种方法都可以的。某些特定的方法,可以在某一侧面、某一层次上揭示事物的本质,但都不能全面地、总体地把握事物的本质与规律。因而我们不但要求探讨的结论是符合真理的,而且要求探讨问题的方法也是符合真理的。实证的方法、分析哲学的方法、结构主义的方法、现象学的方法、阐释学的方法、心理分析的方法,可以在美学的某些侧面、某些层次有深入的探讨,但全面本质把握着美学规律的,却只能是马克思主义辩证思维的方法,是辩证唯物主义和历史唯物主义的方法。仅提倡

---

① 列宁:《黑格尔〈逻辑学〉一书摘要》,第227页。

现代西方美学方法的多元化是不行的。

二、逻辑构架与理论体系

方法是一个有内在规律的系统，方法的展开必然形成一定的逻辑构架，同时也构建起一定的观念体系。

逻辑构架不是外在于理论体系的，不是建造房屋用的技术性的脚手架。逻辑构架是理论体系内在的要求的形式表现，或者说就是理论体系本身，就是房屋的内在构成本身。如同方法和观念是一个事物的两面一样，逻辑构架与理论体系也是同一事物的两个侧面，区别只是后者更为系统化，更为整体化而已。两者也是既相互区别、又相互渗透和转化。因而不同的理论体系内在地要求着不同的逻辑构架；同时，不同的逻辑构架，也就建构成不同的理论体系。马克思在《资本论》中唯物主义地改造了黑格尔的辩证逻辑，运用了螺旋上升的圆圈构架，这一方面是资本发展的内在规律的形式表现，同时也是否定之否定的辩证哲学体系的具体化。在这个意义上说，有什么样的理论体系，就需要有什么样的逻辑构架；同样，有什么样的逻辑构架，也就形成什么样的理论体系，两者是一而二、二而一地统一在一起的。不能说同一理论体系，可以有多样理论构架，可以任意套用别的逻辑构架，当然也不能说同一理论构架可以适用于多种理论体系。严格地说，这都是不可以的。

当然正如方法具有普遍性一样，逻辑构架也具有普遍性。在社会主义时代，不管研究什么问题，不管是哪一门具体科学，对象尽管千差万别，但马克思辩证思维的方法却是都适用的。我们只能用辩证的方法，而不能用经验的、实证的、线性的、形而上学的方法，或西方现代美学的各种方法。同样，各门科学、各种理论著作具体的逻辑结构是千姿百态的，但辩证逻辑的构架，也是普遍适用的。逻辑构架既是具体的、历史的、时代的，又是一般的、普遍的。在这一意义上，方法比理论本身更重要，具有更大的活力和创造价值。逻辑构架在其哲学意义上同思维模式相一致，思维模式在历史上展现为三大形态，逻辑构架也表现为三大形态。古代素朴的辩证思维模式，形成古代直观整体把握的辩证逻辑框架，从《老子》《论语》《庄子》到王国维美学以前，大概所有古代美学和艺术理论的著作，都没逃出这个框架之外。近代形而上学的思辨模式，产生了近代向理性和经验两极分化对立的逻辑构架，或者是自上而下的思维推理，或者是自下而上的经验归纳。直到黑格尔，特别是马克思之前，近代的（包括西方20世纪的现代主义美学）所有一切美学、文艺学著作，也都没有超出这一理论框架。

三、辩证思维方法与马克思主义美学、文艺学理论体系

既然在一般意义上，方法与观念、逻辑构架与理论体系是同一事物的两个侧面，那么对于辩证思维方法和马克思主义美学、文艺学理论体系来说，其关系就更是内在的、本质的。

马克思主义美学、文艺学内在地要求着辩证思维的方法，要求着辩证逻辑思维的构架，这是一方面；另一方面，也只有辩证思维方法和逻辑构架，才能铸造起马克思主义的美学、文艺学的理论体系。因为辩证思维是人类思维最科学、最革命、最普遍有效的思维方法和逻辑构架，同时也是当代人类最高水平的思维方法和逻辑构架。我们若不坚持、发展、丰富和运用马克思主义的辩证思维，而简单去套用西方结构主义、现象学、阐释学、符号学、心理分析的方法和构架，是根本不能创建出马克思主义美学、文艺学的理论体

系的。我甚至于感到，一般的运用辩证思维都是不行的，必须把辩证思维化成每个美学家、文艺学家的血肉，真正在主体心灵上塑造出辩证思维的模式，才有可能构建出马克思主义美学、文艺学的理论体系。正如鲁迅所说："从喷泉里出来的都是水，从血管里出来的都是血。"[①]这对文学家来说是如此，对文艺学家、美学理论家来说，也是如此。

四、辩证思维与抽象上升到具体

辩证思维方法又是怎样展开为辩证的逻辑构架，辩证思维的方法和逻辑构架又是如何制约着和生成着辩证的理论体系呢？为了阐明这个问题，先要弄清什么是辩证逻辑思维。辩证思维首先是由黑格尔创造的，但辩证思维在黑格尔那里是唯心的，头脚倒置的。马克思予以唯物主义的改造，并纯熟地运用于《资本论》的研究和体系的构造之中。辩证思维是现当代水平最高的思维方法，它最根本的特征是运用流动概念和流动范畴。它是在概念和范畴的辩证运动过程中再现客观事物辩证发展的历史过程。辩证思维与形而上学思维相对立，形而上学思维使用孤立的静止的概念和范畴，它认识事物的方法是：A是A，不是非A。这是一种抽象的同一性。辩证思维则不同，它要求的是对立的、复杂的、具体的统一性，使用的是动态的概念和范畴，它认识事物的方法是：A是A，也是非A。为什么呢？因为它在运动中，在过程中观察事物，看到事物在向它的对立面转化，在由A事物向B事物发展。如舞蹈这一范畴，一方面有其自

---

① 《革命文学》。

身的质的规定性,它既不同于音乐,又不同于戏剧,在这种相对静止的状态中,可以说A是A,而不是非A。但是舞蹈又是与音乐、戏剧等相互联系、相互影响、相互转化的。我们知道世界上有离开舞蹈的音乐,却没有离开音乐的舞蹈,而舞蹈的发展,又是形成叙事性较强的西方舞剧和抒情性较重的中国戏曲的一个主要源头。在这个意义上,就不能只说A是A,同时还应该说A也是非A。形而上学思维是在马克思辩证思维之前的人类近代思维的主导形式,由于历史条件的限制,它的思维受到很大的局限。辩证思维对形而上学思维的否定,使人类思维由静止到运动、由孤立到联系、由片面到全面地认识客观事物的本质与规律,使对象世界在概念、范畴的运动中如实地呈现出来,所以由形而上学思维跃进到马克思主义的辩证思维,是人类思维一次最伟大的飞跃。

辩证思维主要有分析与综合、归纳与演绎、抽象与具体、逻辑与历史等辩证统一的方法,而对于构造体系来说,最主要是抽象上升到具体、逻辑与历史相统一的方法。所以在这里我们着重阐述后两者。

抽象上升到具体,以具体上升到抽象为前提。或者说,具体上升到抽象的终点,就是抽象上升到具体的起点。但是辩证思维为什么不从具体开始,反而要以具体上升到抽象的终点作为自己的开端呢?因为如马克思所说:"从实在的具体的东西着手,从现实的前提着手。""例如在经济学上从成为整个社会生产行为之基础与主体的人口着手,似乎是正确的,但是仔细研究起来,这是错误的。"因为人口"是一个关于整体的混沌表象",形式上是具体的,内容上是空洞的。不从现象具体开始,能否从思维具体(如具体范畴)开始呢?也不行,也如马克思所说:"具体之所以为具体,因为它是许多规定的总结,因而是复杂物的统一。因此,在思维中它表现为总结的过程、表现为结果而不是表现为出发点。"因此,"在第一条道路上,完整的表象升华为抽象的规定;在第二条道路上,抽象的规定在思维行程中走向具体之再生产"。[①]这两条道路,表现了从具体到抽象和从抽象上升到具体认识的全过程。但是辩证思维是理性思维,它以感性具体上升到抽象范畴为前提,但不能停留在抽象范畴上。停留在抽象范畴上,还只是知性思维。辩证思维要求以抽象范畴为起点,继续向具体范畴(思维具体)上升。辩证思维既然以抽象范畴为起点,那么说感性具体上升到抽象范畴的过程,便只在知性思维中出现,而不在辩证的理性思维过程中出现。这样,以辩证思维为逻辑构架的马克思主义美学、文艺学体系中,从具体到抽象这个阶段也就不出现了。但这并不是说抽象范畴是凭空产生的。抽象范畴是由感性具体上升而来的,是以现象具体为前提的,否认了这一点,就否认了唯物主义。

从抽象上升到具体,以什么样的抽象范畴为起点呢?选择好逻辑起点是问题的关键。因为逻辑的出发点,就规定着你的体系,如同乐队定调一样,调子一定,整个乐曲的演奏就都在同一调式之内。又如同植物的细胞一样,它的发育展开就是整个机体。在这个意义上甚至可以说,找到了逻辑的起点,就完成了体系的一半。但是找到一个正确的逻辑起点是不容易的,有的人为了寻找逻辑的起点花费了毕生的精力。爱因斯坦为了寻找其理论体系的起点曾经沉思了十年之久。辩证唯物主义和历史唯物主义已诞生了一个世纪了,但作为理论体系的逻辑起点现在还在争论探索之中。马克思曾说:劳动一般这个抽象范畴的获得,是现代科学的产物,从各种具

---

① 马克思:《政治经济学批判》,第162-163页。

体劳动到劳动一般这一抽象范畴是人类长期思维的结果,是英国古典政治经济学最大成就之一。我觉得艺术一般这个抽象范畴,在几千年的封建社会中就一直没有能够形成,那时人们只能在具体艺术中进行思维,而不能把艺术作为一个整体、作为艺术一般来思维。这是思维的局限,也是历史的局限,所以马克思说当亚当·斯密把劳动作为"劳动一般",而"既不是工业的,又不是商业的,也不是农业的劳动"等具体劳动时,"这一步跨的是多么困难多么远"。[1] 艺术一般这一抽象范畴的产生也是这样,它也是近代科学的产物,首先是康德的《判断力批判》,才把艺术作为审美判断力的一个独特领域来把握。黑格尔美学整个体系的逻辑起点,也是从艺术美的本质这一抽象范畴开始它的历史行程的。但作为逻辑起点的抽象范畴具有什么样的条件和规定呢?按辩证逻辑的要求,它应该具备三个条件。第一,它必须是你研究的那个事物的最简单、最一般、最普遍、最抽象的规定,达不到这一点,就是抽象不足;超过这一点,就是抽象过限。化学的逻辑起点是化合物呢?还是元素?当然是元素。若以化合物为起点,则是抽象不足,超过元素则是抽象过限。第二,它必须是构成该事物的最小细胞,它的生育成长即是整个有机体的产生。如生物学必须从细胞开始,单细胞的生物,发展出多细胞的生物,从简单的生物发展出复杂的高级的生物。第三,它必须包含该事物所有矛盾的胚芽,这一胚芽的生长,就是事物各种复杂矛盾的发展、展开。马克思的《资本论》所以以商品这一抽象范畴作为逻辑起点,而不以货币、资本作为起点,就因为商品中所揭示的交换关系,是资本主义社会最简单、最一般、最普遍、最抽象

---

[1] 马克思:《政治经济学批判》,第168页。

的关系，又是资本主义社会最小的细胞，也包含着资本主义社会中所有矛盾的胚芽，它的发育和展开，就是资本主义产生、发展和衰亡的整个历史过程。美学应该从哪里开始？我认为应该从美的本质开始。从美的本质开始，才能揭示人同自然、人同社会和谐自由的独特的审美关系，这一审美关系是美和审美中最简单、最一般、最普遍、最抽象的关系，这一关系的发生发展，就导引出各种美和审美的具体的历史形态，它的典型的形态就是艺术及其历史运动。文艺学、文艺美学应该以什么范畴作为逻辑起点，我认为是艺术一般，或者说艺术独特的审美本质规定。因为艺术是人类感性伦理实践与理性科学认识相互关联又相互作用所形成的第三王国，是审美主体与审美客体所形成的审美关系发展到一定阶段的产物，这种感性伦理实践与理性科学认识的特定关系在所有艺术中是最简单、最一般、最抽象、最普遍的关系。而这一关系不同量和不同质的矛盾组合与发展变异，就形成艺术的各种历史类型，形成艺术发展的全过程，构成文艺学、美学完整的逻辑构架和理论体系。

　　选择好逻辑起点，便开始了以逻辑为中介，各范畴对立统一的辩证运动过程，这个从抽象范畴不断向具体范畴的上升过程，是一个综合的过程，表现为后一个概念是前一个范畴的综合和发展，是在保留前一个范畴规定的基础上，再补充上新的规定，因而是一个丰富化、全面化的过程，是一个比一个范畴更具体的过程。在这个过程中，范畴之间互为中介，每个范畴都是整个理论体系链条上的一个不可缺少的环节。环节与环节之间，是愈到后面愈具体。假若说第二个环节是抽象的，第三个环节就是具体的；若说第三个环节是抽象的，那么第四个环节就是具体的，依次类推。总之，抽象与具体是相对的。同一个范畴也可以说是抽象与具体的统一体，对前一个范畴就是具体的，对后一个更具体的范畴来说则又是抽象的。例如艺术的审美本质是文艺美学最抽象的范畴,那么以量的观点看,偏于再现的艺术和偏于表现的艺术则是具体的范畴;若以偏于表现的艺术为抽象范畴,那么建筑、工艺、书法、舞蹈、音乐则是具体的;若以音乐为抽象范畴,声乐、器乐就是具体范畴。这是一个不断发展转化的必然过程,其中任何一个环节都是不能缺少或逾越的。阐述艺术的审美本质,不能越过再现、表现艺术去讲音乐,因为这中间还有不可越过的中介。发现探索和阐明中介环节,就是科学研究的任务,也是科学研究取得成就的标志。发现的环节、阐明的环节越多,成就就越大。有的人一辈子写了不少书,但一个环节也没有发现和阐明,那么他在科学发展史上就难以有自己的地位。而环节与环节之间是有序的,不但不能省略,而且也不能互换或倒置,它们的位置在发展过程中是确定不移的,不依美学家的意志为转移的。

从抽象范畴上升到具体范畴的过程,再现了事物从简单到复杂、由低级到高级的发展过程,在这个过程中,越是后来的范畴就越复杂、越高级,比如马克思的《资本论》,是按商品—货币—资本的范畴次序而发展的,而这一系列的运动过程,正反映了资本主义从萌芽、发展到复杂成熟的历史过程。又如生物学是按单细胞生物—多细胞生物—植物—动物—哺乳动物这样的范畴序列发展的,这正再现了生物由简单向复杂、由低级向高级的转化过程。在文艺美学中,由再现艺术—表现艺术—再现与表现高度统一的综合艺术的发展序列,也反映了由古代偏于再现模仿,近代(包括西方现代派艺术)倾向抒情表现,现代(社会主义艺术)趋向更为综合的历史过程和发展态势。

抽象上升到具体的过程,同时是一种有力的辩证的逻辑证明,这种证明的特点,其一是,它既说出了事物的普遍性,又说出了它的特殊性;既指出共性,又指出个性。如说再现艺术时,既说出了它是艺术，包括了艺术审美本质的普遍性，同时又指出它是一种特殊的艺术，是一种在量上更倾向于模仿再现客观世界的艺术，总之，把范畴的普遍性与特殊性统一于一身。其二，是在范畴的运动中来把握范畴，而不是孤立地静止地片面地把握范畴。既然各范畴互为中介，不断运动，那么这一链条上的任一范畴，都有它的过去、来源，也都有其未来、走向。在《资本论》中，货币来源于商品，揭示了货币的起源；货币的发展导引出资本，就揭示出货币出现的历史前提和货币发展的必然结果。表现艺术作为再现艺术向综合艺术发展的中介环节，也是这样的。表现艺术既展现了它来源于再现艺术，又展示了它的未来是向综合艺术走去。辩证逻辑就是在范畴的运动中，用前一个范畴为后一个范畴提供前提的证明，又用后一个范畴为前一个范畴提供结果的证明。因而对范畴的理解，也不能是孤立的，离开前一个范畴，就不能理解后一个范畴；离开后一个范畴，也不能充分掌握前一个范畴。这同对范畴下孤立的抽象定义，或以例证论证观点的形而上学思维，是从根本上划清了界限的。

从抽象上升到具体，最后达到逻辑终点，作为逻辑终点的具体范畴，有两个明显的特征：一是终点包含了开端，它从开端起，在上升到每一个逻辑环节中不断增加新的规定，因而逻辑终点是上升过程中一系列逻辑的一个总结，它把整个逻辑过程都综合起来，具有全方面性和全过程性。黑格尔在《逻辑学》中曾说："认识是从内容进展到内容。首先这个前进运动的特征就是它从一些简单的规定性开始，而在这些规定性之后的规定性就愈来愈丰富，愈来愈具体，因为结果包含着自己的开端，而开端的运动用某种新的规定性丰富了它。普遍的东西构成基础；因此，不应当把前进的运动看作从某一他物到另一他物的流动。绝对方法中的概念保存在自己的异在中，普遍的东西保存在自己的单独的东西中，保存在判断和实在中；在继续规定的每一个阶段上，普遍的东西不断提高它以前的全部内容，它不仅没有因其辩证的前进运动而丧失了什么，丢下了什么，而且还带着一切收获物，使自己的内容不断丰富和充实起来。"列宁在《哲学笔记》中摘了这段话，并予以称赞说："这一段话对于什么是辩证法这个问题，非常不坏地作了某种总结。"[①]二是终点向开端复归，表面上看来，它似乎又回到了起点，形成一个圆圈，其实这个圆圈是螺旋式的，是形式上的复归，而实质上是上升和提高。黑格尔在《逻辑学》中也曾说："科学是一种自身封闭的圆圈。这个圆圈的末端通过中介而同这个圆圈的开端，即简单的根据连接在一起；同时这个圆圈是圆圈的圆圈……这一链条的各环节便是各门科学。"列宁在《哲学笔记》中摘了这段话之后说："科学是圆圈的圆圈。"[②]马克思的《资本论》也正是用的这种否定之否定的圆圈或构架。我想文艺学、文艺美学也应是这样。如古典素朴的和谐美，作为艺术美的第一个历史形态，经过近代对立的崇高型艺术，再上升到现代主体与客体、感性与理性、再现与表现、理想与现实对立统一的新型的和谐美。这辩证和谐美作为逻辑的终点，显然已包含了古典素朴的和谐美中在杂多中强调和谐统一的方面，也包含了近代崇高型艺术中强调对立的方面，并在马克思主义辩证思维的基础上，对这两个方面作了扬弃、保留和更高的综合，或者说把它提高到真正对立统一的高度。这一新型和谐美的范畴，是过去美的形态所有规定性的总结，因而是一个最具体最丰富的范畴。

---

① 列宁：《哲学笔记》，第219—220页。
② 列宁：《哲学笔记》，第222页。

同时，从古典素朴的和谐美到对立统一的新型和谐美，在强调"和谐"这一点上，又仿佛是一种复归。但这种复归与古典素朴的和谐美相较，却有天壤之别。因为它经过了近代崇高这个范畴，比古典美增加了对立的因素，是经过深刻的本质上的对立之后，又重新回到统一。这是完全新型的和谐美，远远地高于古典的和谐美。

逻辑起点、逻辑中介、逻辑终点这三者的关系又是怎样的呢？起点是抽象上升到具体的基础和前提，找不到逻辑起点，就难于建立真正科学形态的理论体系。逻辑终点是抽象上升到具体的目的和归宿。找到起点后，必须按照范畴相互联系、相互转化、相互否定的辩证过程去发展，不能停留在起点上，范畴的静止，就成为一种抽象的僵死的规定。（当然这种抽象规定又是必需的，因为它反映事物相对稳定的形态，是整个发展过程的一个阶段或环节。）一系列运动着的规定或环节，趋向于具体真理，趋向于逻辑终点。所以从起点到终点，不是直接的，而是以逻辑中介为环节的。从抽象一般到具体事物，中间有好多环节，因而我们不能把艺术的审美本质直接套用在任何一门艺术上，如绘画或音乐，因为这中间还有许多环节，是不能跳过的。文艺美学的任务就是去揭示、研究这些环节，没有这些逻辑中介，就没有科学研究。

五、辩证思维和逻辑与历史的统一

抽象上升到具体的过程，既然反映着事物由低级向高级的发展过程，这实质上就是把逻辑范畴转化为历史范畴了，说明了逻辑与历史内在的统一。文艺学、文艺美学是一门理论科学，它主要用逻辑的方法，但它们同时是历史的科学，它要在逻辑的辩证运动中把握艺术发展的历史过程和规律。总之，它需要逻辑方法和历史方法的统一。

什么是逻辑的方法？什么是历史的方法？所谓逻辑的方法，就是通过概念、范畴的有序运动，建立起逻辑范畴的理论体系，以揭示客观事物的本质与规律的方法。所谓历史的方法，是通过事物现象到自然进程的描述，以揭示事物的内在联系及发展规律的方法。这两种方法在形式上是不同的，一是概念范畴形态，一是感性现象形态。但在实质上，两者又是统一的。因为历史的方法中包含着逻辑，包含着客观事物发展的逻辑，可以说历史是感性的展开了的逻辑。同样，逻辑的方法中也包含着历史，因为逻辑的运动，反映着客观事物发展的历史过程，可以说逻辑是凝缩了的历史。在这个意义上，历史的方法就是逻辑的方法，逻辑的方法也是历史的方法。当然二者又是不同的，主要表现在：其一，它是以抽象的逻辑形态，而不是以感性事物的具体形式，以历史人物及事件的自然过程来把握客观规律。用恩格斯的话来说：它是"摆脱了历史的形式以及起扰乱作用的偶然性"，即以纯粹的形态来反映对象的。其二，历史的发展有前进，有倒退；有跳跃，有曲折；有主流，有支流。历史的方法就要追随这个历史的自然进程。而逻辑的方法则不然，它主要按照事物的发展规律，按照历史的一般进程来把握。用恩格斯的话说："这种反映是经过修正的，然而是按照现实的历史过程本身的规律修正的。"[1]一般历史科学，如文学史、艺术史、美学史，都用历史的方法，是历史中有逻辑；而理论科学，如美学、文艺学、文艺美学等，则用逻辑的方法，是逻辑中有历史。从这种逻辑与历史相统一的要求看，目前有两种现象值得注意：一是历史著

---

[1]《马克思恩格斯选集》第2卷，第122页。

作中缺乏逻辑。如在文学史、美学史的著作中,看不到这些作家、美学家是如何互为中介按历史必然的序列向前发展的,看不到一种文艺思潮、美学思潮是如何发动的,由谁推进的,谁使它达到顶峰,又是谁表现了它的衰退和终结。总之,在这里似乎只是作家、作品现象的罗列或作家、作品论集,但见不到文艺和美学发展的历史规律。二是在美学和文艺学的理论著作中,又缺乏历史感。它有概念,有范畴,但却没有概念、范畴的辩证运动。它们的范畴是孤立的,静止的,互不联系的,不是在对立转化中向前发展的,不是以范畴的辩证运动揭示客观事物的历史过程。从严格的科学意义上说,这些著作还没有取得自己的理论形态。我们应超越这种局限,把逻辑与历史的统一作为美学、文艺学所追求的目标。

逻辑与历史的统一意味着什么呢?列宁曾说过逻辑、辩证法和认识论是一致的,这就是说逻辑与历史的统一,主要有两个方面:一是逻辑与辩证法的一致,与美、艺术的客观历史一致;一是逻辑与认识论一致,与艺术的认识史(如从具体艺术上升到艺术一般,由艺术一般上升到艺术具体的逻辑发展,与由感性认识到理性认识的过程是一致的)和艺术思想史是一致的。

逻辑与客观历史一致,也就是逻辑与本体论一致。首先逻辑的起点,以反映着历史的起点、认识史的起点为根据。恩格斯说:"历史从哪里开始,思想进程也应当从那里开始,而思想进程的进一步发展不过是历史进程在抽象的、理论上前后一贯的形式上的反映。"[1]抽象上升到具体,抽象范畴这个逻辑起点,就与所研究的对象的历史起点相一致,也就是与它最早的历史形态相一致。生物学

---

[1]《马克思恩格斯选集》第2卷,第122页。

中以细胞作为逻辑起点，而单细胞生物，就是生物发展最原始的历史形态。《资本论》以商品为起点，商品反映了原始社会人与人、公社与公社之间的最早的交换关系。如我们把艺术的审美本质规定为感性伦理实践和理性科学认识、理智和情感意志、再现与表现的统一，而这种素朴统一的最早形态，就是古典和谐美的艺术，而世界和谐美的艺术，正是人类进入奴隶社会之后所创造的真正艺术的第一个历史形态。由抽象范畴上升到具体范畴的逻辑过程，同时也就反映着事物由简单到复杂，由低级到高级，由不完善到完善的发展过程。生物从单细胞到多细胞，从植物到动物，从低级动物到高级动物，以至人的出现，正反映着生物现象发展的整个历史过程。《资本论》从商品到货币，从货币到资本，也以"浓缩的"（马克思语）形式反映着从商品交换到资本形成的整个历史规律。美学、文艺美学也是这样，它从古典素朴的和谐美艺术进到近代崇高型的艺术，与古代社会的古典主义艺术进到近代资本主义社会的现实主义和浪漫主义艺术以及由现实主义和浪漫主义日益向两级对立运动的自然主义和表现主义、由自然主义进到超级写实主义、照相写实主义、由具象表现主义进到抽象表现主义这样一系列近代艺术发展的历史相吻合。现代对立统一的新型和谐美，又将与社会主义和共产主义艺术的发展相统一。总之，文艺美学中这三大范畴的上升运动，反映着人类艺术在这三大历史时代发展变迁的整个过程。

逻辑与历史的统一，除了与客观本体论的统一之外，还包含着与认识论的统一，与思想史的统一。以具体上升到抽象为前提，再从抽象上升到具体，这样一个逻辑思维过程与认识史是一致的。人类的整个认识史，就是从具体的感知开始，进入到分析，把整体分解为部分（即抽象），最后再把各部分整合起来，进入到比较自觉的系统整体思维。古代思维主要倾向于对客观世界作直观的整体把握，这时的整体是混沌的，未经分解的。古希腊虽比古代东方思维有更多的分析因素，但与近代分析思维相比较，总体上仍然是现象整体的把握。素朴的辩证思维就是这种古代思维生动而典型的体现。只有到了近代资本主义的兴起，随着形而上学思维的发展，人们才开始打破古代那个混沌的整体，开始对每一个部分、细节作孤立的、静止的、片面深刻的研究，才出现细胞学、解剖学等各门科学。这种分析的抽象的形而上学的研究，主导着整个资本主义时代包括当前西方的哲学和美学。而且这种分解、分裂愈演愈烈，甚至分裂、对立已走向极端化的地步，如符号学、结构主义，只抓住符号、结构等某些侧面，即孤立地构造起一种理论体系。当然，随着对各部分研究的深入，也会反过来又趋向于综合，特别是随着马克思主义辩证思维的创立，现代科学才走上高度整体化、综合化的道路。美学的认识史也是这样。古希腊和中国的古典美学，基本上也是处于未经分解的直观形态，特别是中国的古典美学，概念大都是生动的、感性的、描述性的，它们大都是成双成对地联为一体的，而彼此却缺乏本质上的分解，如形神、风骨等，主要还处于感性形态。从15世纪以后，美学才开始了大的分解，经验派对美的感性特点，对线条、形体、光色的分析研究，康德的《判断力批判》，把一切都放在对立之中，对审美判断力作了深入的哲学剖析。到黑格尔《美学》才在唯心的形式中把分析与综合辩证地结合起来。但黑格尔之后，随着人文主义和科学主义的对立发展，美学中各种思潮纷呈杂陈，愈分愈碎，令人眼花缭乱，但基本上仍在形而上学思维的大范围内。只有到了马克思之后，美学在辩证思维的指引下，才可能将分析与综合、抽象与具体辩证统一起来，才能在分析的基础上达到更高的综合，才能具体地全面地把握美的本质。

逻辑范畴的运动和思想史也是一致的，美学范畴发展与美学思想史也是一致的。例如文艺美学中从古典和谐美艺术到近代崇高型的艺术，再发展到现代辩证的和谐美艺术，这三个范畴的变化与这三个时代的美学思想史是对应的。在古希腊和古代中国，古典和谐美艺术与古典主义美学思想是一致的。近代崇高型艺术，与现实主义和浪漫主义、自然主义和具象表现主义、超级写实主义和抽象表现主义的美学思潮是相呼应的。到了现代对立统一的新型的和谐美艺术，和马克思主义的美学思想史更是一致的。正因为如此，我们在研究、阐明每个美学范畴时，就可以而且应该与其时代的美学思潮材料相印证。研究古典美时，就要与古代美学史相对照。研究崇高型艺术时，就要与近代美学思想史材料相结合。因而这种范畴的研究不是空泛的，而是充满着丰富材料的，是以相应阶段的整个美学史的文献资料作印证的。美学思想是伴随着艺术的发展而发展的，因而与艺术美的形态是一致的；美学范畴既反映着艺术客观的发展，又是对美学思想史科学总结的产物。美学范畴、美学认识史、美学思想史三者却统一于艺术发展的客观规律中，它们统一的根源都在客观的艺术本身。

总之，美学范畴的运动，一方面要与艺术美的客观发展相一致，另一方面还要与美学认识史、思想史相协调，这几方面的结合，就是逻辑与历史相统一的主要精神，就是马克思主义文艺学、文艺美学的逻辑构架和理论体系。

六、总结现代自然科学方法，深化和发展辩证思维

马克思主义的辩证思维，本质上是革命的、开放的，自马克思创立辩证思维以来，世界已发生了巨大的变化，特别是自然科学的突飞猛进，自然科学方法的发展及其向各门科学的渗透，引起了人们极大的关注和兴趣。自然科学方法同马克思主义的辩证思维是不

同的，不能把它直接套用到美学、文艺学的研究上来，但它与辩证思维又是有深刻联系的。现代自然科学提出的系统论、信息论、控制论，以及模糊数学、统计数学、分子生物学、量子化学、遗传工程的兴起，深化了人们对客观世界相互联系、相互转化、不断运动的认识，丰富和发展了马克思主义的辩证思维方法。我们应该予以批判地吸取和融化，创造性地发展自己，使之进一步地现代化，达到新的时代水平。通过使现代自然科学方法的丰富和融化于辩证思维，才能使现代自然科学方法转化为美学和文艺学的研究方法。总之，我们不是从现代自然科学本身着眼的，而是从它对人们思维的启示和扩展方面着眼的。只有人们的哲学思维方法发展了，更现代化了，马克思主义的美学和文艺学的方法才能达到更成熟、更现代化的水平。

那么，现代自然科学方法在哪些方面深化和丰富了辩证思维呢？过去，我曾经把它概括为八个方面[1]，现在，我想集中地讲两个问题。

第一，现代自然科学方法，由对象性思维发展到系统性总体思维。牛顿的古典力学是元素决定论，它孤立地专注于对象本身，只注重对象自身属性，是一种实物中心论，是一种对象性思维。黑格尔创造的唯心的辩证逻辑，特别是经马克思唯物地改造和发展了的唯物辩证思维，以已把握事物的整体属性为其主要特征。《资本论》对商品、货币、资本的分析，已不是就对象自身而言，而是首先以其关系的整体属性而言。所以系统论的创造者贝塔朗菲早就指

---

[1] 周来祥：《现代自然科学方法和美学、文艺学的方法论》，《文学评论》，1986年第4期。

出马克思是最早的系统论者,现代自然科学中系统论的出现,更丰富和深化了辩证思维的整体观念。系统论认为,事物有两重属性,一是自身属性,一是系统属性。在这两者中,尤以系统属性最为根本。事物的质首先是由系统质来决定的,对一个事物的认识,不能孤立地专注其自身,而首先必须把它放在一定的系统中,把握其系统整体属性。这在思维方法和研究方法上无疑是一个重大的发展。从系统整体观念看,目前我国美学界的四派观点(即美在主观,美在自然和美在典型,美在事物的客观性和社会性,美在主客观统一),基本上还是元素决定论,是孤立的对象性思维,而不是系统决定论,不是辩证思维的整体观,不是系统性思维。辩证思维、系统方法对美的探讨,是首先将它放在审美关系的系统中探讨其系统整体属性,这也就是我之所以把它看作主客体之间的一种和谐自由的关系质、系统质的原因所在。我在文艺美学中对艺术审美特质的分析也是这样,不是就艺术本身来研究艺术,而是把艺术放在理性的科学认识和感性伦理实践所组成的人类活动的大系统中来研究,把审美活动、理智科学认识和感性伦理实践作为三个子系统,在其相互区别、相互联系、相互作用、相互渗透中,把握艺术作为第三王国、作为物化的自由的审美意识的独特本质。系统论认为,系统质并不是其构成要素的简单总和,而是由要素的结构方式、相互关系决定的。相同的要素、不同的结构关系(所谓同素异构)会产生出不同的系统质。知觉(表象)、理解、情感、想象等四种要素,在艺术中存在,在科学中也存在,但由于不同的组合,在科学中以概念为中心而组合,在艺术和审美中,则以情感为中介而组合,便形成了艺术和科学两大不同的系统属性,使艺术和科学在本质上区别开来,不至于看到艺术中有情感、想象,科学中也有情感、想象,就将两者混同起来。这种混同过去有过(如毛星同志的

《论文学艺术的特征》），但同素异构的系统论却把这一谜底解开了。系统论还认为，同一要素在不同的系统中有不同的属性、不同的功能。同是理解、认识元素，在科学和艺术中就有不同的属性和功能。在科学中，认识是创造概念、发现真理；在艺术中，认识是深化典型、升华意境，是参与美的创造（这才能避免图解式、概念化）。同样，艺术中的表象、情感、想象和科学中的图式、情感、想象也完全不同，具有互不相同的性质和功能。总之，系统论以其要素与系统、结构与功能等范畴概念对事物的研究和思考，深化和发展了辩证思维的整体观念，拓展了思维的空间。随着对象性思维发展为系统性整体思维，先分析后综合的思维模式，也随之发展为综合—分析的思维模式。对象性思维着眼于孤立地个别地把握事物，所以它先分析个别和局部，然后再综合为整体，它认为的整体是个别的简单相加，这种形而上学的思维已不能把握系统质，因而也不能准确地把握事物的自身属性。从黑格尔开始的辩证逻辑，已强调分析和综合的结合，强调分析是综合的分析，综合是分析的综合，但具体上升到抽象的过程仍偏于分析，抽象上升到具体的过程仍偏于综合。系统论的提出，更进一步发展了辩证思维关于整体综合的概念。它要求对事物的认识，在大致粗略分析之后，先要有一个综合的总体把握。在总体把握的基础上，在综合的统摄下，去进行局部的个别的分析。这样，分析是综合的分析，局部是整体的局部，从而发展为综合—分析的思维方法。我们对艺术的研究，从抽象上升到具体，也正是从综合入手，先从总体上把握艺术的审美本质。在这一总体观念的指导下，再去分析艺术在历史上展开的各种具体的类型和形态。这时，对具体的古典型、近代型、现代型、再现性、表现性、绘画、音乐的分析，就不再是孤立的，而是作为艺术总体的局部来把握的。

第二，由单向的线形圆圈构架到双向逆反纵横交错的网络式圆圈构架。近代形而上学把思维片面化，直线化。现代辩证思维扬弃了这种直线形思维，创造性地提出了肯定—否定—肯定的圆圈式的思维构架。它以巨大的历史感，揭示和掌握了一个事物的过去、现在和未来的历史进程，在时间的跨度上是一个伟大的思维飞跃。但对这一事物与后一事物共时态的横向联系来说，则未能予以充分的注意。现代自然科学方法囿于形而上学思维的某些局限，忽略了事物之间的相互中介、转化和发展的历史总体，因而在总体上是静态的、并列的、横向的研究。但它强调了特定事物自身的动态研究，在这一点上，它突破了形而上学的拘囿，深化了辩证思维。现代自然科学在研究某一事物自身的动态发展时，更着重研究它与其他事物的横向联系，初步形成了一个静态的（总体上、宏观上说）纵横交错的网络结构。这对我们是一个有益的启示。我们可否将静态的横向研究吸取、改造、融合到圆圈式思维构架中来，从而将线形的圆圈构架发展为纵横交错的网络式圆圈构架呢？在文艺美学中，我做了大胆的尝试，对文学艺术，我一方面作了历史的纵向探讨，从艺术的审美本质这一最简单、最基本、最抽象的范畴出发，运用抽象上升到具体、逻辑与历史相统一的辩证思维方法，展示了从平衡、有序的古典和谐美，经近代激荡、无序、对立的崇高（广义上的美），曲折地螺旋地上升到现代对立统一新型和谐美的历史画面；也描绘了从偏于再现的艺术经偏于表现的艺术，向再现与表现高度综合发展的时代趋势。另一方面，我又作了横向的剖析，探索艺术家进行艺术创造的美学规律，解剖艺术作品的审美构成因素及其组合的复杂形态，阐述艺术作品经过艺术欣赏、艺术批评的中介在社会实践中所发生的功能作用，以及欣赏趣味、理论批评对艺术创造的反馈调节功能。但纵与横是辩证的，不能截然分开的。因而，我又力图在历史的纵向研究中渗入横向的研究。如艺术美的三大历史形态，既是动态的、不同时代的美，而在我们现代又是静态的、并列的美。我们说古典的美、近代的崇高作为时代的美来说，已成为过去，我们社会主义时代应创造高于它们的辩证和谐美。但并不是说，它们在我们的时代就不被人欣赏了，就不是一种并列的美了，人们仍然去欣赏以往时代所创造的美的珍品。再如偏于再现的绘画，在古典艺术的时代还没有得到成熟的发展（那是一个画中有诗、诗中有画的时代），而偏于表现的音乐，则到近代浪漫主义思潮兴起的时代才达到成熟的境界，而到西方20世纪的现代主义艺术，连绘画也要向音乐看齐了（如康定斯基《论艺术的精神》所主张的）。但这种历时态的发展，并不否定它们在任何时代都是两种并存的姊妹艺术。同时，我还力图在艺术的横向研究中加入纵向研究，在静态中展示历史感。艺术创造、艺术作品、艺术欣赏与批评三者是并列的，缺一也不可能构成艺术的审美活动。但这三者的侧重面在历史上也是不同的。一般说来，古代偏重艺术家和艺术创造，近现代的形式主义和结构主义更重艺术作品，现象学、阐释学、接受美学则更重欣赏和读者。再如意境和典型这两个最核心的美学范畴，我一则解剖它们的构成因素，一则阐明这些因素组合的不同历史形态。古典和谐美和艺术偏于类型典型和意境，近代崇高型艺术偏于个性典型和意境，现代新型的和谐美艺术则追求个性与典型的辩证结合。再如情节和人物，我一则阐明两者的一般关系，一则揭示其组合的不同历史原则。古典艺术偏于情节，富于故事性，情节高于人物，人物在故事的展开中表现出来。近代崇高型艺术则强调人物的主导作用，突出个性性格，为了塑造典型性格，打破故事的完整性和情节的单一性，甚至剪去各种互不相关的细节，多侧面多层次地刻画人物性格。现代辩证和谐美的艺术则以人物为核心，把人物和情节辩证统一在一起。这样，纵向中有横向，横向中有纵向，动中有静，静中有动，形成一种纵横交错的复杂的网络式逻辑构架，我力图用这种思维构架来较为全面地解决和把握艺术的美学原理和规律。

总之，在文艺学、美学的方法问题上，我主张既应是多元的、多样化的，一切有益的方法均要吸取，不可排斥；同时又应是综合的、一体化的、统一的，即最终又融合到马克思主义辩证思维中来，成为丰富、深化辩证思维的一个有机因素。用这种方法来研究文艺学、美学，便自然形成与此相对应的马克思主义的美学和文艺学的理论体系。

（原载《上海文论》1992年第1期）

美学是研究审美关系的科学

——再论美学研究的对象

一

任何一门科学都有其独自的研究领域和研究对象。要研究美学,也必须首先确定它的研究对象是什么?到目前为止,美学仍然是一门未成熟的古老而又年轻的科学,关于它的研究对象,美学界还在争论不休,已形成有代表性的四派意见:第一派以洪毅然同志为代表,认为美学是研究美的规律的科学,研究什么是美,美的创造和发展等问题。第二派以马奇同志为代表,认为美学是研究艺术一般规律的科学,美学就是艺术理论,它研究艺术的本质、特征、创造规律、欣赏批评的原理、艺术发展的规律。第三派意见是李泽厚同志提出来的,他认为美学由三部分构成:美的哲学、审美心理学和艺术社会学。第四派意见认为,美学是研究审美关系的科学,它以审美关系为中心,把美、审美和艺术统一起来进行研究。过去我写过两篇文章(见《美学问题论稿》和《论美是和谐》等拙著),也是持这种意见,现在余意未尽,把我的意见再进一步阐述一下。

二

美学为什么是研究审美关系的科学?

从历史上看,研究审美关系是美学历史发展的必然趋势。

1. 美学是一门不断发展的科学。美学作为一门科学,它的研究对象是随着历史的发展,随着这一门科学的发展而不断变化的,因此,不能以过去某一时期美学的研究对象来规定现在美学的研究对象,也不能因美学研究的现状与过去研究的不同而否定现在的美学研究。美学发展的不同历史阶段,特定时期的美学,都应该有自己特定的研究对象。

2. 古代美学是客观的美学。把对象作为一个客体来研究,是整个古代哲学的研究方向和基本特点。整个古希腊哲学可以说是一种对客体作客观研究的哲学。这是由人类认识发展规律所决定的。在人类的童年时期,人们首先是把探求的目光射向外部世界,对外部世界作客观的研究,解决对象是什么的问题,即偏重于对客体规定性的研究。因此,哲学本体论问题成为当时哲学研究的中心问题。再者,当时的各门科学和哲学正处在浑然一体的状态中,还没有分化,哲学的研究方向几乎决定了所有问题的研究方向。在这种客观的哲学影响下,美学也就必然是客观的美学。如对美作一种客观的研究,是古希腊美学的一个重要特点。毕达哥拉斯学派把美作为一种客观的数的关系,亚里士多德进一步从客观事物的有机统一体中,从整一性上来寻找美。唯心主义者柏拉图,也把美和客观的"理念"(作为一种客观的、永恒的、绝对的精神实体)联系起来,说美就是理念本身,是最高的真。他把永恒的"美"和理念的"真"在客观唯心主义基础上统一起来,仍然是把美作为一个客观对象来对待，尽管这对象是精神性的而不是物质性的。与之相适应，古希腊艺术也是客观的艺术、模仿的艺术、再现的艺术。古希腊最负盛名的雕塑是以人为对象的，在那里的神，与其说是神不如说是神化了的人，他的神的性也都是人性，神话里的英雄都像人一样具有人的活动、人的性格、人的性情，神与神的关系，折射着人与人的关系。

近代哲学则是侧重研究主体的哲学。哲学与研究事物与事物之间关系的自然科学和研究人与人之间社会关系的社会科学不同，它是一种对自然、社会和人类认识最普遍规律的概括和总结。但是，建立在人类社会实践基础之上的人类认识是按其内在逻辑发展的，从总体上看，它表现为一个从客体入手，然后进展到主体，最后达到主体与客体统一的上升过程。历史发展的阶段不同，直接影响到哲学研究的对象也不同，哲学研究中的真理性认识只是随着哲学研究对象的逐步展开，才不断实现出来的。例如，在古代，作为哲学对象的是同一个客体世界，而不同的哲学家却往往做出截然相反的回答。何以如此？这是因为客体问题总是和主体问题联系在一起的，对客体的认识总是受到主体与客体关系的制约。因此，为了认识客体，不能仅限于从客体方面去考察，也要研究主体，研究主体的认识能力和方法。所以，到了近代，哲学研究出现了从客体向主体、从对象的研究向人主体自身研究的转折。这一时期，随着生理科学的发展，心理学也逐步发展起来，并通过不同渠道开始了对主体生理、心理的研究，如关于人的思维、情感、意志，以及人的情绪与生理活动之间的关系等问题的研究。

随着这种哲学发展的趋势，美学研究也转向了主体，从对什么是美、什么是艺术的客观的研究，转向了什么是审美、什么是美感的主体的研究。对美学作心理学的研究，作审美主体的研究，是近代欧洲资本主义世界中美学研究的主导趋势。在这种趋势的推动下，西方艺术从浪漫运动开始转向主体意愿、主体理想和主体情感的抒发，力图从客观矛盾中表现自己的内在精神。这种情况发展到现代派艺术，达到了登峰造极的地步。与此相适应，这时的美学变成了表现的美学，艺术变成一种极端表现的艺术。现代派五花八门，千奇百怪，但总的趋势是表现主义，偏重于表现主观精神世界，表现主观心理世界。

这种表现主义思潮不仅在音乐里达到极度的发展，并且把绘画这种再现艺术也变成了表现的艺术。绘画在本质上是一种再现艺术，因为画总要有一个模仿的对象。而现代派的绘画，则逐步抛弃了再现艺术的模拟对象，它的第一个形态是具象的表现主义，如印象派、野兽派和立体派这些派别，其特点是把对象改造、变形。从印象派到立体派，对象已经变成了相当抽象化的几何形体，比如把人变成由圆形、方形、三角形等几何图形的组合体。毕加索是从印象派到立体派的，他的名画《格尔尼卡》表现的是西班牙格尔尼卡镇被法西斯德国轰炸后的惨象，绘画的直接目的是对第二次世界大战的独裁者表示反抗。但这幅画很难懂，画中用黑、白、灰三种颜色勾画了几个号哭的妇女、一名死婴、一名断臂缺腿的士兵的尸体、一匹惊马和一头疯狂的公牛，从这些画面大体上还能看出些轰炸后的惨象。但有的地方就很不容易理解，如在人眼里画上一只电灯泡，再在灯泡里画上个眼球，就很费猜度。欣赏立体派艺术，未经训练就弄不懂艺术家的语言。再如毕加索的另一幅名画《斜倚的女人》，大体一看像是一个人，仔细一瞧，就完全是几何线条了，变形变得过分了，就失去了认知性。要表现主观，对象就要变形，否则就影响表现，所以表现主义发展到极端，甚至把几何图形也看成表现的障碍而抛弃了，这就由具象表现主义变成了抽象表现主义。

抽象表现主义向两方面发展。一方面是抽象为色彩结构。现代派的画有的就是由一种颜色或由黑、白、红三种颜色组成，如《棕色的鲜丽》《白色的沉寂》，一幅画就只有一种颜色。有的是多种颜色的团块，康定斯基有些画，各种色块混杂一起，很好看，仔细一瞧，又不知画的是什么，只是色彩的结合而已。康定斯基搞了一种色彩韵，按下琴键，出来的不是声音，而是色彩，通过不同色彩的变化表达一种情绪。可惜人的眼睛对颜色的感觉不像耳朵对声音那样敏锐，色彩成为"音乐"还比较困难。另一方面，线条在离开形体之后（原来线条是再现形体的），变成了一种线条的旋律，线条的结构。康定斯基有一幅画叫《宇宙》，一堆线条如一团乱麻。它可能表现的是：在艺术家的感受中，整个宇宙、整个资本主义社会结构颠倒，乱而无序，就像一堆混乱的线条。这些线条表现的不是对象，而是一种感受、一种心理。整个现代派的绘画，特别是发展到极端，变成色彩和线条音乐的那种绘画，从美学本质来看，从艺术的本性来看，它已把绘画变成了表现艺术，这违背了绘画艺术的再现性质，尽管作为表现的绘画艺术在颜色、线条的运用和四维空间的展示上有所发展，可资借鉴。总之，西方现代派已走向一种极端的表现艺术和表现美学。

与西方相比，中国的美学和艺术另有千秋。在中国的古代，奴隶制的形成中有着更浓重的原始氏族社会的遗留，血缘关系没有被新的经济、政治关系所冲破，沉重的宗法传统把人们的思想禁锢在"以天为宗，以德为本"的宗族伦理的框架中。与西方的智者着重探索宇宙本体论的思辨不同，我国古代的所谓"圣哲"更注重于研究复杂的社会矛盾运动。如果说西方哲学偏重于认识客观自然对象，从某种意义上说是一种认识论的哲学，而中国哲学从一开始就偏重于主体社会,偏重于对人类主体与社会的研究,更接近于人的社会实践活动和人的社会伦理关系。用康德的术语说,西方哲学是"纯粹理性"的哲学,中国哲学可以说是"实践理性"的哲学。这种情况,影响到中国古代尤其是先秦时期的美学和艺术。中国古典美学与伦理学联系比较密切,美与善合而为一,如孔子、孟子都把伦理与审美紧密地联系在一起。因此整个中国古代的美学,就总体上说,是偏于表现的美学、偏于主体的美学。从我国的《尚书》开始,就主张"诗言志",认为诗是用来表现主体心理、抒发人的情感意志的;最早的音乐理论著作《乐记》,也认为音乐是表现人的情绪、表现人的内心感情的。中国号称是诗的国度,诗特别发达,从《诗经》《楚辞》、唐诗、宋词,到元曲(曲在某种意义上也是诗),大都是表现艺术。在这种表现艺术里,主要讲的是感情、性灵、意境、韵味等,这和西方再现艺术讲情节、人物、典型等形成了完全不同的两套美学概念和艺术形态。所以,外国人看不懂中国画。苏联的涅陀希文曾著专文介绍中国绘画,说中国画非常难懂。如《百花齐放》这幅画,让春夏秋冬四季之花、辽阔神州四方之花,在同一时间同一空间中争奇斗艳,令人觉得迷惑不解。广州的花怎么能和北京的花在一起开呢?冬天的花和春天的花怎么能同时开呢?西方的艺术是再现艺术,用他们的艺术眼光看来,冬天的花只能在冬天开,不能和夏天的花同时开。中国画是写意画,不重模拟形似,而重神似、表现。涅陀希文沉思良久,忽然醒悟。他说中国人是按照联想原则作画的,想到哪儿画到哪儿,不受现实的结构原则和时空原则的限制与约束。的确,中国画是按照心理情感原则、诗的原则来组织的,目的是表现一种意念。梅、兰、竹、菊是画家艺术家非常欣赏的,但并不只把它们作为梅兰竹菊来画,而主要是为了体现画家的人格。所以苏轼说:"文与可画竹,身与竹化,不知何者为竹，何者为我。"竹我不分，竹子成了人格的表现。在中国画里，不重模仿，而重表现，对象只是作为一个表现的媒介，画出来大体像就行。了解这一点，是欣赏中国画的一个诀窍。再如，在中国戏曲舞台上，演员在场上绕几个圈，就象征走了几百里路；曹操80万大军，也只不过是几个打小旗的士卒站在舞台上；以鞭代马，以桨代舟，象征性就更强了。可见中国戏曲也是偏于表现的艺术。总之，中国从先秦一直到明中叶，甚至到王国维和鲁迅早期，占主导地位的是表现的美学，是偏于表现的艺术。

但从小说戏剧兴起之后，特别是出现了像《红楼梦》《儒林外史》这些伟大的偏于再现的艺术之后，中国偏于再现的美学也开始兴起。而且随着哲学研究向客观方面的转向，这种偏于再现的美学思想得到了进一步发展，艺术也越来越趋向现实主义。"五四"以后，现实主义在中国现代文学史上逐渐成为主流。

由此看来，中国美学和艺术与西方美学和艺术正好走了两条相反的路：中国人从偏于表现而转向偏于再现；西方则从偏于再现走向表现的极端。这是一个历史的概况。这个发展的趋势将是什么呢？将是科学研究的大综合，将是客体研究和主体研究的结合，将是再现和表现的结合，将是再现美学和表现美学的结合。从整个历史发展的趋向看，是倾向综合化；从马克思主义的唯物辩证法来看，从我们的哲学基础辩证唯物主义和历史唯物主义来看，也是要把主体的研究和客体的研究结合起来，把对象的研究和人的研究结合起来。用什么来结合？结合的中介环节又是什么？这就是主体和客体构成的审美关系。也就是说，从研究客体的古代，发展到研究主体的近代，到了我们现代，就应该用审美关系作为中介把客体和主体辩证地统一起来。这作为一个过程，又是否定之否定的结果。所以，把审美关系确定为美学的研究对象，是美学发展的必然趋势。

3. 古代的美学是美的哲学，侧重于对美进行哲学的思考。古代的美学家大都是哲学家，他们的美学思想就是他们哲学思想的一个组成部分。由于他们都是从哲学的观点、从他们哲学体系的角度来思考美的本质问题的，可称为美的哲学。像古希腊毕达哥拉斯学派，大都是自然哲学家，他们是从自然科学角度对美进行哲学思考的；从亚里士多德开始的形式派美学，也主要是研究对象世界的美的问题；柏拉图则从他的唯心主义理论出发来研究美的问题。这种情况一直到康德、黑格尔，就更典型了。康德的美学著作《判断力批判》就是他的两大哲学著作——《纯粹理性批判》和《实践理性批判》之间的桥梁。黑格尔的《美学》则是他的绝对精神自我认识的初级阶段，他把绝对精神的自我发展自我认识划分成三个阶段，即艺术阶段、宗教阶段、哲学阶段。作为艺术哲学的美学是绝对精神发展的一个中介环节。总之，古代的美学是美的哲学。

近代的美学，是侧重研究审美心理学的美学。由研究客体的美的哲学向研究主体审美活动的心理学美学的转变，开始于康德。康德在《纯粹理性批判》和《实践理性批判》中作的是哲学的思考，而到了《判断力批判》，心理学的因素明显增多，它侧重从审美角度、从美感心理矛盾的角度进行探索。所以有人说康德是近代美学的鼻祖，康德美学是由美的哲学走向审美心理学的一个转折点。黑格尔美学以后，从立普斯的"移情说"开始，近代美学基本上走上了心理学的道路。"移情说"认为，我的审美对象是我的感情移入的产物，我审的就是移到那个对象上去的我的感情，作为美的根源说是唯心的；作为审美活动说，则有其合理成分。继"移情说"之后，又出现了布洛的"距离说"。"距离说"提倡在审美的时候，要和对象之间保持一定的距离，这种距离主要是一种非功利的距离，就是说，只有超出与对象的功利关系时才能进行审美。持这一观点的人曾举例说：有一只船在海上遇难，船上一片混乱，人们各自逃命。假如用功利态度来对待这一现象，就不能对大海、对这只船进行审美活动。反之，你跳出功利圈，只把这当成一个大自然的现象看待，这时呈现的可能是一片美景。"距离说"坚持审美的超功利性，在不能用意志实践的功利态度来对待审美这一点上，有其合理之处。比如戏剧《白毛女》，在解放区演出时，演到黄世仁把喜儿摧残得不成样子时，有一个新战士端起枪来对准"黄世仁"开了枪，他把戏剧演出当成现实斗争，采取了现实的功利的态度。显然，欣赏艺术，不保持点距离不行。在看戏时，一方面你得激动，另一方面你还得想着这是演戏，不要用意志实践的功利的态度来对待审美，否则就破坏了欣赏。但是"距离说"否定审美中暗含着功利，这是它的错误所在。仍以对戏剧《白毛女》的欣赏为例，当时虽然不能以功利实践态度来对待，但要对黄世仁做出评价，而且在演出结束之后，还要组织鼓舞人们对黄世仁这样的地主进行斗争。但这要在审美结束以后，而且这种实践的直接的功利性是由审美活动中暗含的功利性转化而来的。显然，超功利说虽有它合理的一面，但完全否认功利是错误的。"移情说""距离说"，都是从心理学的观点来研究审美问题、研究美感问题的。

现代西方美学各流派中占主导的是心理学流派，西方美学的主导趋势是心理学的美学。他们早把黑格尔忘在脑后，对研究什么是美的问题已经不感兴趣了。有的甚至认为，对美进行哲学思考并由此掌握美的本质，这是根本不可能的。他们在哲学领域绝望了，便把全部精力转向心理学的研究，由抽象思辨转向经验实证，相信只有从心理学的角度，从美感这个角度来研究，才能解决美学的一系列问题。总之，从心理学角度研究美学，这是近、现代西方美学研究的主导趋势。

与此同时，19世纪俄罗斯民主主义美学家，现实主义美学家，如别林斯基、车尔尼雪夫斯基等人，都把社会斗争和文学、美学的斗争紧密结合在一起，他们开辟了一条从社会学观点研究艺术和美学问题的新途径，因此他们也可说成是社会学派。对艺术作社会学的探讨，表面上看来不是从心理的角度来研究审美问题，但从理论上来说，实质上是心理美学的一个大分支，是以主体心理的社会方面作为自己的研究对象的，其美学可包括在近代心理美学这个大范畴之中。近代主体心理的研究从两个方面进行：一是个体心理学，研究个体活动的心理学，其特点是不研究个体心理活动的内容，只抽象地研究个体心理活动的形式，诸如想象、情感、感觉、直觉、个性、气质、注意、意志等等。拿情感来说，它只研究情感这个心理活动形式，而不研究这种情感是消极的还是健康的，是高尚的还是庸俗的，不涉及情感的内容。现代心理学派主要就是研究这种个体心理活动的。另一个是社会学，个体的集合构成社会的存在，在社会中，个体的心理获得了特定的社会内容。艺术社会学与个体心理学不同，它侧重研究社会主体和主体心理活动的内容。普列汉诺夫在探讨艺术与社会关系的美学著作中，最早提出了从政治经济到审美和艺术之间以社会心理为中介的思想：政治经济状况是基础，这一基础的变化势必影响到社会心理的变化，社会心理的变化又影响着审美和文学艺术的变化。这个意见很重要，我们现在对它重视得还不够，我们也讲政治经济状况对审美和艺术的制约和影响，但没有强调社会心理这个中介环节。

现代马克思主义的美学，应该是在美的哲学、审美心理学和艺术社会学这三大美学的基础上的批判性的综合，即是说以审美关系为中心，把美、美感、艺术的研究统一为一个整体。马克思主义美学，作为一种高度综合的美学，不但应该吸取历史上一切优秀的美学文化，而且更应该研究现代自然科学对美学的贡献,像控制论、信息论、系统论的美学,以及符号学美学、模糊美学……我们要像鲁迅说的那样,一切优秀的、合理的东西,只要是对的,含有科学的成分,哪怕仅有百分之一,就不管它是来自何方,都采取"拿来主义"的态度,决不应该故作革命而把它踢到一边。马克思主义就是要检验人类历史上的一切优秀成果,剔除其糟粕,把其中的精华毫无遗漏地全部吸收到马克思主义这个大系统里。马克思主义的美学,应该有这个气魄。

4. 研究审美关系的美学也是历史上美学方法论的高度综合。客观的美学和美的哲学是紧密相连的,主体的美学和审美心理学是紧密相连的,我们关于主客体审美关系的美学,也是和高度综合各种美学的思想方法紧密相连的。如,作为研究客体的美学,就要研究什么样的对象是美的,美的根源是什么。这种客观的研究就决定了它必然也是一种哲学认识论的研究。关于主体心理的研究,主体审美活动的研究,又必然包括个体心理学和社会学这两部分内容。因为个人是社会的一部分,在一个人身上就包含了个体心理的一面和社会伦理的一面。作为一个人,是个体主体,而这些个体的集合,又构成社会主体。个体主体和社会主体是紧密相连的。审美主体的研究,必然要深入到内在的心理,深入到情感、思维、想象、意志这些心理形式及其性质、内容,必然地导向心理学、社会学、伦理学相结合的研究方法。而我们把主体和客体作为一种对应关系来研究,也必然要把哲学的思考、心理学的研究和社会学的研究以及各种科学的研究方法都综合起来。只有这样一个高度综合的研究才能对主体和客体的关系做出全面的考察。

还应该进一步指出,虽然古代美学偏于客观审美对象的研究,近代美学偏于审美主体心理的研究,但作为一种历史的思维方式来看,特别是与现代思维相比较中来看，古、近代美学也有一个共同点，就是只限于探讨其研究对象的属性。古代要研究客观对象本身的属性，近代也把主体作为美学研究的对象而探讨其本身的属性。在这个意义上，他们都不超越对象本身属性的范围。而现代辩证思维的根本特征之一，则在于它突破了这种对象属性的局限，而扩大到对象与对象、对象与主体、对象与系统的关系的大范围上来研究。马克思对商品的分析，一方面指出其使用价值，一方面指出其交换价值，前者有关于其自身的自然属性，后者则体现着一定的社会关系了。因此，只有从社会关系的角度才能研究和掌握商品的本质。现代自然科学中系统论方法的提出，深化和发展了辩证思维方法。它要求把对象、要素部分放在系统、整体中来研究来认识，它认为每一事物都有两重属性，一是自身属性，一是系统整体属性，而后者对它来说是更本质更重要的。这种既注意对象自身属性，更重视关系、系统的研究，是现代辩证思维的一大跃进，是现代科学的一大开拓，审美关系说正是为了适应向这一新的思维方式的跃进而提出的。

上述四个方面的分析，可以比较充分地说明：以审美关系为轴心，把美、审美和艺术辩证地统一为一个整体来研究，是美学历史发展的必然趋势，也是马克思主义美学所必须解决的首要问题。

三

我们把人对现实的审美关系作为美学研究的对象，那么，什么是审美关系呢？它包含什么内容呢？其特点又是什么呢？

1. 审美关系是人类实践关系、认识关系发展到一定阶段而产生的，是人与自然所建立的主要关系之一。人类的第一个感性活动就是劳动实践，也正是在这个劳动实践的基础上并通过这个劳动实践，人才从猴子开始慢慢地变成了真正的人。在这个过程中，主体和客体之间首先建立起来的是实践关系。在劳动实践关系的基础上，人们开始认识对象，把对象作为自己认识的客体，并逐渐建立起了理智的认识关系。实践关系和认识关系是人和客体世界之间建立的两个主要关系。这种关系发展到一定阶段，又产生了审美的关系。这个阶段的标志也是审美起源、艺术起源的一个核心问题。这个问题如何解决，决定着审美起源和艺术起源的解决。这个问题在西方引起了很大争论。一般说来，特别是从普列汉诺夫论述原始艺术开始，人们都认为只有超出直接的功利需要之后，审美关系才能诞生。那么原始人的文身，或在身上涂上红色，或用兽牙、贝壳、骨骼作为装饰品，这是否标志着审美关系的起源呢？现在看来还不是。从现在的考察看，文身是一种力量的象征、勇敢的象征。死了的人涂上颜色是一种巫术的需要。它还没有离开适用、功利的范围。当对象只有以它的样子、色彩引起人的愉快，而不是以它的功利使你愉快时，才开始进入审美关系。超越了直接物质功利的需要，只把对象作为一种美去观照，这是审美关系产生的一个重要标志。这种对对象的样子的欣赏，是实践在对象上和主体上二重化的历史积累的结果。

2. 审美关系是和实践关系、认识关系不可分割的一种关系。人类和客观世界之间建立了各种各样的关系，就像马克思所说，眼睛和对象建立了视觉的关系，舌头和对象建立了味觉的关系，思维和对象建立了认识的关系，意志和对象建立了实践的关系，人类主体有多少器官（包括感觉器官、思维器官以及社会器官），就和对象建立多少种关系。但在这些关系里，最重要的可以概括为三大关系：实践关系、认识关系和审美关系，并由此形成了三种主要的人类活动。

其一，伦理实践有广狭二义。狭义的实践指改造客观世界的一切物质活动；广义的实践则指人除了心理意识之外的所有的感性活动。例如，吃饭、穿衣、走路、朋友来往，甚至躯体活动等，也属于从广义方面理解的实践的内容。社会实践本来是一种二重化的活动，作为结果出现的，一方面是被改造了的客体自然，另一方面是被改造了的主体自身。如果只是把实践理解为改造客观世界的活动，那么与人的自身形成有直接联系的衣食住行等感性行为又放到哪里去呢？当然，由此又可能产生出许多新的哲学问题，在此只好暂存而不论。

其二，认识活动是思维与对象之间形成的一种特定关系。人类活动的特点是自觉自由性，要活动就要有认识，人类活动总是自觉的有意识的活动。在这个意义上认识活动是人类一切其他活动的前提。

其三，审美活动。人，作为人，不是非人，每一个人都有着人的感觉，而不是非人的感觉。这其中就有个美感问题。现代人穿衣服不能像原始人那样把树叶挂在身上，也不能像因纽特人那样把海豹皮披在身上，需要讲究点现代式样或风格。说有的人不修边幅，也不是一点不修，总得考虑能让大家看得过去。审美是一种普遍的社会现象。如梳妆打扮后总要照照镜子，就主要不是给自己看，而是给他人看。有个故事说：古时候有一个人，新做了件绸子衣裳，穿在身上，怕弄脏了，就罩上一件旧衣服，这样却又没法让他人看了，最后只好写了"内穿新制绸衣一件"的纸条别在衣服上。显然，他穿了是让别人看的。审美是带有集体性和社会性的，鲁滨逊漂流到孤岛上，是不用修饰打扮的。只有两个以上的人生活在一起，人们才会追求美，人人才能是美的展览橱窗。

实践、认识和审美这三种活动是人与客观世界之间建立的三大自由关系的表现。

那么，在这三种关系中，审美关系又具有什么特点呢？一般说来，审美关系是与认识关系、实践关系既有区别又有联系的一种关系。认识关系的特点在于，认识是在对客观对象直接感觉的基础上，由感觉上升为概念，并以概念为中介，在概念与概念对立统一的过程中，在概念的辩证运动中，揭示客观对象的本质和规律。这种认识关系所要回答的是对象"是什么"的问题，它追求的目标是真。实践关系的特点在于，实践是人类从一定自觉的目的出发，借助于某种工具和手段，改变对象的性质和形态，使之服从于主观需要的一种物质性的活动，它所回答的是"世界应该是什么"，它所追求的目标是善，它所建立的是目的和手段的关系，是一种功利关系。

审美关系是介于认识关系和实践关系之间的一种具有新质的更高层次的关系。一方面，审美关系和认识关系紧密相连，以理性认识为基础，但又不同于认识关系。它包含着认识的内容，理性的内容，但这种理性内容又不以概念为中介，而是以情感想象为中介，以形象、观念为中介，也就是说，审美虽然从直接感受开始，却始终不脱离直观表象和感情体验的形式，始终守在这个情感形式里面。正是这种情感的形式，才使它保持了审美的自由品格。它一旦突破了这个感性形式进入概念，就越出了审美的范围。另一方面，它又有物质性实践活动的特点。其一，艺术创造和审美活动，都有一定的目的性。有自由自觉的目的性，是人类活动的一个主要特征，审美活动也不例外。其二，艺术创造和审美活动有时表现为一种物质的实践活动。工艺美术就是工业劳动，搞雕塑，尤其是石雕，也是一种很重的体力劳动。作家写作也很累，有时脑力劳动比体力劳动还累，能量消耗很大。审美活动本质上是意识的，但有物质基础，有实践性的特点。然而，审美活动又不同于直接的伦理实践，审美活动的目的有时并不是很自觉、很明确的，常常以无目的的形态出现。大明湖、千佛山是全国之名胜，很有特色，当你看到它们很美的时候，你脑子里想到什么目的了吗？再者，你看电影《武林志》时，每看一个镜头，也能都抱着我这是受教育的念头吗？当你看入了迷时，恐怕早把受教育之事给忘了，你只是感到情节很紧张，人物很高大，行为很感人。剧中人迷住了你，他哭你就难过，他笑你就高兴。这时大概就会进入一种物我统一、物我两忘、难分你我的审美境界，所谓庄周梦蝴蝶，不知何者为庄周，何者为蝴蝶了。这是审美的一种最高境界。没想要受教育，却自然而然地受了教育。你无目的地来享受，最后的结果却是有目的的；你只感到愉快，没想到功利需要，最后的结果却导向了功利，导向了伦理的评价，导向了一定的实践斗争。审美虽然具有伦理实践性，又不同于有着直接功利目的的伦理实践。伦理实践的目的是非常明确的，并且直接导致改变客观事物的形态和性质。我拿一块木头给木匠，经他加工后，木头变成了桌子。审美不起这个变化，"两个黄鹂鸣翠柳，一行白鹭上青天。窗含西岭千秋雪，门泊东吴万里船。"这首诗，人们从唐代吟诵至今，并没有因此改变成"一个黄鹂鸣翠柳"。画挂在那儿，你天天看，对它毫无影响。审美并不采取直接的行动来改变对象的性质和形态。

由此看来，审美关系既是认识关系，又不是认识关系，既是伦理实践关系，又不是伦理实践关系，而是介于实践关系和认识关系之间的第三种关系。因此，我们就应该从认识关系和实践关系的区别和联系当中来界定审美关系，规定审美关系的本质特征。

3. 审美关系中存在着客体和主体两个方面。审美关系中既包括了审美主体，也包括了审美客体，是一种主体和客体之间形成的对应关系。一方面审美主体规定着审美对象，另一方面审美客体也规定着审美主体。审美对象这个方面就是美的产生问题，美的本质问题；相对应的审美主体、审美感受这个方面，就是美感的问题，审美意识的问题。艺术呢，就是美和审美的统一，是在美和审美的统一基础上产生的艺术意识，假如我用木头把它雕塑出来，就成了木雕；用语言把它固定下来，就成了文学作品；用线条把它描绘下来，就成了绘画。这样，以审美关系为中心，就必然要研究美的问题。审美的问题和艺术的问题，必然把美、审美和艺术这三个部分统一为一个有机整体来研究。

四

正因为我们把审美关系规定为美学的对象，把美、审美和艺术作为一个整体来研究，就必然要对当前美学对象争论中各家各派的合理意见进行全面的概括和吸收。换言之，在某种意义上审美关系说也是对当前各派意见的一个概括、综合和扬弃的产物。如讲美学是研究美的规律的，我们作了吸收，当然，说美学只是研究美的，我们不尽同意；说美学只是研究艺术的，我们也吸收了，当然也不尽同意；说美学包括美的哲学、审美心理学和艺术社会学的，我们也借鉴了，但也不全同意，因为这些提法似尚不够准确和全面。总之，吸收各家的长处，力避不当的见解，以求美学的真理，这是我们所追求的。

（原载《文史哲》1986年第1期）

文艺美学的对象与范围

要建立文艺美学这门新学科,首先必须明确这门学科的对象与范围。然而在科学研究中却常常会有这种现象:首先需要解决的问题,恰恰不是首先能够解决的问题。也许只有当这门学科发展到一定水平之后,当它的内部规律及其同其他学科的外部联系明确之后,再回过头来确立其对象和范围更为恰当一点。因此,现在要为文艺美学这门新学科的对象与范围做出一个十分科学的界定,恐怕不很现实。然而在这门学科的创立之际,我们又不得不对其对象与范围作一个初步的设想。这种最初的设想也许只具有部分的科学性,因而会随着学科研究的发展与深入而得到不断的补充与修正。下面想简要地谈谈我对这一问题的设想。

我认为文艺美学应包括研究艺术的审美本质,研究艺术发展的美学规律,研究艺术作品、艺术创造、艺术欣赏和批评的美学原理这样几个方面的内容。我曾经根据这样的设想建立了一个体系(具体内容见贵州人民出版社出版的拙著《文学艺术的审美特征和美学规律》一书),其中艺术的审美本质是整个文艺美学的逻辑起点,这一起点中所包含的各种矛盾因素的展开,便自然地构成了各种艺术美的历史形态和现象形态。从质上讲,我们将艺术美分为古代朴素的和谐美、近代对立的崇高(广义的)美和现代对立统一的新型和谐美三种形态。从量上讲，我们将艺术分为再现艺术、表现艺术和现代以影视为中心的综合艺术三大类。这种分类既是逻辑的，也是历史的，因而呈现为一种纵向结构。而对艺术创作的美学规律、艺术作品的审美构成、艺术欣赏与艺术批评的美学原理的研究，则又构成了这一体系的横向结构。纵横又是相互结合的，纵向之中有横向，横向之中也有纵向。艺术美三大历史形态的发展，是就每个时代美的主导倾向而言的，并不是说近代崇高期没有古典的和谐美，也不是说现代新型的和谐美时期没有古典的美和近代的崇高。在美的现实存在上仍然要承认其横向并列意义，只是说它已不占主导地位，已不是这个时代典型的理想的美。同样，对艺术创造、艺术作品、艺术欣赏与批评的横向研究，也渗入了艺术美发展的纵向分析。譬如对典型和意境的论述，一方面是一般概念的抽象规定，一方面又指出古典的典型是类型典型，近代的典型是个性典型，现代的典型则是个性与典型的对立统一。再如对人物和情节关系的分析，一方面是一般原则的规定，同时又指出古典时期是情节高于人物（如亚里士多德指出情节是第一位），近代时期是人物高于情节，个性、性格是艺术的中心，现代则应是以人物为中心的人物与情节的辩证结合。总之，我力图通过这样一个双向的纵横交错的网络式的圆圈构架，比较全面地去把握艺术及其发展的美学规律。

从科学研究的角度出发，要弄清文艺美学的对象和范围，还必须分清两个区别。首先要辨明文艺美学与普通美学和部门美学之间的联系与区别。在我看来，普通美学的内容主要包括美（审美对象）、审美（审美意识）和艺术（审美对象和审美意识高度统一的物化形态）三大部分。这三大部分是由人与现实的审美关系有机地结合在一起的，其中艺术的审美本质作为人与现实审美关系的结晶，是整个普通美学的逻辑终点。而文艺美学则恰恰是将普通美学的逻辑终点作为自己的逻辑起点，把普通美学中涉及而又尚未充分展开的艺术的审美本质作了进一步的展开，进行具体的分析和研究。因此，文艺美学和普通美学既有联系，又有区别。而这种联系与区别，又类似于各部门美学和文艺美学之间的关系。如果说，相对于普通美学而言，文艺美学是特殊；那么相对于各部门美学来说，文艺美学则又是一般。普通美学研究是人与现实审美关系的一般规律，文艺美学则专门研究人与现实审美关系在艺术领域中的特殊表现；文艺美学研究的是各门类艺术共同的美学规律，而部门美学（如音乐美学、舞蹈美学、建筑美学等）则专门研究某一艺术种类独具的美学规律。文艺美学以普通美学的逻辑终点作为自己的逻辑起点，而部门美学则又以文艺美学的逻辑终点作为自己的逻辑起点……这样，就形成了整个美学科学中的不同层次、不同系统、不同学科。这种不同层次、不同系统、不同学科之间的演进与发展，便形成了由抽象上升到具体的逻辑过程。而文艺美学在这总的逻辑过程中，则占据着一个中介环节的地位。

其次，我们还必须将文艺美学同文艺学区别开来。按照人们通常的看法，整个文艺学分为文艺理论、文艺史和文艺批评三个学科，这其中与文艺美学关系最密切的是文艺理论。应该承认，将文艺美学和文艺理论严格地区别开来，是一件比较复杂的事情，而根据目前的情况，这一区别只能针对当前文艺理论的现实形态而非理想形态而言。也就是说，只能根据国内现行文艺理论的对象和范围加以区别。

这种区别主要表现在三个方面。第一，文艺理论和文艺美学研究问题的出发点和角度是不同的。现有的文艺理论，可以说是文艺社会学，它主要是从社会的观点来研究文艺问题，致力于分析文艺和经济基础、文艺和政治、文艺和革命、文艺和人民等一系列社会关系，说明文艺在社会生活中的地位和作用。而文艺美学则应该纳入整个美学科学这一大系统之中，侧重从哲学和心理学的角度去研究艺术美的问题。因此，我认为艺术哲学和文艺心理学应该属于文艺美学的范围之内，文艺美学可以根据其侧重点的不同而呈现出不同的形态，也可以将二者综合在自己的体系之内，同时从哲学和心理学的角度来研究艺术问题。由于文艺美学和文艺理论的出发点不同，所以同是研究文艺现象，却会发现不同的问题，得出不同的结论。如同是研究唐代诗歌，文艺理论着重探讨的是唐诗产生的历史背景，唐诗繁荣的政治经济条件，唐诗反映的社会内容……而文艺美学则着重探讨唐诗的美学价值和审美特征，研究唐诗中的审美理想由阳刚之美（壮美）向阴柔之美（优美）的转变过程……当然，文艺美学和文艺理论在研究角度和出发点上的差别只是相对而言的，这并不排除二者在一定条件下的相互影响和相互渗透。第二，文艺理论和文艺美学研究问题的侧重面和着眼点也是不同的。正如事物的矛盾有内部和外部之分一样，文艺的规律也有内部和外部之别。现有的文艺理论，是结合内部规律去着重研究文艺的外部规律，而我们的文艺美学则是在外部规律的基础上侧重于文艺内部规律的研究。因此，在我们的文艺美学体系中，并不存在着与现有的文艺理论体系相重叠的地方。大体上讲，文艺美学所研究的问题恰恰是现有的文艺理论所忽略的问题。第三，文艺理论与文艺美学在理论层次上是不同的。从某种意义上讲，文艺美学是理论性更强、层次性更高的一门学科，它要研究文艺的最根本的原理和规律，而文艺理论则可以研究得更为具体、细致一些。譬如同是研究艺术创造，文艺美学只研究艺术创造的根本特质，研究艺术创造不同于伦理实践和科学研究的独特规律。而文艺理论则可以研究艺术创造的具体技巧和方法，研究人物的塑造、情节的结构、语言的运用等问题。在这一意义上讲，文艺美学又为文艺理论提供了理论基础。以上，我们从三个方面为文艺理论和文艺美学的区别划定了界限。当然，这一界限是相对的而不是绝对的。总的来讲，文艺美学是美学科学的一个学科，而文艺理论则属于文艺学的一个学科。

在我国，文艺美学作为一门独立的学科，尚处在草创阶段，因而其对象和范围的问题，很可能首先成为人们注意的焦点。我的上述观点，只是一家之言，也许有很大的局限性。因此，我希望美学界的同志能够集思广益，提出不同的设想，拿出不同的体系，为建立和完善我国的文艺美学做出贡献。

（原载《文史哲》1986年第5期）

东方与西方古典美学理论的比较

中国和欧洲、东方和西方的美学既有共同的规律，也有各自不同的特色。如果我们把两者比较的加以研究，不仅有助于揭示人类美学发展的一般过程，而且能更准确地把握我国美学思想的独特性。这对于建立具有中国特色的马克思主义的美学体系，是有重要意义的。

中国和西方古代的美学，由于都产生在奴隶制和封建制这个共同的社会基础上，由于都受人类思维发展和文化艺术发展一般规律的制约，其思想性质大体是相同的，本质上都属于古典主义美学的范围。但因为中国和西方历史条件、文化传统、民族审美心理的差异，美学思想又形成东方和西方两大系统，在世界美学思想史上竞放异彩，各有千秋。其主要特色可概括为两点：一是体系的不同，二是理论形态的差异。现在我就从这两个方面，谈一点粗浅的想法。

从体系上看，西方偏重于再现，东方则偏重于表现。首先，东方和西方都是以古典的和谐的美作为美的理想。在哲学上两者都强调对立中的联系、平衡、和谐，强调矛盾双方的相辅相成、相互补充。儒家讲中庸之道，亚里士多德也讲中庸之道。古希腊讲和谐比讲美多，中国大量的诗论、文论、画论、乐论、书论、曲论中谈美的也比较少,而和谐却是贯串于其中的主导思想。两方虽然都以和谐为美,但相对地说,西方偏重于形式的和谐,东方则偏重于伦理情感的和谐。古希腊的毕达哥拉斯学派从数学的观点研究音乐,就提出了美是和谐的说法,音乐的美就是不同强弱、高低、轻重的声音的和谐统一。亚里士多德把美归于"比例""秩序"和"体积的大小",特别强调"整一性"的原则,实际上就是强调杂多因素的有机统一。整个中世纪被神学的美学统治着,但形式和谐的原则并没有被完全抛弃,而是作为一个构成部分包含于他们的美的概念之中。如温克尔曼所说,古希腊的雕塑是"单纯的高贵,静穆的伟大",反映了奴隶主以和谐的单纯、宁静为美的理想,爱神维纳斯的雕像尤是其典范的代表。著名的《拉奥孔》也不表现其被大蛇缠绕着临死前的痛苦挣扎,如莱辛所指出这是为了保持造型和谐的美。我国古典美学中对和谐美的论述更是源远流长,远在《尚书·尧典》中就谈到"八音克谐""人神以和"。春秋间史伯和晏子更严格地区分了"同"与"和"两个概念,"同"是单纯的统一,"和"是杂多的统一。"声一无听,物一无文",单纯的"同"不能构成动听的音乐,只有如"五味"一样,把高低、强弱、长短等多样的声音和谐地结合在一起,才能产生美。这还偏重在形式方面,到孔子就更进一步强调伦理情感的和谐,"乐而不淫,哀而不伤",情感在理智的控制下,喜与悲都不要过分。"温柔敦厚"是整个封建社会占据主导地位的诗教,除去其封建的毒素,从美学的观点看,就是要求"和"。我国古代悲剧冲突,多半以大团圆收场,总不愿把冲突推到尖锐对立导致双方毁灭的程度。《西厢记》长亭生离之后,还要"有情人终成眷属";《长生殿》马嵬坡死别之后,还要有月宫相会,互诉衷肠。著名汉剧演员陈伯华的《宇宙锋》,也是一个典型的例证。赵艳容守节装疯,并没有表现她歇斯底里的喊叫、疯狂的举止和情态，而是把情感保持在相对平衡的境界，通过"我要上天""我要入地"，呼赵高为"吾儿"，把赵高当"匡郎"等情节，在和谐优美的形式中，步步深入地表现其神志颠倒的迷乱状态。同时内容的和谐也要求形式的和谐，我国古典美的艺术要求严格遵循形式美的规律。赵艳容的撕乱青丝，不过是扯出一缕头发；抓破面容，不过是抹上两道脂痕。美是最高的原则，舞台上的一切都要求美，都要求形式的和谐。杂剧四折，是起、承、转、合，绝句四句，也是起、承、转、合。律诗的平仄对仗，绘画的笔墨趣味，戏曲的程式规范都是形式美规律的表现，都体现着古典的和谐美的理想。

其次，东方和西方都强调再现和表现的结合，但西方更偏重再现、模仿、写实；东方则更侧重表现、抒情、言志。模仿是古希腊美学的普遍原则，亚里士多德以模仿为基础建立起《诗学》的体系，他甚至把音乐这种表现心灵的艺术，也说成是最富模仿的艺术。如车尔尼雪夫斯基所说，亚里士多德的美学在欧洲雄霸了几千年，莎士比亚把艺术作为人生的"镜子"，巴尔扎克要做历史的"书记"，这也是带有传统性的。而在我国，"诗言志"却是一个最古老的观点，《乐记》最早以表情为基础建立起我国第一个古典主义美学的体系（"凡音者，生人心者也。情动于中，故形于声；声成文，谓之音"）。假若说，中唐以前在总的表现原则下，更强调写实，那么，晚唐以后，写意就愈来愈成为主导的倾向。《乐记》讲表情，也讲"象成"（模仿已成之事）。顾恺之讲"以形写神""形神兼备"，在形似中求神似。刘勰讲"情在词外"，又讲"状如目前"，但自司空图的《二十四诗品》，倡"象外之象""弦外之音""味外之旨""韵外之致"开始，就日益侧重写意了。"借景抒情""情在景中"转化为"景在情中"或直抒胸臆。王国维说：

"境非独谓景物也。喜怒哀乐，亦人心中之一境界。"（《人间词话》）李东阳明确地提出要"贵情思而轻事实"（《怀麓堂诗话》）。形似中求神似转化为神似中见形似（苏轼《传神记》），甚至传神演化为写心，倪云林说"逸笔草草，不求形似，聊以自娱"。美术史上关于《袁安卧雪图》里画"雪里芭蕉"的争论是有典型意义的，在这里使我们感兴趣的，不在于王维是否画过此画，也不在于历史上争论的细节，而在于它体现了"画中有诗"的写意表情的结构原则。本来在绘画这种偏于再现的艺术样式中，应该按照客观现实生活的空间和时间模仿对象，不能把非冬季开花的芭蕉画在雪地里。但是在我国偏于写意的绘画中，却遵循着心理的空间和时间的原则，它虽与客观事物的空间、时间相联系，不能割裂对立，但毕竟有较大的自由性和表情性。"观古今于须臾，抚四海于一瞬"（陆机《文赋》），心灵的变化，不受客观时空的局限。画家们创作的《百花齐放》，把春天的花，夏天的花，秋天的花，冬天的花，汇于尺幅，在同一个空间和时间中竞妍斗奇，并没有谁指责它不合理。因为这里遵循的是心灵的时空，是诗意的情感的逻辑。正是在这个意义上，"雪里芭蕉"的争论反映了我国美学史上写意思潮的勃起。

再者，东方和西方都强调描写普遍性、必然性的事物，强调类型性的典型化原则。但由于西方再现艺术特别发展（戏剧、小说），相应地发展了艺术典型的理论；我国由于表现艺术更为繁荣，相应地创造了艺术意境的理论。亚里士多德最早提出了人物性格的类型说，他认为诗所说的多半带有普遍性，而"所谓普遍性是指某一类型的人，按照可然律或必然律，在某种场合会说些什么话，做些什么事"（《诗学》第九章）。贺拉斯把人物分成男女老少等各种类型。这种类型化的典型原则有深远的影响（这里指典型的一种必然的历史形态，不同于我们现在所说的类型化、雷同化），别林斯基所说的"熟悉的陌生人"，高尔基概括数十人以创造典型的论断，鲁迅的"杂取种种人，合成一个"的经验，都明显地继承了古典艺术的原则。而在我国古典的意境说中，更侧重情感的普遍性和类型性。情与理的结合是中国古典美学的一个优良传统。理就是必然性、规律性，"理者，成物之文也"，音乐、诗歌要"以著万物之理"（《乐记》）。但理不能自显，必须"寓理于情""理在情中"。事物的规律性通过情感的类型表现出来。早在《乐记》中就把曲调划分为六种类型："其哀心感者，其声噍以杀；其乐心感者，其声啴以缓；其喜心感者，其声发以散；其怒心感者，其声粗以厉；其敬心感者，其声直以廉；其爱心感者，其声和以柔。"到司空图划分得更为细致，他的《二十四诗品》可以说概括了二十四种不同类型的艺术意境。画论中也对山水分成各种类型，所谓"春山如睡""秋山如醉"。同画论中有笔法（如"衣纹用笔，有流云，有折钗，有旋韭，有淡描，有钉头鼠尾"等法），墨法（浓、淡、燥、湿）等类型化的规范一样，戏曲中也有严格的程式，身、眼、手法、步都有一定的规范。人物划分为生、旦、净、末、丑等类型，而旦角的行当中又细分为小旦、花旦、老旦、刀马旦等。演员就是在这种类型的行当中，自由地按照程式化（类型性）规范，演出角色的个性。红娘和春香都是花旦应工，虽属同一类型，却各有不同特色。《水浒传》《三国演义》中的人物基本上也是类型性的典型。诸葛亮、吴用是智慧的典型，张飞、鲁智深是粗莽的典型。他们在历史的发展中具有承续性，形成一种相对稳定的传统的普遍性的性格典型。随着资本主义的萌芽和近代浪漫主义思潮的兴起，金圣叹也曾经强调过人物的个性，但"虽熟犹生"的古典主义原则还是其主要理想，与浪漫主义以特征、个性为典型的理想，还有一段距离。我国的戏曲、小说发展得较晚，关于艺术典型的理论比较薄弱，同意境理论比较，要逊色得多。总之，我国古典美学中关于艺术意境的论述是一个独特的创造，是对世界美学思想的一个可贵的贡献。过去文艺理论中讲典型化的规律，只讲人物典型的创造，不讲意境的创造。但抒情诗等偏重于表现的艺术又创造了什么性格典型？有的说抒情诗人的自我就是一个典型，这虽不无道理，但终感勉强。还有像音乐、建筑、书法、工艺美术等，若说它们也创造了人物典型，岂不有些荒唐。假若我们把创造艺术意境的理论补充到文艺学和美学中去，那么，偏重再现的艺术讲创造典型，偏于表现的艺术讲创造意境，岂不珠联璧合，相映增辉，这将使马克思主义文艺学和美学更加丰富和全面，也更加富有民族的特色。

最后，东方和西方都强调真、善、美的统一，都强调"潜移默化""寓教于乐"，强调文艺认识、伦理和娱乐作用的结合。但相对地说，西方更侧重美与真的统一，更强调文艺的思维、理智、认识作用。东方则更侧重美与善的结合，更强调文艺的教化作用。亚里士多德依据其模仿再现的理论，更强调真，更强调"逼肖原物"，强调诗的思维、认识意义。他认为审美享乐的快感是从模仿、认识中得来的。虽然他也谈到过悲剧的"净化"作用，但总以认识为中心。"人们看到逼肖原物的形象而感到欣喜，就由于在看的时候，他们同时也在学习，在领会事物的意义。"（《诗学》第四章）贺拉斯和后来的布瓦洛都重视真，布瓦洛更标榜"理性"，把"理性"奉为诗的圭臬，他说："首先须爱理性；愿你的文章一切永远只凭着理性获得价值和光芒。"（《诗的艺术》第一章）我国古典美学从孔子开始就把美、善结合作为诗的理想。"子谓《韶》：'尽美矣，又尽善也。'谓《武》：'尽美矣，未尽善也。'"（《论语·八俗第三》）因此他把《韶》乐视为典范。《乐记》主张"通乐伦理""乐与政通"。"发乎情，止乎礼义。"（《诗大序》）把情感和伦理道德结合起来，以道德规范指导情感，是我国古典美学的一个传统原则，儒家重视音乐（以至整个文学艺术）"其感人深"的特点，是因为"其移风易俗""可以善民心"，可以"厚人伦，美教化"。总之，是为了把文艺作为修身齐家治国平天下的工具。晚唐以降，随着写意倾向的发展，则日益把诗画作为抒情表意、陶心养性，提高人们道德情操和精神境界的手段。

以上四点不是孤立的，而是在共同的美学规律的基础上，形成了各具特色的东、西方两大美学体系。简括地说，西方是偏于再现、模仿的美学，东方是偏重于表现、抒情的美学；西方是偏于逻辑学、哲学认识论的美学，东方是偏于伦理学和心理学结合的美学。

从理论形态看，东方和西方也有显著的特点。相对地说，西方的美学更具分析性和系统性，东方的美学更带直观性和经验性。古希腊从柏拉图开始，就否认美在个别事物，他在唯心的形式中企图探求美的最后的本质。亚里士多德在《诗学》中，把戏剧分解为各个部分，对每一部分和构成因素进行细致的分析研究，具有更强的系统性和理论性。到康德，特别是黑格尔创造性地发展了辩证逻辑之后，《美学》（黑格尔著）形成了一个由抽象上升到具体的概念运动的庞大的严整的体系。黑格尔的《美学》是唯心的，方法是辩证的，体系更具理论形态。我国古典美学除《乐记》《文心雕龙》《原诗》等，略有内在体系之外，经验形态的居多，大多是诗人、艺术家创作和鉴赏的经验谈。好处是指事而言，说的是个人的亲身体会和经验，谈得具体、细致、生动、亲切，缺点是系统性、概括性较差。这种感性的经验形态表现为如下三个特点：

第一，大都采用随笔、偶感、漫谈等形式，如大量的诗话、词话；有的是以诗论诗，如司空图的《二十四诗品》、元好问《论诗绝句三十首》；有的甚至创造了评点体，如金圣叹等小说中的评点派。有的是口诀、格言式，如地方戏曲中的经验总结。形式多样，百花齐放，这是其长处，但另一方面又比较零碎散乱，只言片语，缺乏严密的系统。

第二，我国古典美学创造了一些独具特色的范畴和概念，如意境、形神、文气、风骨、法式等，是西方所没有的，以致外国人说我们是"闭合体系"。科学地清理和发展这些概念，对建立有中国特色的马克思主义的美学体系和文艺理论体系具有重要意义。但这些概念作为封建社会的产物，带有直观性和经验性，具有多义性和不确定性。特别是站在当代辩证思维的高度，同辩证逻辑中具体范畴的科学性、确定性、明确性相比较，其思维的历史局限性就更为明显。同一个概念，在不同的时代、不同的理论家那里，常常有不同的含义；甚至在同一本著作中，此处与彼处的用法，也不尽相同。如"礼乐"这对概念，在《乐记》中就有三种含义。"乐统同，礼辨异"，"礼"侧重于矛盾的差别和对立，"乐"侧重于矛盾的和谐统一，礼乐几乎等于对立统一的哲学范畴，这是一种用法。"礼义立，则贵贱等矣；乐文同，则上下和矣。"礼是规定君臣、上下、贵贱的等级区别和父子、长幼之宗族序列的；乐则是"合和"君臣上下、"附亲"父子长幼之间的关系的，这又是另一种用法。"乐由中出，礼自外作""乐至则无怨，礼至则不争"，这里的"乐"偏重治心，它以情感人，以德化人；这里的"礼"偏重于给人们的行为做出强制性的规范，这是第三种用法。总之，同一个概念在不同的地方往往有相异的内涵。再如"风骨"，有的说"风是情，骨是辞"，有的说"风是情，骨是结构"，有的说"风是内容，骨是形式"，有的说"风是情，骨是理"，众说纷纭，莫衷一是。甚至在一次文论会的讨论中,对"气"的解释就有十一种之多。这种分歧和争论带有某些必然性,因为这些概念本身就是多义的和不确定的。古典的概念,当然也有其大体一致的方面,这也不容忽视。马克思说人体解剖是猴体解剖的一把钥匙,我们只有站在现代科学的高度,用马克思主义的美学概念和范畴去分析研究古典美学的概念,才能把握其相对稳定的基本的内涵,并予以科学的补充和发展,使之科学化和现代化,这样才能丰富马克思主义的美学。我们不能把古代概念原封不动地搬到今天的美学中来,也不能用现代的概念生硬的套在古代范畴的头上。

第三,我国古典美学多是研究各种具体艺术种类的,如诗论、文论、画论、乐论、书论、曲论等等。还没有发展到把艺术作为一个总体来研究和思考的高度。刘熙载的《艺概》显示了一种新的动向,可惜的是其内容又划分为《词概》《曲概》等部类了。

我国古典美学虽然偏重于感性形态,但可贵的是它在感性的经验形态中,却充满着古典的理性主义精神,闪耀着艺术辩证法的光辉。它提出的范畴都是成双成对的,如礼与乐、文与道、意与境、形与神、情与理、死法与活法等。这一系列对立的范畴,既相互区别,又相互联系,相反相成;同时双方也不是并列的,总指出一方为主导。如形神,既讲二者的不同,又讲二者的不可分割。"以形写神""形神兼备",神不能离开形,无形则不能传神;而写形又只是手段,传神才是目的。再如意境,意在主观,境在客观,二者有在人在物之别;但"触物生情""物以情迁",情与景又互相渗透,缺一不可;同时,"借景抒情""状物寓志",写景又是为了表情。

我国古典美学还常常用诗的语言、生动的意象揭示深刻的美学规律,这也是其理性主义精神表现的一个重要方面。"不着一字,尽得风流。语不涉难,已不堪忧。"(《二十四诗品》)司空图的这四句话就生动而深刻地揭示了诗的审美特征。所谓"不着一字",并非无字天书,只是说"语不涉难",无一字直接道出主题。正因为诗的思想包含在生动的意象中,没有直言,才能"尽得风流",把"难"字充分地表达出来,令人"已不堪忧"了。再如沧浪说的"水中之月""镜中之花",就在生动的比喻中深刻地描绘出艺术典型化的原则。诗来源于天上之月、园中之花(即来源于客观现实生活),但它又是经过"水"和"镜"的反映与创造的(即经过艺术家的审美反映的),已不是作为蓝本的自然之月和自然之花,所以艺术就妙在"似与不似之间"。它既似天上之月、园中之花,又不似天上之月、园中之花,而是经过典型概括的"水中之月""镜中之花"了。"似与不似"的原则同别林斯基的"熟悉的陌生人"的原则是相近的,因为"似"所以"熟",因为"不似"所以又"生",这是古典艺术典型化的一个共同的规律。沧浪又说:"诗有别材,非关书也;诗有别趣,非关理也。然非多读书,多穷理,则不能极其至。所谓不涉理路、不落言筌者,上也。"(《沧浪诗话·诗辨》)有的同志认为这是种神秘主义,其实他说的很辩证,把诗的创造的特点和形象思维的规律比较准确地表达出来了。写诗不能用抽象的逻辑思维,因而它有"别材""别趣","非关书也""非关理也"。但形象思维具有深刻的理性内容,不能脱离逻辑思维,不能离开世界观的规范和指导,所以必须多"读书"多"穷理"。但这个"理"又不是抽象地存在着,它必须化为艺术家的血肉和灵魂,在艺术创作过程中,让想象力自由地暗合着客观的必然规律,而又不着痕迹即"所谓不涉理路、不落言筌"。这也恰如后来叶燮在《原诗》中所指出的,它是"言语道断,思维路绝""幽渺以为理"。"理"不以纯粹的概念而存在、而起作用,艺术创作就有无意识、无目的性的一面;但艺术中又包含着理,趋向着一种不确定的理性观念,导致一定的社会伦理的作用，所以又是有意识的、合目的性的。古代美学中讲的"妙在有意与无意之间"，也精辟地说明了艺术创作中的这个审美规律。与此相联系，我国古典美学中讲的从"有法"到"无法""无法是至法"，对艺术创造自由的本质揭示的也很深刻。艺术构思和艺术传达有独特的规律，需要掌握特定的技术与技巧，需要有意识的学习和勤奋的磨炼，这是"有法"。但到进行创作时，却要变得似乎是无法，即不意识到法。假如一个演员在舞台上还处处想着每一个动作是否合乎程式；一个书法家下笔时还在不断考虑如何点点、如何收锋，在这种自觉的理智规则的钳制下，是很难创做出艺术的神品。艺术家必须在刻苦的磨炼中，把"法"化为自己的"本能"和"天性"，创造时虽然不想到法，但又无时无处不合于法。"从心所欲不逾矩"，达到了掌握必然的高度自由的境界，正所谓"无法是至法"。以上随便引了几段话，但已把艺术的审美特征、典型概括、形象思维和艺术创造的美学规律生动而恰切的描绘出来了。总之，我国古典美学是把生动的意象和本质必然的规律、感性的经验形态和深刻的理性内容紧密地结合在一起的。

（原载《江汉论坛》1981年第2期）

中华美学的根本特点及其对人类美学的贡献

"美学"（Aesthetic）这个概念是近代从西方经由日本传入中国的，中国近现代美学也深受西方美学的影响，以至于美国布洛克教授在其主编的《中国现当代美学文选》的序言中，不说是"中国美学"，而称其为"西方美学在中国"。但并不是中国没有美学，而是认识中国的美学需要有一个过程。随着美学的本土化、中国化的深入，中国美学日益展露出自己的真容，放出自己的光彩。我觉得中国美学是一个历史悠久、内容丰富、多姿多彩的独特的美学，与西方美学相比，它有独特的范畴、概念，独特的思想理论体系，独特的思维方式和表述形态，可与从古希腊开始的西方美学媲美，中西方美学可以说是两峰对峙，双水分流，各有优长，是人类美学两大各具异彩的独特系统。

中华美学的特征是多方面的，如北京大学教授叶朗先生提出"意象"论，他认为"意象"是中国美学不同于西方美学的主要特征，并以此建构了他的"意象美学"，为美学的本土化、中国化做出了自己独到的贡献。这一点我也同意，我在《论中国古典美学》一书也曾说到中国的意象、意境不同于西方的形象、典型，是中国美学显著的特色之一。

一、和谐是美

在这里，我还有一些不同的考虑，现在简要汇报一下，供国内外美学同行批评讨论。从我个人的视角看，我认为中华文化、中华美学虽然博大精深，但也可以用一个字来概括，这个字就是"和"，或者说就是"中和"，就是和谐。"和"的观念、"和"的精神，贯串中华文化的始与终，是一个悠久的优良的传统；"和"的意识与"和"的理念，普遍地体现于各种文化形态和审美形态，几乎是一个与中华文化、中华美学同在的概念。所以我说中华文化可以称为"和文化"，或"中和文化""和谐文化"，中国美学也可以称为"和美学"，或"中和美学""和谐美学"。这样讲，似乎有点抽象，特别是对国外同行来说，更难于把握，我现在就举出太极图这个具体的范本，予以分析研究。以期通过这一典型的个案，对中华和谐美的概念、对中华和谐美的理想、对中华美学的根本特征，做出概要的分析、论证与说明。

太极图，它是中华民族的第一张奇图，也是中华民族的第一张美图。它给我以永恒的愉悦，是中华和谐美的范本，是我国传统的中和之美的表征。它代表着中华美学的最大特色，它也是中华民族美学思想的源头之一。

首先，从目前流行的《标准的太极图》（图1）来看，

图1　标准的太极图

它整体上是一个大圆，是一种圆形的美，中间的线条是弯曲的，横过来看，又像是波浪，呈现了一种曲线的美、波浪形的美。圆形美、曲线美是和谐美的感性特征，与西方崇尚长方形、十字形、黄金分割的形式美规律相比，更可显出中华和谐美的形体特征。

其次，它左白右黑，白中有一黑点，黑中有一白点，黑白对比，左右相称，体现了一种均衡、对称、协调、稳定的美。

第三，它波浪形的曲线，透出了一种动势，并活画出黑（阴）白（阳）两条鱼的形象，这两条鱼又似在游动中旋转。而中间这条反"S"形的曲线，由上向下俯视，则呈一种立体螺旋状，展示事物发展在循环往复中的螺旋式上升，呈现为一种运动的美、有序的美，并动中有静、静动结合地展示了一种动势的宁静美。

第四，其内在结构则喻示着一种中和之美，它把圆形线、曲线、黑色、白色均衡、有序、协调、稳定地组合为一幅和谐美的图像，一幅极直观又极简括、极具体又极抽象的中华和谐美的第一张画图。有的数学家用几何学解释《标准的太极图》，并得出了它的几何定律："居中两切圆四等分大圆。"而这一美的组合，关键是掌握好了一个度，这个度主要体现在中间那波浪式、反"S"形的曲线上。它恰到好处，几乎美得无以复加，你不能对它作任何一点改动。任何一点改动，向上升一点或向下降一点，向左偏移一点或向右偏移一点，就会失去它平衡的美、对称的美、协调的美、有序的美、稳定的美、中和的美。这是一条多么绝妙的曲线啊，不左不右，"不偏不倚"，不上不下，"无过无不及""恰到好处"，美得不能再美，它体现着我们中华民族中和之美理想的尺度，它不仅作为道教的标志，也成为中华民族和谐美的表征和范本，广泛流传，家喻户晓，经久不衰。我国的古代雕塑，人体造型也多为反"S"形，与古希腊雕塑的"S"形正好相反，看来，这是一种源远流长的更具中华审美文化传统特色的优美的曲线。①

总之，太极图的美，是一种圆形的美、对称的美、均衡的美、协调的美、有序的美、中和的美，是一种典型的和谐美。它具体地展现了中华和谐美的理想，形象地揭示了中华和谐美学的根本精神与深刻内涵。

我说太极图体现了中华的和谐美，那么什么是和谐美呢？我在《论美是和谐》《文艺美学》等多部论著中，都曾予以论证和阐释：所谓和谐美，概括地说，就是把构成美的一切元素，均衡地、协调地、有序地、辩证地融合为一个和谐体；具体地说，就是把构成美的主体与客体、人与自然、人与社会、人与人、人与自身、感性与理性、内容与形式等诸多元素，均衡、协调、有序、辩证地组成一个和谐的有机整体。所谓和谐美的艺术，就是按照这种和谐美的理想与和谐美的处理方式，把艺术中的主观与客观、再现与表现、现实与理想、情感与理智、典型与意境、时间与空间、内容与形式以及构成形式的诸元素，看作既相互差异、相互区别，又相互联系、相互渗透、相辅相成的，并把它们巧妙地组成为一个均衡、协调、稳定、有序的和谐生命体。和谐美与和谐美的艺术，只是存在方式上有差别，前者是客观的物质性的存在，后者是精神性的审美意识的产品；前者更感性更现实些，后者更理性更理想些。

什么是和谐美学，和谐美学就是以美是和谐为核心命题，以和谐美作为审美理想的美学。和谐美学既是中华民族审美活动和艺术实践的理论概括，同时又以中华和谐文化、中华和谐哲学、中华和谐思维为理论基础。甚至可以说，和谐美、和谐美学都是由中华和

---

① 周来祥：《三论美是和谐》，山东大学出版社，2007年版，第227页。

谐文化、和谐哲学、和谐思维陶铸而成的。中华和谐文化产生很早，《淮南子》中就说，"伏羲含德怀和"，《史记·黄帝本纪》也曾说到黄帝时已在"协和万邦"。《尚书·舜典》更明确地说，"八音克谐，神人以和"[1]。用和谐的乐舞，和谐神与人的关系，说明在远古的巫术文化中，和谐为美的观念，就已形成了。春秋期间晏子更具体地讲到"和五音以成听，令君子听之，以平其心，心平德和"[2]。这就是说，"和五音"的音乐具有使人"心平德和"的功能。孔子主张美善结合，倡导"温柔敦厚"诗教，实质上就是倡导和谐美的艺术。相传为孔子再传弟子公孙尼子的《乐记》，提出"礼辨异，乐敦和"，倡导雅乐（和乐），反对淫乐（郑卫之音，不和的乐），明确地把音乐（古代可以作为广泛的艺术范畴来看待）与和谐看作一回事：和谐就是音乐，就是艺术，就是美。在中国古典美学中，这三个概念可以看作同一个范畴，具有相同的审美内涵。庄子讲"天乐"与"人乐"，他说"与人和者，谓之人乐；与天和者，谓之天乐"（《庄子·天道》），在这里"乐"的本质也同样在于"和"，这里的"乐"是愉悦的"乐"，大于《乐记》所说的乐舞，"乐"具有更广泛的审美含义，这样，"和"就可与一切审美活动等同起来。所以，我说以中和为根本精神和价值追求的中华文化，是一种"审美文化"，庄子哲学本质上就是一种审美的哲学。到了汉代董仲舒更直接把美归于和，他说"举天地之道，而美于和""故人气调和，而天地之化美"（《春秋繁露·循天之

---

[1]《尚书正义》《十三经注疏》（上），中华书局，1980年影印本，第131页。
[2]《左传·昭公二十年》《十三经注疏》（下），中华书局，1980年影印本，第2093—2094页。

道》)。也就是说,"天地之道"与"人气调和"、大化自然与社会人文的和谐,是美之所由生成的根源和美的本质的规定。刘勰在《文心雕龙·神思》中,用和谐美的观念阐释文学艺术的特征:"神用象通,情变所孕。物以貌求,心以理应。刻镂声律,萌芽比兴,结虑司契,垂帷制胜。"①把构成艺术的心与物、神与象、情与理、比兴与声律、情思与文采,整合为和谐的艺术整体,典型地代表了我国古典艺术追求的和谐美的理想。这种以和谐为美的理想在古代中华文化中,一直占据主导的地位,直到王国维提出"壮美"(实为崇高),倡导悲剧,鲁迅高举"摩罗诗力"的浪漫大旗,反对"大团圆""十景病",才冲破了古代的和谐美,进入了近代崇高的浪漫的新时代。

中华和谐文化、和谐哲学认为和谐是事物的一种客观关系,和谐具有世界本体的属性。什么是世界的本体,我觉得本体论应该回答宇宙是如何产生的,它是由什么构成的,它发展的动力是什么?形而下世界的形而上本质是什么,它在空间时间中是不是普遍地存在着?中华和谐文化、和谐哲学,对此都有深入的肯定的回答:1. 宇宙以及万事万物,都是由"和"而生。史伯说:"和实生物。"老子说:"万物负阴而抱阳,冲气以为和。"《吕氏春秋·有始》说:"天地和合,生之大经也。"天地自然,宇宙万物皆由"和"生成,皆由"和"构成。关于宇宙从哪里来,是从和谐统一的"一",还是从分裂的"二"?老子早就说过"一生二,二生三,三生万物"的话,太极图也直观地说明是由和谐的"一"(太极)而来,即由"太极,是生两仪,两仪生四象,四象生八卦",

---

① 范文澜:《文心雕龙注》(下),人民文学出版社,1958年版,第459页。

从"太极"和谐的"一",生出"两仪""四象""八卦"是很明显的。"和"为宇宙之始,"和"为世界之母,太极图本身就是一部形象的世界的和谐本体论。整个宇宙是一"太极",一粒沙是一"太极",一个人也是一"太极",正如朱熹所说:"人人皆一太极。"有人认为和谐论反对一元论,反对宇宙从"一"开始,我觉得这是一种误读。其实,中华文化、中华哲学说的"一",是包含异的和,不是不包含异的同,因为"和实生物,同则不继"[①],包含异的和,才能生二,生万物,而不含异的同,是不能生二,不能生万物的,所以世界万物不能从单一的同开始。2. 现象世界的形而上本质也是由其内在矛盾差异与和谐统一的关系决定的,其产生、发展的动力自然也来源于矛盾斗争与协调和谐两个方面。孟子说"天时不如地利,地利不如人和""家和万事兴"。国和天下平,几成了中华民族的普遍共识。"和"是事物成败的关键,"和"是事物发生、发展、嬗变的动力。不能说只有斗争是事物发展的动力,这种"和"也是动力,甚至是更内在的、更根本的动力。3. 董仲舒在《春秋繁露·循天之道》中说:"成于和,生必和也;始于中,止必中也。中者,天下之所终始也;而和者,天地之所生成也。"这里一方面说明"和"是生之本源,是成之动力,是事物发展的指向;另一方面又说明生与成、始与终均以"和"作为其本质性的因果关系,"和"之成,源于生之"和";"中"之始,必导向"中"之终。更重要的是他认为"中"就是天下之始与终,"和"就是天地万物之生与成,"中和"贯穿于万事万物运动的全过程,是普遍的永恒的。《礼记·中庸》更直接说"中和"是"天下之大本""天下之达道",那

[①]《国语·郑语》,上海古籍出版社,1998年版,第515页。

当然是一种普遍存在的必然规律了。所以我们说太极图的美学是本体论美学，和谐美学是本体论美学，和谐美学是中华民族独特的关系本体论美学。

二、和谐是美，和谐也是真

"和"是本体论，"太极图"是本体论，它内在地蕴涵着真。美中蕴真，含义无穷，耐人玩味。其内涵之广大，其意蕴之深远，真可谓形象的世界观，直观的方法论，极简括又极抽象地展示了宇宙、人类、自然、社会发展最根本的规律。《周易本义·系辞传》说"易与天地准"，太极图也正具象地体现了这一真理。

当我们在审美体验中对这张阴阳两鱼旋转互动的圆形图进行环环相推、层层解剖时，它那丰厚而深刻的哲学内涵便逐步升华出来。我寻思良久，初步得到以下七层含义：

1. 在一个大圆中，亦即一个事物中，大至宏观，小至微观，无不分为两个不同的方面：一阴一阳，一刚一柔，一黑一白，一动一静。而太极的一分为二，是自无极（以"空"为无极）的混沌分化发展而来的，由一生二是一个进步。

2. 以阴阳所表征的差异矛盾的两个方面，是互根互生的：阴自阳极处（阳极盛点）生，以阳为根，阳自阴极处（阴极盛点）生，以阴为根。阴极盛点和阳极盛点都正处于把两者平分开的直径线的两端。我觉得太极图所展示的阴阳互生的思想非常深刻，非常辩证。

3. 阴阳、刚柔两方既相反相济、相辅相成，又相生相克、相摩相荡，从而推动阴阳两方的变化发展，推动两者的消长、盛衰，所谓"刚柔相摩，八卦相荡""刚柔相推，而生变化"。（《周易本义·系辞传》）相摩相荡推动事物发展，相辅相成也推动事物发展，都是事物发展的动力。阴方由衰而盛时，阳方正好是由盛而衰，反之亦然。事物正是在这种量变中不断变异的。

4. 这个运动、变化不是直线形的，而是曲线形的、波浪形的，总体上是圆圈形的。这种变化从圆形看是周而复始的，终点又回到起点；但从立体的螺旋形看，它是螺旋式前进的，表面上是回到原来的起点，但后一起点已非前一起点，它已经站在一个更高的历史层面上。

5. 两者虽相摩相荡，但不能截然分离，因为那黑鱼中的白眼、白鱼中的黑眼以及包容两鱼的大圆已告诉我们：阴中有阳，阳中有阴，柔中有刚，刚中有柔；你中有我，我中有你，二者共存于一个和谐体之中，如何能彻底分开，如何能截然对立和断裂？！

6. 不管两者是如何相分相荡，但最后总要共处于一个圆中，共同和谐地构成一个差异的统一体。中国哲人认为事物是一个圆圈接着一个圆圈地向前发展着，发展是有序的、渐进的、日新月异的，它不强调斗争式、飞跃式、突变式、断裂式……[①]

随着时光的推移，我们可能还会有更多的发现，这些"生生不息"的易之至理，如《礼记·中庸》所说，"中也者，天下之大本也；和也者，天下之达道也。"[②]中和，乃天地自然、人类万物运转之根本规律。包孕着中和精神的中华和谐美学自然是一种素朴的辩证理性的美学，也是一种哲学认识论的美学。

[①] 周来祥：《三论美是和谐》，山东大学出版社，2007年版，第281页。
[②] 《十三经注疏》（上），中华书局，1980年影印本，第1625页。

三、和谐是美，和谐也是善

太极图内蕴真，是形象的本体论，是直观的形而上哲学，同时又内在地与善相统一。华夏古人在自己的生存实践中体验到，人类一刻也不能离开协调、和谐，只有在和谐中，人类才能生存，才能获得幸福，才能感到快乐，如《淮南子·本经训》所说，"心和欲得则乐"。而一旦陷于极端失衡和尖锐的矛盾，人类就会陷于生存危机，就会陷于无穷的烦恼，就会陷于极端的痛苦。在阴阳鱼的均衡对称，协调圆融，适度有序的构图中，正体现着中华民族对"和"的价值观的理解和追求，这种"和"的价值观念主要表现在：

1. 在阴阳鱼一黑一白、一左一右的均衡对称中，表现了春秋间史伯所说的"以它平它谓之和"的观念，只有两个以上不同事物的均衡协调，才是"和"，它要求一切差异矛盾的事物都要趋向均衡协调。

2. 阴阳鱼作为相异相反的两个事物，均衡协调的共处于一个大圆之中，不但体现了一种不同之和的价值追求，而且明显地反对无差异的同。这与晏子"和""五味"以成美味，调"五声"以成和乐的思想一致，是"和合"观念更凝练更精粹的表征。也是孔子主张的"和而不同"，反对的"同而不和"观念的更早的表述。

3. 中华文化的"和"，以"中"为度，中就是"不偏不倚"，"无过无不及"，就是"恰到好处"，就是反对走极端。太极图中的反"S"形线就是最绝妙的"中"，最神奇的"度"，它任何的"偏""倚"，任何的"过"与"不及"，都不能达到"恰到好处"的境界。从《尚书》看，"执两用中"是自尧、舜、禹、商、周以来千古相传的理想的处事模式和行为准则，这在太极图中也充分体现出来了。

4.太极图的阴阳鱼在静中有动地运转着,在周而复始地螺旋地上升着,永远保持着整体的和谐,不破坏整体的大圆。它追求一种"苟日新,日日新,又日新"的发展,不断地创新使它具有"生生不已"的生命力。它反对向后倒退,也反对无序的、断裂的冒进。

"和"是一种德,是一种天地人间的大德行。这种"和"为德的观念,体现了中华民族远古以来对"和"的美好梦想和价值追求。在石器时代中期的河姆渡文化中,出土的一个纺锤上就发现了类似阴阳鱼的图画,这可否说是表达了远古人类对"和"的意愿。前面已说到《淮南子》与《史记·黄帝本纪》中的"和"已明确地与道德政治相连。《尚书》中更保留了一些自尧舜以来的历史文献资料,在这些资料中可以清晰地看出,贯穿着一种对"中"与"和"的价值追求,已把"中""和"作为做人处事甚至是治国之道的最佳选择。到春秋间的"和同之辩",主张政治上兼听各种不同意见的"和",反对君主专听顺耳之言的"同"。到孔子明确地倡导"中庸之为德",其弟子有子更主张"礼之用,和为贵",其再传弟子公孙尼子说"乐者,德之华也"(《礼记·乐记·乐象》),"乐极和,礼极顺",又说"大乐与天地同和""乐文同,则上下和矣"(《礼记·乐记·乐论》)。"和"的乐舞艺术内在地具有促进天地人和的目的和功能。庄子也把"和"作为处世的准则,在《庄子·山木》篇中,他说"一上一下,以和为量"。到汉代董仲舒进一步把"中和"提到普适性的高度,大讲"天人合一",促进了"莫我大也"的大汉王朝的繁荣昌盛。宋代理学家更把"中和"通俗化、实用化、普遍化,张载在《正蒙·太和篇》讲"有像斯有对,对必反其为;有反斯有仇,仇必和而解",明确地把和谐作为解决矛盾的途径和指向。朱熹更把《礼记》中的《中庸》独立出来，与《论语》《孟子》《大学》并称为"四书"，成为世人学子必读之经典，而在对《中庸》的阐释中更把它作为"四书"之魂，作为"四书"的思想纲领来理解。而王阳明又把朱子的"中和"之论，作为自己终生不渝的圣训，一直坚持到清代。"和"真可谓中华民族流传千古的道德传统和梦寐以求的美好理想，以太极图为代表的中华民族数千年来的审美理想，内在地与天地人和的大善相通，中华的和谐美学也内在地与伦理学相通，是一种囊括宇宙，怀抱"大同"，体现着天地精神、人间情怀的具有大德行的美学。

当然，太极图的善，中和的善，与真是相通的。和谐含真，和谐蕴善，和谐内含着真、善，和谐美是真与善的统一，是真与善的超越与升华。庄子在《逍遥游》中，就通过鲲向鹏的转化，表达了从有限向无限审美自由的升华。《淮南子》说的"大优游"，孔子说的"从心所欲不逾矩"，也都是指的这种审美境界，而且也都把审美境界作为人生的最高境界。这种统一与超越在太极图中也得到鲜明地呈现，所以太极图既蕴真又含善，又升华为美，其诞生又最古老，我说它是"中华和谐美第一图"，应该当之无愧。

太极图雄辩地说明，中华美学是以和谐美为理想的美学，中华美学是中华民族贡献给人类的独创的和谐美学，它与古希腊以柏拉图、亚里士多德以及《维纳斯》《拉奥孔》和索福克勒斯的《俄狄浦斯王》《安提戈涅》为代表的美学，是中西方不同的两大美学形态。与西方偏重客体论、本体论、认识论、理性论美学相比，中华和谐美学更是主客体相结合的关系论美学，更是本体论、认识论、价值观素朴统一的美学，更是感性与理性相互渗透的美学，更是与道德伦理内在统一的大德大善的美学。

四、和谐美的两大类型：壮美与优美

1. 和谐美与和谐美的艺术也有两种类型，一是壮美，一是优美，或者说，一是阳刚之美，一是阴柔之美。

壮美和优美作为和谐的美，与近代崇高相比，都是在差异矛盾中强调均衡、协调、有序。但在此基础上，壮美和优美作为两种不同的美（狭义）的类型，又各有特点。相对地说，壮美偏于矛盾对立，有更多的对立、严肃的因素，有更多的不均衡、不协调因素，优美偏于统一和谐，更强调均衡与协调；壮美偏重于刚，更强调刚健、运动、气势、骨力，优美侧重于柔，更突出柔媚、宁静、含蓄、委婉；壮美更趋向于无限、主体、理性，优美则牢牢地守在有限、客体、感性里面。在感性特征上，壮美追求着高大、方正、尖直，优美则以娇小、圆润、柔滑为特征。对壮美的感受，在审美的自由愉悦中，还夹杂着一种昂扬奋发的情感，而对优美的感受，则多是一种单纯的愉悦和宁静的享受。"细雨鱼儿出，微风燕子斜"（杜甫），"明月松间照，清泉石上流"（王维），优美之景也；"黄河之水天上来，奔流到海不复回"（李白），"大漠孤烟直，长河落日圆"（王维），壮美之象也，两种不同的美是很鲜明的。

2. 但古典的壮美不同于近代崇高，近代崇高是在近代社会尖锐矛盾、主客体分裂对立的基础上（这种对立是在主体基础上的分裂对立），在统一中强调对立是它的本质特征。壮美中虽有较多的对立因素，但它是建立在古代社会主客体和谐尚未彻底裂变的基础上（这种和谐又以客体为基础），始终未能突破均衡和谐的古典圈，始终未能达到崇高那样尖锐对立的程度。在和谐美中刚柔是不能分离的，壮美是刚柔结合，以刚为主，优美是刚柔结合，以柔为主。只有到了崇高，刚柔才彻底分裂，弃柔而取刚。壮美虽趋向于无限、主体、理性，但它的无限始终不离有限。"水击三千里，抟扶摇而上者九万里"（《庄子·逍遥游》），九万里当然有无限之感，但"九万里"也是一个有限。壮美中有更多的主体性，但这种主体并不同客体完全分裂，或者在主体中包容着客体，如庄子的"万物皆备于我"，或者主体融化于客体，又超越于客体，如庄子的《逍遥游》，皆不同于近代崇高之无限、主体和精神观念的内涵。壮美的感性特征，虽然高大、方正，但在和谐美中，方圆也是相互结合的，所谓方中有圆，圆中有方，没有走到绝对。而且在壮美中一直遵循着形式美的规律，而崇高则强调不和谐，不均衡，不协调，不稳定，打破了形式美的规律。在壮美中虽有昂奋的情感，但它一直是自由的、愉悦的，而崇高则夹杂着痛感、不自由感。席勒说，美是自由的，崇高则需要一跃才能达到自由的境界。"长风几万里，吹度玉门关"（李白），"噫吁嚱！危乎高哉！蜀道之难难于上青天。"（李白），景象雄伟，气吞山河，但一点没有压抑感，没有痛感，它始终是自由的，愉悦的。①

现在我们再来把《标准的太极图》（图1）与《天地自然河图》（图2）和《古太极图》（图3）作一比较，就可以清楚地看到，这三张太极图所展现的和谐美，都有基本的相近之处，如三者都呈圆形，中间都有一曲线，都左白右黑，平分为二，总体上都是一种和谐的美。但凝神观照，仔细辨析，三者又大相径庭。这些相异之处，关键有四点：

---

① 周来祥：《文艺美学》，人民文学出版社，2003年版，第173、174页。

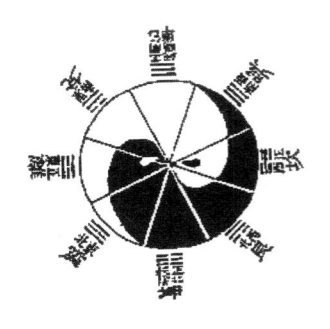

图2　天地自然河图　　　　图3　古太极图

其一，流行的《标准的太极图》是波浪形线，反"S"形线，《天地自然河图》与《古太极图》则是旋涡形线，这就增加了它的动势，给人以剧烈的流动感、旋转感。相对而言，前者是静态的，后二者则是动态的。

其二，前者太极两仪中各画一个圆圈；后二者则画一个水滴形，在圆中包含着尖形、不规则线形等非曲线的因素，在和谐中包含着不协调的因素，在柔中包含着刚。前者是纯和谐的，是柔性的；后者则夹杂着不协和的因素，是刚性的美。这两大变化使前者呈现为理想的阴柔之美，后二者呈现为典型的阳刚之美。但阴阳、刚柔、动静、气韵又不是分裂的、相互排斥的，而是阴中有阳，阳中有阴，刚中有柔，柔中有刚，动中有静，静中有动，气中有韵，韵中有气的。尖形、直线形、不规则线形与曲线形、弧线形和规则线形相互交叉，相反相济，相辅相成，和谐地共处于一个黑白对称、四等均分的大圆圈中，因而成为中国古典和谐美——中和之美的两种基本范式：一是偏于静的阴柔之美，一是偏于动的阳刚之美。而这差异变化的关键又正在那条阴阳鱼的中间分界线上，当这根线呈反"S"形线时，它是宁静的、阴柔的；当这根线异变为旋涡形线时，它就给人们以强烈的流动感、旋转感，成为阳刚之美。但也正在这里，更见出古典阳刚的壮美根本上不同于近代的崇高：近代的崇高首先要粉碎古典和谐的圆圈，突破和谐的圆圈，把黑白、阴阳鱼根本对立起来；但阳刚的壮美，不管如何流动，如何刚烈，如何尖直，却以不超过共存的圆圈为极限，它始终守在这个和谐的圆圈之中，正所谓"言天下之至动而不可乱也"。

其三，最根本的是三图的总体形象明显不同，《天地自然河图》《古太极图》的旋涡形与水滴形构图，说明它是水的运动形态；而流行的《标准的太极图》，它的反"S"形与圆形眼的构图，却指向的是阴阳二鱼的和谐整体。前二者是水，后者是鱼，中间的旋涡形线和反"S"形线，改变了它们总体的形象。

其四，这些鲜明的特异之处，充分展示了三图分属于壮美与优美，阳刚之美与阴柔之美这两大不同的类型，《标准的太极图》是优美的形态，而《天地自然河图》与《古太极图》则展现了壮美的风貌。[1]

五、从壮美到优美的历史发展

壮美与优美是相对的逻辑范畴，也是发展的历史范畴，是和谐美的静止的并列形态，也是和谐美运动的历史形态。中国古典和谐美的发展大体经历了三大历史阶段，中唐以前，以壮美为主（不是没有优美），晚唐以降，转向以优美为主（不是没有壮美），随着明代中叶浪漫思潮的兴起，萌发了近代崇高的因素。从壮美经优美

---

[1] 周来祥：《三论美是和谐》，山东大学出版社，2007年版，第278、279页。

到近代崇高的萌芽，整个古典和谐美与和谐美的艺术也走了一个螺旋的圆圈。

中唐以前，壮美和优美，错彩镂金和清水芙蓉、骨力气势与委婉意韵虽是并列的存在，但壮美在总体上占据主导的地位，其美学价值也远远高于优美。《易经》比较早地提出了阳刚和阴柔的观念，乾卦的"飞龙在天"象征着阳刚之美，坤卦的"牝马地类"显示着阴柔之美。两者相较，乾卦高于坤卦，阳刚高于阴柔。孟子认为"充实之谓美，充实而有光辉之谓大"，这可能是关于优美与壮美特征较早的探索，而这个"大"已经比"充实"美，多了"有光辉"这样一个规定，显然已高于美。而孟子关于评价人格的善、信、美、大、圣、神六个等级中，美居三，而大则居四。庄子更是大美的赞颂者和倡导者，"美则美矣，而未大也"，他认为"大"高于"美"，偏于无限之美大于有限之美。在《庄子·秋水》中河伯的有限之美与北海的无限之美比起来，不但不美，反而感到丑。其对大美的崇尚和赞颂在古代大概是独一无二的。孟子的大美和庄子的大美虽都谓之壮美，但两者又有不同。孟子所说的大美主要指主体人格的伟大，所谓"我善养吾浩然之气""其为气也，至大至刚""则塞于天地之间。其为气也，配义与道；无是，馁也"（《孟子·公孙丑上》）。显然偏重于道德人格的性质。这种主体人格虽以个体出现，但其内涵却是偏重于社会群体的，这种大美的风貌，是严肃、端庄、刚正、大方的，而庄子所说的大美则侧重指主体同化于自然，又超越于自然（超越对象的相对性）的自由境界，它超越了伦理、功利，升华到一种审美的自由，因而呈现出一种摆脱有限束缚的放浪纵恣、奔放不羁、飘逸旷达的精神。中唐以前的艺术，受儒家和道家这两种美的理想的影响甚大，甚至可以概括地说，不是接近于前者，就是类似于后者。《孟子》和《庄子》就可以看作这两种美的一个代表，之后，秦始皇陵兵马俑的雕塑，建安风骨，杜甫的史诗，颜真卿的书法，更多地近于儒家的大美。《离骚》，汉大赋，霍去病墓前的石雕，魏晋风度，李白的诗，张旭、怀素的书法，更多地体现着道家的大美。

晚唐以来，随着封建社会由前期转向后期，以及理学、佛教特别是禅宗文化的兴起，改变了整个宋元文化、宋元美学的形态。理学重"修心"，禅宗讲"即心即佛，明心见性"，追求"禅定""涅槃"境界，由寻求外在事功转而寻求内在心理的宁静与平衡，推动审美和艺术由飞动、阳刚、气势转向宁静、阴柔、韵味，由壮美转向优美。以司空图的《二十四诗品》为标志，由《文心雕龙》的尊崇风骨、气势、雄浑、壮美而转向追求意韵、委婉、含蓄、优美，优美越来越占据主导的地位。《二十四诗品》虽然仍以"雄浑"居首，但其理想和趣味则已倾向于"冲淡""秀媚""婉约""含意无穷"之美。画品的提出与变化也反映了这一点，唐代张怀瓘在其《画断》中最早提出了神、妙、能三品，朱景玄在其《唐朝名画录》中，在神、妙、能之后，增加了"逸品"，而北宋黄休复在其《益州名画录》中又将逸品擢于神、妙、能三品之上，这种审美价值观的变化正是逐步把优美捧于最高的位置。承司空图的韵味说之后，严羽的兴趣说、王渔洋的神韵说，无不强调着这种崇尚韵味、含蓄、优美的艺术理想。宋词特别是李清照婉约派的词，宋元的文人画特别是元四家的写意画，宋代大足的石刻，无不展现着这种优美的艺术形态。

明中叶以来，随着资本社会的萌芽，市民力量的增长，启蒙运动和个性解放思潮的兴起，萌发了崇高的审美理想。分裂、对立的原则开始打破古典单纯的和谐，形式的丑在向本质的丑深化，并在艺术中取得前所未有的地位。这种分裂对立由带近代色彩的浪漫思潮和继之而起的批判写实倾向，日益鲜明地展现出来。张载在《正蒙·太和篇》中第一次讲"有反斯有仇"，开始用一个"仇"字强调一分为二对立的尖锐性，李贽的提倡童心，汤显祖的特重情感，三袁兄弟的独尊性灵，石涛的推崇自我，都是在主体与客体、个性与社会、情与理的对立中，强调主体、个性、情感、心灵的。这浪漫的晨钟，一直延续到扬州八怪，在郑板桥的思想和绘画中还激荡着清晰的回声。在浪漫的喧嚣中，具有批判性质的写实思潮在悄悄地勃起，叶燮强调理、事、情（非情感之情）和才、胆、力、识的诗歌美学；从金圣叹、叶昼到脂砚斋强调生活经验、个性典型、对立趣味的小说美学，以及李渔向近代理想演进的戏曲美学。特别是曹雪芹以其《红楼梦》的伟大巨著，突破了古典的和谐圈，写出了第一部具有近代性质的悲剧。但创作走在了理论思维之前，整个的美学理论似还未达到《红楼梦》的水平，还没有见出现近代严格的崇高范畴和悲剧理论。魏禧关于"人惊而快之""且怖且快""以自壮其志气"和"人乐而玩之，有遗世自得之慕"（《文激叙》，载《魏叔子文集》卷十）的两种审美心理结构的粗略探析，虽已在肯定和重视"惊惧""恐怖"的因素，突破了单纯的愉悦和昂奋的感受状态。而金圣叹"愈惊吓"就"愈快活"的思想，似更显示了对崇高心理模式的喜爱和追求（《金圣叹批〈水浒传〉》）。姚鼐关于阳刚之美和阴柔之美的著名论述，其景象也颇近于近代崇高"其得于阳与刚之美者，则其文如霆，如电，如长江之出谷，如崇山峻崖，如决大川，如奔骐骥。其光也，如杲日，如火，如金镠铁；其于人也，如冯高视远，如君而朝万众，如鼓万勇士而战之。"（《复鲁洁非书》，载《惜抱轩文集》卷六）这些崇高的因素都是前所未有的，都明显地越出了古典的和谐美。但从整体来看，还没有从根本上完全突破古典的和谐。张载仍在强调"仇必和而解"，魏禧也在强调阴阳、刚柔的"不可偏废",显然不赞成崇高的尖锐对立。到了姚鼐,也还是反复强调两者不可分的古典老调"糅而偏胜可也;偏胜之极""刚不足为刚,柔不足为柔者,皆不可以言文。"(《复鲁洁非书》,载《惜抱轩文集》卷六)严格的近代意义的崇高观念和悲剧理论,大概要等到王国维和鲁迅才能形成。王国维和前期鲁迅,标志着整个古典和谐美学的终结和近代美学的开端,标志着古典和谐美的逝去和近代崇高的到来,是由古典和谐美向近代崇高转折的关键人物[①]。

非常巧合的是,从壮美到优美的这种历史发展,在陕西周至县楼观台老子说经台墙壁上的三幅太极图中,简括浓缩而清晰可见地呈现出来,现据李伟晶《太极与八卦》一书的附图,编为图4、图5、图6,分录于下,并予以剖析。

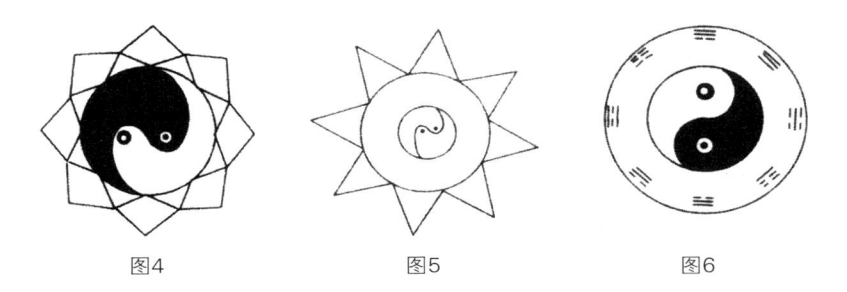

图4　　　　　图5　　　　　图6

首先,图4与《天地自然河图》和《古太极图》相近,总体上都是旋涡形,都是旋转的动态,只是尖锐的水滴形已变为圆形,这说明它基本上是唐前壮美的形态,但个别尖直因素已向圆润转化,但它与先秦儒道大美、汉代雄风、魏晋风骨、盛唐气象,仍是同一种审美风貌。

[①] 周来祥:《文艺美学》,人民文学出版社,2003年版,第174—178页。

图6有两点与《天地自然河图》《古太极图》相关，一是鱼眼都有眼珠，阳鱼白眼珠，阴鱼黑眼珠；二是均分为八个方位，与乾、坤、震、艮、离、坎、兑、巽先天八卦相对应，仍保留着"太极生两仪，两仪生四象，四象生八卦"的观念，还残留着由前两图演变而来的痕迹。但图6与《天地自然河图》《古太极图》却有根本的不同，那就是它的整体造型，已与流行的《标准的太极图》基本相似。唯一不同的，就是现在《标准的太极图》，阴阳二鱼已无眼珠，这正说明它比现在流行的《标准的太极图》，虽基本已相近，但时间还略早一点，还未脱尽《古太极图》的遗痕，还未达到标准的定型的程度。但它已基本上呈现出宋元以来崇尚冲淡、阴柔、委婉、优美的时代意韵。它与宋代的婉约词、宋元的文人画、大足的石刻、明清的苏州园林具有同一种含味无穷的阴柔之美的情调，而远不同于儒道大美、大汉雄风、盛唐气象的壮美了。

图5与图4相较，明显的有三个特点：① 旋涡形变淡。② 逐渐接近鱼形，但还未形成阴阳二鱼，从整体上看说明它正处在由《天地自然河图》《古太极图》，向流行的标准的《太极图》过渡的阶段。③ 两鱼未分阴阳，鱼眼也未分黑白，而且都没有眼珠这一点也使它近于在《标准的太极图》和《天地自然河图》《古太极图》之间，处于变动的未定型状态，是阳刚壮美到阴柔优美的一个必然的过渡环节，这也说明由壮美到优美不是突然的，而是一个漫长的渐进的演化过程。同时这三张图也说明，它们还都守在共同的一个大圆之中，都没有达到裂变、对立的崇高，它们只是和谐美的两大形态，都充分地体现着和谐美的基本特征。

中华和谐美是一种独特的美，中华和谐美学是一种独特的美学，在世界上可以说是独树一帜，它是创造有中国特色的马克思主义美学的民族之根，离开这个根，就不可能建设真正中国化的美学。中华美学也是世界多元美学中不可或缺的一元，它丰富和发展了世界美学，缺了中华美学、中华文化，世界美学是不完整的，甚至称不上是世界美学。在历史上特别是当前，中华和谐美学、中华和谐文化对消解笛卡尔以来的二元对立，对克服科学主义与人文主义的对立，对解决人类的生存困境和生态危机，对推进和谐世界的发展，对寻求人类的精神家园，都具有迫切的现实意义，中华美学为人类美学做出了自己独特而重大的贡献。

中华和谐美学与西方美学相较，更是一种东方的美学，特别在世界儒家文化圈内，具有广泛性和代表性。中西方美学各具特点和优长，可以说是两峰对峙、双水分流，充分代表着东西方两大不同的美学思想体系和艺术的审美风貌，应该相互尊重，相互理解，应该加强交流，相互对话，取长补短，相互学习。

世界美学是多元的，各个国家和民族都应该发展自己的美学，都应该为人类美学做出自己的贡献。但世界美学的多元化，不应是分裂化，更不应对抗化、冲突化；也不应各行其是，闭关自守，更不应相互否定，多元解构。多元的美学，特别是东西方两大不同的美学，各有特色，它们以其差异而独立，以其不同而相互碰撞；又以其相异，而相互补充、相互推动、相反相济、相辅相成。我们应在差异中寻求和谐，在多元中寻求"和而不同"，寻求多元共生、多元共进，以推动人类美学的不断发展。假如世界进行第二次文艺复兴的话，我觉得它的主题就是和谐。第一次文艺复兴是复兴人性，第二次就应是呼唤人类的和谐。我们热切希望在世界多元美学的共生共进中，推动中西方的和谐，推动世界的和谐，推动人类和谐梦想的早日实现。

（原载《第十八届世界美学大会论文集》2014年）

第二编

中国古典美学与中国古代艺术

是古典主义，还是现实主义

——从意境谈起

意境问题是一个重大的理论问题，它涉及文艺的本质特征和艺术美的理想的研究；同时又是一个具体的现实的问题，直接关系社会主义艺术创作的发展和繁荣。

关于意境的理论是我国古典美学和古典文艺理论的一个创造性的贡献。一般地说，西方的再现艺术（戏剧、小说等）比较发展，因而相应地发展了艺术典型的理论；在我国古代的艺术里，表现艺术（音乐、诗词等）则特别繁荣，因而艺术意境的探讨和论述便成为理论研究的一个中心。

在我国古典美学和古典文艺理论史上，明确地提出意境这一概念是比较晚的。但意境作为表现艺术创造的核心问题，是从先秦的音乐理论就触及的（如《乐记》和荀子的《乐论》讲心与物、情与物的关系），魏晋间《文赋》《文心雕龙》讲情与景、情与理时，就更多地论述了这一问题。因此我们既要重视这一概念的提出及其在历史上的发展，同时作为一个艺术规律的研究，也不应以此为限。我们应该把有关这个问题的理论探索和经验资料，予以综合的历史的研究。

一、意境是一个深刻的美学范畴

艺术意境与艺术典型是同等程度的概念，是一个深刻的美学范畴。一般地说，偏于再现的艺术着重塑造艺术典型，偏于表现的艺术侧重创造艺术意境。

意境比一般艺术形象更深刻，它更具本质性，也更具个体性。表现艺术以意境之有无和深浅而分高下。"词以境界为最上，有境界自成高格。"（王国维《人间词话》）"文学之工与不工，亦视其意境之有无与其深浅而已。"（樊志厚：《〈人间词乙稿〉序》，人民文学出版社《人间词话》附录）。

意境是人与自然、物与我、景与情的统一。自然的景物是客观的，"触物生情"，情以景生；情是主观的，咏物寓志，"借景抒情"。情与景、物与我、客观与主观浑然统一的意象，便是意境。

意不是单纯的主观之情，它是与景物结合在一起的情，也是与理统一在一起的情。"理者，成物之文也。"理是客观的事物的内在规律，也是社会伦理的规范。"情必依乎理"（叶燮《原诗·内篇下》），理是情的基础。理以导情，"礼以节乐""发乎情，止乎礼义"（《诗大序》）。但理不能脱离情，必须"情理交至"（《原诗·内篇下》），"理在情中"。情与理的统一，即艺术与伦理政治的统一，美与善的统一，个体与社会的统一。所以可以因小我见大我，"美教化、厚人伦"，可以陶心养性，提高人的道德情操和精神境界。

艺术意境是感性与理性、现象个别与本质必然、有限与无限、美与真的统一。刘禹锡曾说："境生象外。"意境以感性的自然景物为凭依（《乐记》"应物斯感"），但却必须超出感性的个别事物，趋向本质必然的理性内容。司空图讲过"超以象外",才能"得其环中"(《二十四诗品·雄浑》)。意境虽趋向理性,却不以概念为中介,也不趋向于某种确定的概念,正如叶燮所说的"言语道断,思维路绝""幽渺以为理"(《原诗·内篇下》)。因而带有"诗无达诂""只可意会不可言传"的一面,介于"似与不似之间",具有"可喻不可喻""可解不可解""可言不可言"(《原诗·内篇下》)的两重性。艺术意境在感性与理性的统一中,趋向于不确定的概念,趋向于"不可明言之理"(《原诗·内篇下》)。在有限的现象个别的形式中展现本质必然的无限丰富深广的内容,因而具有多义性和不可穷尽性。司空图所说的"景外之景""象外之象""韵外之致""弦外之音""味外之旨"(《与李生论诗书》《与极浦谈诗书》,人民文学出版社《诗品集解》附录);沧浪所说的"镜中之花""水中之月""透彻玲珑,不可凑泊""羚羊挂角,无迹可求""言有尽而意无穷"(《沧浪诗话》);苏轼所说的"赋诗必此诗,定非知诗人"(《书鄢陵王主簿所画折枝二首》之一),都准确地描述了意境这一美学的本质特征。

艺术意境是独创的,不可重复的。不但李、杜、苏、辛各有千秋,即是同一李、杜,也是"虽熟犹生""无固定法式",每一次吟咏,都是一次新的探索,都要开辟一个新的境界。意境的创造不以概念为中介,没有刻板的规则可循,因而是无目的的。但意境又总是趋向某种不确定的概念,总要产生一定的社会效果,所以又是合目的性的。妙在"有意无意之间",意境是一种无目的的合目的性的创造,是在无意的创造中暗合着客观规律,是"不法之法"的自由的活动。反对"死法",以"活法"为高格,从有法到无法,而"无法是至法"。从有目的的磨炼、积累,到把法则化为自己的"天性",升华为无意的自由活动,以达到"从心所欲不逾矩"的高度，才能臻于独创的"意境"。

意境作为古典美的艺术理想，要求与形神相结合。我国古典美的艺术以人与自然、物与我、再现与表现、现实与理想、内容与形式素朴的和谐统一为基本特征。刘勰讲的"神用象通，情变所孕，物以貌求，心以理应"的意象，"状如目前""情在词外"的境界，比较早也比较全面的表述了古典艺术的理想原则。因而在偏于再现的艺术中，不但讲形神，而且讲意境，重表现。王维"画中有诗"之后，"画是有形诗"（郭熙《林泉高致·画意》），或"画是无声诗"几乎成了一个传统。郭熙明确提出要画出"境界"，主张"意贵乎远""境贵乎深"。而在偏于表现的艺术（如诗词、音乐）中，则不仅讲意境，而且强调形神，强调再现的因素。《乐记》讲表现心性、情感，也强调"象成"（模仿再现已成之事）。王维"诗中有画"之后，司空图之"思与境偕"（《与王驾评诗书》），郭熙之"诗是无形画"（《林泉高致·画意》，也有的说"诗是有声画"），梅圣俞之"状难写之景，如在目前，含不尽之意，见于言外"几成玉律金科，直到清代王渔洋之倡神韵说，更是走到极端了。总之，诗与画结合，形神与意境结合，再现与表现结合，打破了艺术体裁之间的局限，增强和扩大了艺术表现力，使我国古典艺术在世界文艺史上达到一种不可企及、不可重复的光辉的高度，为我国古典文论和古典美学做出了独特的贡献。

二、意境的历史形态

艺术意境不是一个凝固的概念，而是一个不断流动的历史范畴。随着封建社会的历史发展，哲学、政治思潮的变迁，文学艺术的演进（如形象思维、创作方法在不同时代的历史特点），艺术意境呈现为各种历史形态，关于意境的理论自然也带有不同的特色。因此，对各个时期的意境说，要作历史地具体地分析，不可划一而论。

我国古代的艺术基本上是封建社会的艺术，封建社会由初期发展到鼎盛和由盛而衰的变化，使古典艺术的意境也划分为两个不同的时期，成为两种既相同又相异的艺术类型。古典美的意境虽都以人与自然、物与我、景与情的和谐结合为基本特征，但在不同的历史时期却各有侧重。大体说来，中唐以前，以境胜，偏于写事、写景、写实、再现；晚唐以降，以意胜，偏于抒情、咏志、写意、表现。各门艺术都有相应的变化，如绘画，前期重"以形写神"，形神兼备、"气韵生动"（顾恺之，参见张彦远《历代名画记》卷五、谢赫《古画品录》）；后期愈来愈"不求形似"，讲神似中见形似（苏轼《传神记》），以致发展到传神就是"写心"，甚至"但抒我胸中逸气""聊以自娱耳"（倪云林《云林全集·跋黄子久画卷》）。如书法，前期重楷，后期倡行草（更自由的表意）。如音乐，前期"象成"因素重，如《高山流水》《十面埋伏》《广陵散》；后期审美重感受，如《平沙落雁》等。

王国维曾有"写境"与"造境""无我之境"和"有我之境"（《人间词话》）的划分，大体上概括了这两种类型的区别。不过他是放在静止的平面上，而我们却是把它放在运动的过程中。写境以状景为凭依，"以景结情""情在景中"，情、我隐于物后，而不离景以直言，即所谓"一切景语皆情语也"，这是"无我之境"。不只写景有境，写事亦有境，诗之赋、比、兴；乐府之"感于哀乐，缘事而发"（"饥者歌其食，劳者歌其事"）；王充之以真为美，"疾虚妄"，反对"华伪之文"（《论衡》）；杜甫之"别裁伪体亲风雅"（《戏为六绝句》）；白居易之"以似为工""以真为师""文章合为时而著，歌诗合为事而作"（《与元九书》），都在强调写实。在这种强大的思潮面前，李白也未能提出相异的理论主张，"圣代复元古，垂衣贵清真"（《古风二首》），还是他的信条。唐诗（还有宋人山水画）是这一类型的范本，李杜尤是典范。"孤帆远影碧空尽，惟见长江天际流""窗含西岭千秋雪，门泊东吴万里船"，情在景中，是景语亦是情语。"相看两不厌，只有敬亭山""感时花溅泪，恨别鸟惊心"，物我两忘，主客统一。司空图说"思与境偕，乃诗家之所尚"（《与王驾评诗书》），反映了前期普遍的艺术美的理想。"不着一字，尽得风流。语不涉难，已不堪忧"（司空图《二十四诗品·含蓄》），正是对唐诗的艺术成就和美学风貌的生动描绘。

偏于写意的，重情趣，讲诗味，倡神韵。或景在情中，或直抒胸臆，王国维说："境非独谓景物也。喜怒哀乐，亦人心中之一境界"，此"有我之境"也。宋词（还有元画）是其代表，王国维说"宋词多有我之境"（以上均见《人间词话》），东坡、漱玉尤为突出。《声声慢》以清新的语言直写孤独悲凉的情感境界；《水调歌头》表现了"我欲乘风归去"与"何似在人间""不应有恨，何事长向别时圆"与"月有阴晴圆缺，此事古难全"，到"但愿人长久，千里共婵娟"等，两种矛盾心情的对立和转化，这在描写内心的复杂变化和深度上都有很大的突破。代表这种倾向的理论，可溯源于钟嵘的滋味说（《诗品序》"使味之者无极，闻之者动心"），司空图的《二十四诗品》开风气之先，代表着写实到写意思潮的转折，更重"弦外之音""味外之旨"。张戒以"言志为本，缘情为先""状物写景，乃是余事"（《岁寒堂诗话》）；沧浪倡"别材""别趣"之说，以诗"吟咏情性"（《沧浪诗话·诗辨》）。沧浪以"入神"为"诗之极致"（《沧浪诗话·诗辨》）

之后，逸品被擢于神品之上，为四品之首（逸、神、妙、能四品），标志着写意倾向的进一步发展。

以上是就其主要倾向而言，并不是说前期没有以意胜的，后期无以景胜的（若加以细分的话，唐代也可以说是意境俱胜、情景交融、物我同一的）。不是的，任何时代都会有两种类型的艺术，不过总有一种思潮作为时代的主导倾向。

除比较纯粹的古典的意境之外，明代中叶以来，随着资本主义萌芽的出现，掀起了具有近代性质的浪漫思潮。清代康乾之际，又有带批判色彩的写实主义的兴起，对意境的发展，都产生了深刻的影响。浪漫思潮承写意倾向而发展，因此主导特征近似，易被视为同一类型，其实已有新的性质。它已由抒发封建士大夫的情感，逐渐杂有市民阶层的民主主义的意识，由偏重内心，发展为突出自我，尊重个性。人与自然、物与我、境与意、个体与社会，已在古典的和谐中，露出了同封建专制对立的裂纹。李卓吾以纯洁的"童心"与腐朽污浊的封建意识相对立；公安派鼓吹"独抒性灵"；石涛独标"一"字画法，特重写我眼中胸中之丘壑（《石涛画语录》"我自发自我肺腑"）；王国维说"有我之境，以我观物，故物皆着我之色彩"（《人间词话》），也触及浪漫思潮的这一主要特征。具有批判色彩的写实主义则比较更强调客观，强调摹物状景，强调事理、思维。叶燮提出"理、事、情"（客观事物的形貌情状，非主观之情），要求在写天地万物之情貌中，再现客观事物之规则。他强调"揆之于理而不谬"的真实原则，尤重理智思维，"才胆、识、力"四者并提，而以"识"为本（以上见《原诗》），画论中也出现类似的倾向，邹一桂《小山画谱》，针对东坡"论画以形似，见与儿童邻"的主张，强调"未有形不似而反得其神者"，责苏轼为"门外人"。他认为"耳目口鼻须眉，一一俱有"，才能

"神气自出"。不过随着唐诗宋词黄金时代的逝去,"自元迄明",有意境之作"益以不振",而"乾嘉以降",更"不求诸意境"(樊志厚《〈人间词乙稿〉序》)了。代之而起的是戏曲、小说的相继繁荣,《牡丹亭》《长生殿》《西游记》,以及石涛、扬州八怪的花鸟山水,则追求着浪漫的理想的境界;而《红楼梦》《儒林外史》则贡献了批判的写实之境。应该说明的是,明清之际尽管带有新的时代特色,但还不是欧洲式的比较纯粹的批判现实主义和浪漫主义,多半还未越出古典主义的大范围。

三、从意境看中国古代文论和古代美学的特点与性质

从"意境"看(亦即从艺术的本质特征看),我国古代文论和古代美学究竟是属于什么性质的呢?我认为基本上属于古典主义。古典主义产生在奴隶社会和封建社会,以素朴的唯物主义和辩证法为思想基础,强调差异、杂多的统一,以和谐为美,以人与自然、物与我、再现与表现、感性与理性的和谐结合,作为艺术的理想。它要求形式的和谐(形式美),更重视社会伦理的和谐(内容美)。从上述我们对意境的分析中,可以明显地看出其基本特点,与古典主义美学是一致的(如景与情、情与理的统一,实即人与自然、物与我、再现与表现、感性与理性的和谐统一)。这种"和谐"的艺术理想,在中国由来已久,源远流长。早在《尚书·尧典》中,就提出了"人神以和"的问题,春秋间晏子等进一步区分了"和"与"同",反对单调的一声一色的抽象同一,要求如"五味"一样的杂多统一的"和"。孔子进一步强调情感和理智(及伦理政治)的和谐,要求"乐而不淫,哀而不伤"(《论语·八佾》)。"温柔敦厚"(除却其封建毒素外,从美学上看,实即要求

感情、理智的和谐)的诗教,同哲学中的(以及政治伦理中的)中庸之道一样,成为奴隶社会、封建社会占主导地位的思想。朱自清说,"温柔敦厚"是"和",是"亲",也是"节",是"敬",也是"适",是"中"。这代表殷周以来的传统思想。儒家重中道,就是继承这种传统思想。(《诗言志辨》)晚唐以后的悲剧冲突,大多以团圆收场,不是偶然的,其中有这种传统美学的影响。不肯让冲突由对立导致破裂和毁灭,这甚至已积淀为一种传统的审美心理的特殊结构,到今天人们不是还在喜欢大团圆吗?《红楼梦》一出,才冲破这种格局,从古典的夹缝中,闪出一道批判现实主义的耀眼的光芒。

我们应该打破过去的一些框子。不要再用现实主义,或现实主义和浪漫主义,或者现实主义和反现实主义的框子,来套中国古典的文论和美学(以及我们古代的文艺)。我觉得这不仅是洋教条,而且是反历史主义的。我们应该从实际出发,尊重我国古代文论和古典美学的特点,尊重历史发展的客观过程和本质规律。谁都知道浪漫主义和批判现实主义不是诞生于奴隶社会和封建社会,而是产生在资本主义同封建主义的尖锐冲突和资本主义深刻的内在矛盾的基础上。在这里出现了人与自然、个体与社会、合目的性实践与客观规律之间的尖锐对立和分裂。同时,随着哲学领域中形而上学之代替素朴的辩证法,美学中出现了冲破和谐美的崇高,艺术中出现了个人与社会、主观与客观、再现与表现、感性与理性、现实与理想、内容与形式的深刻对立(以及破坏否定形式美,要求形式丑等)。在这种对立中,浪漫主义作为古典主义的否定和反抗,标榜个性、主观、理性,天才、情感、想象是他们的三大口号。现实主义作为浪漫主义的承续和转化,悄悄地登上文艺舞台(不像浪漫主义那样的大喊大叫),它强调理智、思维和勤奋,特重客观、感性和社会。这种尖锐对立的理论，在我国古代文论和古代美学中是没有的，也是不可能有的。我们怎么可以把产生于19世纪初的文论和美学，倒退几千年，戴到我国古代奴隶社会和封建社会的（包括先秦的《诗经》《楚辞》《乐记》）文论和美学的头上呢？

我们探讨中国古典文艺的特殊规律及其理论表现，不能脱离世界文艺发展的一般过程和规律。相反地，应在共同规律的指引下，研究我们古代文艺的和文论的特殊规律。从世界文艺史看，随着奴隶社会、封建社会，经资本主义到社会主义的历史发展；随着素朴的辩证法，经形而上学到自觉的辩证法哲学思维的演进；文艺也由古典主义的和谐，经浪漫主义、现实主义的分裂对立，跃进到作为这两种方法的批判综合和向古典主义复归的新型的社会主义艺术，即革命现实主义和革命浪漫主义相结合的艺术。从总体看，这大概就是人类文艺发展的一般过程规律。从亚里士多德、贺拉斯到布瓦洛，大体上都属于古典主义美学（布瓦洛被称为新古典主义，有其时代的特色，但其基本的美学原理，同亚里士多德、贺拉斯更相近）。亚里士多德把美归于"体积的大小""秩序"和"比例"，实即以形式的和谐为美。在他关于创造类型性典型（某一类人的代表）的理论中，要求人与自然、个体与社会、感性与理性的和谐统一。他提出的艺术美的理想，是内容和形式诸因素杂多统一的"整体"性（以上见《诗学》）。这在精神实质上，在基本规律上，同我国古典文论和古典美学是一致的。《诗学》在欧洲雄霸了几千年，到歌德、黑格尔，他们的偏爱仍是古典的美的理想，别林斯基甚至高尔基也继承了不少古典的理论。"熟悉的陌生人"，概括几十个工人、官吏、商人的特征以创造典型的说法，明显地带有类型说（不是我们现在所说的类型化，指的是艺术典型的一种古典的历史形态。在其历史性上说，也是不可重的形态）的影响。但随着资本主义的崛起，艺术中出现了否定古典主义的新思潮，开了新生面，浪漫主义和现实主义各以自己的所长，攀登上新的高峰，为人类艺术的发展做了巨大贡献。而中国还缓行甚至停滞在封建的阶段，还不可能有资产阶级的浪漫主义和现实主义的兴替，以致孔子、《乐记》为代表的儒家美学在中国的上空游荡了几千年。欧洲文艺思潮的这种变化，不少美学家、文论家作过探索。莱辛的《拉奥孔》，在诗、画原则的比较中，触及浪漫主义同古典主义的不同。康德从"美的分析"过渡到"崇高的分析"，预示着古典主义向浪漫主义的转折。席勒之《素朴的诗与感伤的诗》，黑格尔之"象征的""古典的""浪漫的"三种艺术美的类型，都不同程度地揭示了古典艺术和浪漫艺术的本质区别。这种区别归根结底是由社会经济制度和阶级基础决定的，前者是古代的奴隶主和封建主的，后来是近代的资本主义的。封建的中国之不能产生近代的浪漫主义和现实主义，是不言而喻的。虽然明中叶以后的艺术论带有这种色彩，产生了这种新的趋势。

在资本主义兴起以前，东、西方的文艺和文论，只能是古典主义的，不可能是别的。这是社会经济基础所规定的，是人类思维发展所制约的。东方和西方具有共同的规律，但由于历史条件的不同，传统的不同，文艺发展的状况不同（如中国的奴隶制、封建制不同于古希腊的奴隶制和中世纪。先秦时代音乐、诗歌的发达之不同于古希腊悲剧、雕塑的繁荣。还有古希腊在创造了人类不可企及的艺术典范之后，整个中世纪被宗教统治着。只产生了托马斯·阿奎纳的神学的美学，哥特式的建筑和罗曼斯的传奇故事，文艺由盛而衰了，下一个高潮要等到文艺复兴。而这时中国的古典艺术，却大放异彩，承先秦音乐、诗歌的高潮不断奋进。"江山代有才人出，各领风骚数百年。"汉的工艺，魏晋的雕塑，唐的诗歌、书法，宋的山水，元明清的戏曲、小说，不断贡献出美的珍品，成为世界文化的中心，人类艺术的高峰）。东方和西方也形成两种各具特色的文论体系和美学体系。一是偏于表现的美学，一是偏于再现的美学；一侧重抒情写意，美善结合。一着重模仿写实，美真统一；一强调教化作用，把文艺作为"美教化，厚人伦"、修身、治国（礼乐治国论）的工具或作为陶心养性的手段，一强调认识意义，以文学作为"生活的教科书"。《诗学》和《乐记》，就代表着东方和西方两种不同的美学和文论体系。意境说本身也是这一特点的表现和确证。

（原载《文学遗产》1980年第3期）

中国古典美学的奠基石
——论《乐记》的美学思想

《乐记》是我国古典美学的奠基石,在我国古典美学史和古典文艺理论史上占着重要的位置,对它的理论思想应作深入的研究,对它的价值和影响应予以充分的评价。

《乐记》原二十三篇,现存于《礼记》中的有乐本、乐论、乐施、乐言、乐礼、乐情、乐化、乐象、宾牟贾、师乙、魏文侯等十一篇(这十一篇的次第,与刘向《别录》《史记·乐书》都略有差异),这些主要是阐述音乐和文艺的美学原理的。其余十二篇仅存目录,孔颖达《礼记·乐记》疏云:"案《别录》十二篇余次,奏乐第十二,乐器第十三,乐作第十四,意始第十五,乐穆第十六,说律第十七,季札第十八,乐道第十九,乐义第二十,昭本第二十一,招颂第二十二,窦公第二十三是也。"这十二篇大多是谈音乐舞蹈的表演技艺和用乐舞的制度、仪式的,大概汉儒重理论而轻技艺,所以被删落了。

关于《乐记》的作者和成书年代。学术界历来是有争议的,主要有这样几种意见:

郭沫若同志的看法是一种比较有代表性的意见。他在1943年写的《公孙尼子与其音乐理论》[1]一文中,认为《乐记》作者是公孙尼子,他怀疑就是七十子中的公孙龙[2],龙是尼之误。公孙尼可能是孔子的直传弟子,少孔子五十三岁。其活动年代,当比子思稍早。"虽不必怎样后于子贡子夏,但其先于孟子荀子,是毫无问题的。"捷克斯洛伐克的伍康妮和董健从此说,伍康妮在《春秋战国时代儒、墨、道三家在音乐思想上的斗争》一书中,根据郭老的意见,认为公孙尼子为公元前五、四世纪之间的人物。董健在《乐记是我国最早的美学专著》一文中,依班固《汉书·艺文志》公孙尼是"七十子之弟子"的说法,推断他为:公元前五世纪中期到公元前四世纪初期这一时代的人(约公元前450年至公元前389年),即战国初期人。钱穆的《先秦诸子系年》虽然肯定《乐记》为公孙尼子所为,但又认为公孙尼是荀子的门徒,时间推迟到战国末年。郭沫若同志在上文《追记》中曾予以辩证。

丘琼荪在《历代乐志律志校释》序中,对郭老的意见提出质疑。他认为《乐记》是"汉武帝时杂家公孙尼所作""此人的思想,与尸佼、荀况、吕不韦诸人相接近,因而掇拾儒家经典及以上诸家之说而为《乐记》。"这是第二种意见。

第三种意见是宋代人黄震提出的,他认为《乐记》是河间献王刘德所作。[3] 近人也有从此说的,如中央音乐学院理论组的《乐记批注》的附录《关于〈乐记〉的作者与成书年代问题》中说"我们认为《乐记》成书于汉武帝时代,作者是刘德及其手下的一批儒

---

[1]《青铜时代》。
[2] 据《史记·仲尼弟子列传》。
[3]《黄氏日抄》。

生",是他们"采取先秦儒家诸家有关音乐的言论编纂而成的"。

在以上三种说法中,我基本上同意郭老的主张,这一方面根据前人的记载,一方面也根据《乐记》理论思想的历史特点。

班固在《〈汉书·艺文志〉序》中说:"武帝时,河间献王好儒,与毛生等共采《周官》及诸子言乐事者,以作《乐记》……其内史丞王定传之,以授常山王禹。禹,成帝时为谒者,数言其义,献二十四卷《记》。刘向校书,得《乐记》二十三篇,与禹不同。"有何不同,虽未言明,但从文字和语气看,似非指刘德《乐记》的两种不同的传本,而是说有两种不同的《乐记》。献王的《乐记》二十四篇,而刘向所得的《乐记》只二十三篇,与今传公孙尼子《乐记》的篇数相合。这里实际上已否定了刘德作《礼记》的说法。

关于公孙尼子作《乐记》的记载,最早见于《隋书·音乐志》。它引起了梁武帝的《思弘古乐诏》和沈约的奏答,沈约说《礼记》中的《乐记》"取公孙尼子"。唐人张守节的《史记正义》也说:"乐记者公孙尼子次撰也。"此外如虞世南的《北堂书钞》、马总的《意林》、徐坚的《初学记》、李善的《文选注》,都引过《公孙尼子》一书的话[①],与今传《乐记》中的文字相同,说不定唐时《公孙尼子》尚存于世。

关于《乐记》的成书年代,最有力的根据还在其内容的历史特点。第一,其论人性的观点,与孔子"性相近,习相远"的说法很相近,而与后来孟子之性善、荀子之性恶相去甚远。第二,其元气说、阴阳说更近于《周易》以来春秋间的音乐思想,与郑史伯、晏子、医和相去不远而又有所发展,而与后来《吕氏春秋》的"本于

---

① 《乐记》是其中一篇。

太一"说大相径庭。第三,"用于宗庙社稷,事乎山川鬼神""圣人作乐以应天"的思想,与其说是汉代董仲舒天人感应的思想,不如说是更古老的原始宗教巫术盛行时音乐思想的残留更为确切,大概同《尚书·尧典》中"神人以和"的说法相近。第四,礼、乐、刑、政四者并用的思想,是对孔子礼乐观的重大发展,与战国中期宋、尹学派的政治主张大体一致,成为由孔子的礼乐治国到荀子的以法治改造礼治思想发展的一个中间环节,这种政治主张正是春秋战国间阶级斗争的历史产物。第五,《乐记》中没有后来荀子《乐论》中非墨的内容,由此观之,它可能略早于墨子,起码是成书于墨子的非乐之说在社会上尚无显著影响的时候。否则,它不可能对墨子沉默不言。第六,《乐记》之乐为和的思想,更接近于春秋间和孔子的音乐思想,而与战国末期的荀子有明显的不同。荀子的《乐论》虽然也讲音乐对内的团结(揖让)作用,但已重视对外的"征诛"作用,并特别强调音乐为统一天下服务的思想,而这是战国初年的《乐记》没有的时代特色。这也说明《乐记》是早于荀子的《乐论》的。第七,其唯物主义和素朴的辩证法的思想和思维发展的历史特点,正与《孙子兵法》《孙膑兵法》相类似,其产生的时代应相去不远,而不可能诞生在谶纬神学和形而上学盛行的汉代。以上七点都说明《乐记》的思想更接近孔子和春秋间的思想,它不同于尸佼、荀况、吕不韦,而是由孔子到荀子发展过程中间产生的一种历史现象,因而成书年代定于春秋末战国初是比较适当的。当然经过秦火和楚汉相争,《乐记》可能有所散佚,汉儒又重新作过编纂是很可能的(编纂的痕迹非常明显,如有些篇的中心思想不明确、结构不完整,段落之间缺乏有机联系和文字语意的重复等),但主要文字和内容还应是采自公孙尼子的。

公孙尼子是孔子的弟子,从主要倾向看《乐记》也是儒家文艺理论和美学思想的集中代表。以上三种意见，除丘琼荪同志认为是杂家思想之外，其他人都一致肯定是儒家思想，即使丘琼荪同志也认为是"掇拾儒家经典"而成。但公孙尼子并非在孔子后面踏步，而是承孔子而前进。它总结了《周易》《尚书》以来春秋间的音乐思想，顺应时代的要求，兼采了法家的主张，发展了儒家的思想，铸成我国第一部较为成体系的文艺理论和美学著作，它可以说是我国古典文艺理论和古典美学的奠基之作。

音乐的时代孕育了音乐的美学

先秦的美学主要是音乐美学，当时诗、文、画论还只有一些零星的（尽管可能是重要的）观点，只有以《乐记》为代表的乐论在我国古代美学史上形成了第一个较为完整的体系。

音乐（包括诗、舞）是先秦时期脱离了实用的、依附状态的比较纯粹的艺术形式。诸子的散文主要是哲学、政治、历史的学术著作，不是独立的文学体裁。先秦的绘画和雕刻虽有相当的发展，如晚周夔凤搏斗的帛画、战国前后的漆画、《天问》中记载的楚国宗庙祠堂中的壁画、湖北隋县曾侯乙墓出土的青铜鹿角立鹤和卧鹿木雕等都已达到较高的艺术水平。但总的看来，它们还处于依附或象征的地位，或作为建筑、工艺制作的附属品，或作为善恶、吉凶的象征物（鹤、鹿等雕像主要是作为长寿、祥瑞、太平的象征而存在，工艺器皿上的雕刻、绘画，有时也兼有象征的含义），一般说来还不是作为供人观照的单纯的欣赏对象。音乐虽然和礼有密切关系，但它已被视为引起人们快乐的主要对象。因而音乐的美学也成为那时比较典型的、纯粹的美学理论，或者说是我国古典美学在先秦时期的一个具体的历史形态。

为什么我国古代首先创造了音乐美学，而欧洲特别是古希腊最早出现的却是《诗学》（实是戏剧美学）呢？这可能因为先秦时期是我国音乐艺术繁荣的时期，同古希腊之悲剧和雕塑的繁荣不同。从美学的观点看来，先秦时代也可以称之为是一个音乐的时代。这种音乐的繁荣由下列几个方面作为标志：第一，从乐器和乐律看，大概周代见于文字记载的乐器已近70种，《诗经》中就出现过29种，春秋战国间已达80余种之多，按乐器的质料分为"金、石、土、革、丝、木、匏、竹"等八类，即所谓"八音"。板乐、管乐之外，出现了弦乐器，原来以定音、节奏为主的钟，已向演奏旋律、曲调发展。七声音阶的运用，十二平均律音律体系的形成，三分损益的乐律计算法和旋宫转调（调性和调式的转调）法的创造，标志着我国乐律发展的高度水平。不久前在湖北隋县出土的战国初期曾侯乙墓中的礼乐器物，生动地显示了战国早期我国音乐艺术的高度发展。仅以其有代表性的全套编钟（不含楚王所送镈钟）看，即达64件，全用青铜铸成。最大的甬钟，通高153.4厘米，重203.6公斤。最小的钮钟，通高只有20.4厘米，重2.4公斤，全部重达2500多公斤，悬挂在铜木结构的钟架上，屹立于地下达两千多年，出土后仍能发出优美的音乐。它音域宽广，变化音比较完备，古今乐曲都能演奏。据测定：其总音域跨五个八度，比现代乐器中音域最宽的钢琴少一个高八度和低八度。它已有7声音阶、12个半音，可以旋宫转调。64件编钟分为9组，其共同的音阶结构和目前国际上通用的C大调七声音阶同一音列。更引人注意的是不同的编钟在基本七音之外，又分别具有或同或异的变化音，合起来又十二律齐备，可以在三个八度的中心音域范围内，构成完整的半音阶，这在世界音乐史上也是了不起的创造。欧洲出现十二平均律只是近几百年的事，我们却运用于两千多年之前。五声、七声是音阶，十二律是乐律

（音阶的标准），这两样齐备，而且与现代音乐之音阶、乐律基本一致，可以想见先秦时代音乐的高度繁荣和成熟状态。第二，从乐曲发展的水平看，虽然古曲早已失传，我们已听不到一支先秦的乐曲，但根据《诗经》和楚辞篇章结构的变化仍可推断出一些音乐曲式的情况。据杨荫浏先生在《中国音乐史纲》中的统计，《诗经》中已有10种不同曲式的变化。曲调反复是最常见的，如国风中《周南·桃夭》就是一个曲调重复3次，《大雅·大明》是两个曲调交互轮换，《郑风·丰》则是两个曲调各自重复共组一歌。当然也不是简单的重复，而是在反复中略有变化，或前有副歌，或后有尾声，或中间有变奏，整齐变化的规律已被掌握和运用。从屈原的作品看，至少已有4种不同的曲式，并包含着乱、少歌、倡等多种曲式因素的运用。孔子有一段话，描绘了春秋以前曲式结构的一般情况，他说："乐其可知也。始作，翕如也，从之，纯如也，皦如也，绎如也，以成。"①有开端、发展、高潮、终结，结构已很完整。曲式中各部分，已有显著不同的变化，有的稳定和谐，有的明快热烈，有的平静有序，反映了曲式的丰富和高度发展。第三，从音乐的演唱水平和普及情况看，这时已有歌手和演奏家称名于世。卫国的师涓，晋国的师旷，郑国的师文，鲁国的师襄等都是著名的乐师，除宫廷外，民间的伯牙也以善琴传闻于世，他的老师成连也是一位名家。"昔者王豹处于淇，而河西善讴；绵驹处于高唐，而齐右善歌。"②卫国的王豹，齐国的绵驹不只是名震一时的歌手，而且带动和提高了当地演唱的水平。孔子能弹琴鼓瑟唱歌，对音乐有很高的

---

① 《论语·八佾》。
② 《孟子·告子》。

修养和鉴赏能力，是人所共知的。庄子这位音乐的否定论者，在妻亡后，也曾"鼓盆而歌"①。韩国的韩娥以卖唱为生。秦国的秦青以教唱为业②。伍子胥曾"鼓腹吹篪，乞食于吴市"③。荆轲刺秦王，临别燕太子丹时，曾唱过"风萧萧兮易水寒，壮士一去兮不复还"那首名曲。苏秦曾对齐宣王说：齐国的临淄，"其民无不吹竽，鼓瑟，击筑，弹琴"④。可见音乐已深入人们的日常生活，能歌善弹是相当普遍的情况。在氏族奴隶主贵族中，音乐更是他们须臾不可离的享乐品和等级特权的标志（按照周代以来的礼乐制度，对各个等级的用乐都有严格的规定，如乐队（包括舞队）的人数、乐器的种类以及它们排列的次序方位，王、侯、卿、大夫、士都是不同的，作为等级的特权不能僭越）。礼乐紧密相连，各种祭祀、礼仪，诸如祭神、求雨、驱疫、燕礼、射仪、王师大献、各国使节往来，无不伴以乐舞。正因为音乐的高度繁荣及其在社会上产生的广泛深入的影响，才引起了各个阶级、阶层及其思想家（特别是儒家）的注意和重视，从而加以总结、提倡和利用。先秦的著作中没有不谈到音乐的，而儒、墨、道、法围绕音乐问题也曾展开过一场大论战，都充分说明了这一点。《乐记》之前，关于音乐的思想资料见于文字记载的要以《尚书·尧典》为最早，晚周以来的史伯、季札、晏婴、医和、州鸠、子产、师旷、观射父、平公等都发表过关于音乐的言论。孔子主张以礼乐治国，对音乐作了更多的研究和论述。《乐记》正是吸收了《尧典》以来的音乐美学观点，特别是直接继

---

① 《庄子·至乐》。
② 《列子·汤问》。
③ 《史记·范雎传》。
④ 《战国策·齐一》。

承和发展了孔子的音乐美学思想，对先秦高度繁荣的音乐文化作了概括性的理论总结，而提出的一个最早的较为完整的美学体系。这个体系包括哪些重要的理论内容，揭示了哪些基本的美学原理呢？我认为主要有以下几点：

乐者……其本在人心之感于物也

《乐记》的音乐观、文艺观和美学观是素朴的唯物主义和素朴的辩证法的，这首先表现在它对音乐和现实生活关系的论述上。《乐本篇》如它的篇名所标示的那样，集中地论述了音乐美学的这一根本问题，其中最重要的有这样几段话：

> 凡音之起，由人心生也。人心之动，物使之然也。感于物而动，故形于声。声相应，故生变，变成方，谓之音。比音而乐之，及干戚羽旄，谓之乐。
>
> 乐者，音之所由生也；其本在人心之感于物也。是故其哀心感者，其声噍以杀；其乐心感者，其声啴以缓；其喜心感者，其声发以散；其怒心感者，其声粗以厉；其敬心感者，其声直以廉；其爱心感者，其声和以柔：六者非性也，感于物而后动。
>
> ……
>
> 凡音者，生人心者也。情动于中，故形于声；声成文，谓之音。是故治世之音安，以乐其政和；乱世之音怨，以怒其政乖；亡国之音哀，以思其民困。声音之道，与政通矣。
>
> ……
>
> 是故审声以知音，审音以知乐，审乐以知政，而政道备矣。

这三段话首先阐明音乐是表现"人心"的，是一种偏重于表现的艺术。而在"人心"中，音乐不是表现它心智的方面，而是抒发其感情的方面（《乐言篇》"夫民有血气心知之性"，明确地把人心分为情（血气）和智（心智）两个方面），哀、乐、喜、怒、敬、爱等情感形态，不完全是物的客观内容的反映，而是"乐其政和""怒其政乖""思其民困"的主客观关系的表现。它包括"政和""政乖""民困"的客观现实因素，也蕴含着"乐""怨""思"等主观成分。这一论断从根本上概括了音乐艺术的基本特点（这里还论述了情与声、音、乐的关系，这到后面再讲）。其二，《乐记》虽然强调了音乐表情的美学本质，强调了以心感物的主观情感的能动作用，但最终还是肯定了客观现实的至上权。"六者非性也，感于物而后动"，"非性也"即不是天赋的原来就有的意思，喜、怒、哀、乐、敬、爱不是凭空而来的，而是受到客观"物"的影响才产生的。从反映论的根本原理说，情感以及思想、意志等主观意识，其最终根源还在客观世界之中。客观存在决定主观意识，而不是相反。"感于物而后动"，坚持了素朴的唯物主义观点，同殷周以来唯心论的天命观划清了界限。其三，《乐记》所说的"物"，不仅是指具体的物，而且还接近于"物质"这样一个抽象概括的哲学范畴。在谈到人类社会生活时，特别突出了"政"，认为政治上的"安"或"乱"，制约着人们的情感，影响着音乐的"乐"或"怨"。这既强调了音乐和政治的联系（虽然这种强调有些过于偏狭），又把政治包括在"物"的范畴之中，这是一个重要的论点。其四，正因为政治制约着音乐，音乐反映着政治的状态，所以便可以"审乐以知政"，从"音安""音怨""音哀"的不同表现，而窥知"治世""乱世"或国亡"民困"的社会政治状态，《乐记》指出音乐的情感作用，同时肯定它的认识意义，不只是从它再现客观对象的内容上（如对《武》乐歌颂武王伐纣历史事件的分析），而且从哀、乐、怒、怨等情感的变化而洞察社会治乱上，看到了这一点，也是儒家乐论的一个特点。

　　《乐记》素朴的唯物主义和素朴的辩证法的文艺观和美学观，是对晚周以来音乐美学观点的重大发展。春秋时期已把元气说和阴阳说运用于解释音乐。哲学上的元气说是唯物的，它认为世界是由"气"构成的，那么，绘画和音乐自然也是由"气"产生的，所谓"天有六气，降生五味，发为五色，征为五声。"[①]而"六气曰：阴、阳、风、雨、晦、明。"[②]用这种阴阳对立的思想观察音乐，就把十二律说成是由阴阳构成的，阳为律，阴为吕，六律和六吕合为十二平均律。音乐既然由阴阳相济而生，自然也就有调和阴阳的作用，产生使"气无滞阴，亦无散阳，阴阳序次"[③]的功效。这较之《尚书·洪范》中提出的金、木、水、火、土五行的元素说，无疑是前进了一步。但作为一个哲学范畴，还很不精确。《乐记》一方面还保留着元气说，但又提出了"物"的概念，以和"人心"相对待，比元气说更进一步了。这样音乐就不是由难以琢磨的"六气"产生，而是由"人心之感于物""情动于中，故形于声"的结果。"物""政""情"虽还是抽象的，不是阶级的对立统一，却较元气说更接近真理。同时，元气说把自然界看作是由气构成的，也把音乐、情感等主观意识形态的东西说成是由气所生的。"民有好恶喜怒

[①]《左传·昭公元年》。
[②]《左传·昭公元年》。
[③]《国语·周语》。

哀乐，生于六气"[1]。划不清物质和精神、主观和客观、审美对象和审美意识的界限，看不到二者的本质区别。《乐记》以"物"和"心"、"政"和"情"相对待，既指出主观和客观、物质和意识的区别，又阐明了音乐和现实生活素朴的唯物辩证的关系。它"审乐以知政"的观点，比宣和阴阳二气的说法更现实化、更政治化了。宣气说有更多的自然成分，知政说则更强调了社会作用，这是音乐由与生产斗争相结合，逐步发展到更多的和社会政治斗争相结合在理论上的表现。

孔子提出了"兴""观""群""怨"的诗学原则，但没有从认识论的角度分析诗与现实的关系，《乐记》则承继了孔子唯物的音乐、诗歌的观点，吸取和运用春秋间辩证的阴阳学说，从认识论的角度对音乐和现实的关系作了较为全面系统的论述，建立了儒家的素朴的唯物辩证的文艺观和美学观。这种素朴的唯物主义和素朴的辩证观点，不只是表现在对音乐和现实关系的阐述上，而且是贯串于整个体系之中的，这在以后的论述中就会看到这一点。

先秦美学和哲学的发展是一个否定之否定的过程，走着一个"之"字形的路。《易经》和《尚书》中的《洪范》《尧典》提出了较为原始的唯物辩证的美学和哲学观点。之后，老子走向辩证的客观唯心主义，孟子走向主观唯心主义，宋、尹学派和墨家坚持了唯物主义路线，到荀子才又达到唯物论和辩证法在更高水平上的结合。而在此之前的战国初期，《乐记》则在文艺理论和美学领域实现了这种综合，稍后的《孙子兵法》和《孙膑兵法》则在军事学的领域达到了这种综合，开了荀子的先河，在这个意义上说，《乐记》在中国美学史、文艺理论史乃至哲学史上都具有重要的地位。

---

[1]《左传·昭公二十五年》。

礼节民心，乐和民声

《乐记》论述了礼乐相互区别和交互为用的观点，阐明了音乐和礼仪、道德、政治的复杂关系，极大地甚至是过分地强调了音乐的社会作用。

最早的礼原指祭神的仪式，《说文·示部》：礼，履也，所以事神致福也。从示从丰。又《丰部》："丰，行礼之器也。从豆象形。"所谓象形指似二玉在器之形，古代以玉祀神，故王国维在《释礼》中说："盛玉以奉神人之器谓之曲若丰。推之，而奉神人之洒醴，亦谓之醴。又推之，而奉神人之事，通谓之礼。"后来更逐渐扩大为一切礼仪，包括冠、昏、丧、祭、燕、飨等典礼和各国间交际的礼节仪式、从祀神到各种礼仪大都伴有相应的乐舞，所以礼和乐早就结下了不解之缘。周代以来更逐步摆脱宗教神权的迷信色彩，着眼于从节制人性加强政治统治的角度谈礼，人开始被尊重起来，周礼的基本内容是体现"君君臣臣父父子子"的家长制氏族贵族等级制和以血缘关系为纽带的宗法制的，到《乐记》，礼乐这对范畴的内容更为丰富和深刻了。

首先，《乐记》认为礼乐这对范畴是互相区别的，各有自己质的规定性，从哲学上看：

> 乐者为同，礼者为异。（《乐论篇》）
>
> 乐者，天地之和也；礼者，天地之序也。和，故百物皆化；序，故群物皆别。（《乐论篇》）
>
> 天高地下，万物散殊，而礼制行矣；流而不息，合同而化，而乐兴焉。（《乐礼篇》）
>
> 乐统同，礼辨异，礼乐之说，管乎人情矣。（《乐情篇》）

礼、乐概括了客观事物的普遍规律，礼指"天地""万物""人情"的区别、差异，乐指"天地""万物""人情"的合同、和谐、转化和发展。换句话说，礼侧重于矛盾的差别和对立，乐侧重于矛盾的和谐与统一。在这个意义上，礼、乐是一对极广泛而深刻的哲学范畴。

从政治和伦理上看：

礼义立，则贵贱等矣；乐文同，则上下和矣。（《乐论篇》）

天尊地卑，君臣定矣。卑高已陈，贵贱位矣。动静有常，小大殊矣。方以类聚，物以群分，则性命不同矣……如此则礼者，天地之别也。（《乐礼篇》）

乐在宗庙之中，君臣上下同听之，则莫不和敬；在族长乡里之中，长幼同听之，则莫不和顺；在闺门之内，父子兄弟同听之，则莫不和亲。故乐者，审一以定和……所以合和父子君臣，附亲万民也，是先王立乐之方也。（《乐化篇》）

可是，礼是规定君臣、上下、贵贱的等级区别和父子、兄弟、长幼之宗族序列的，乐是"附亲""合和"君臣、上下、父子、长幼之间的关系的。或者说，礼是规定贵族等级制度和宗法制度中的等级划分及长幼区别的，乐则是促进各个等级和宗族内长幼之间的协调和谐的。

从礼乐的不同作用和效果看：

乐由中出，礼自外作。乐由中出故静，礼自外作故文。……乐至则无怨，礼至则不争。（《乐论篇》）

故乐也者，动于内者也；礼也者，动于外者也。乐极和，礼极顺，内和而外顺，则民瞻其颜色而弗与争也，望其容貌而民不生易慢焉。故德辉动于内而民莫不承听，理发诸外而民莫不承顺。（《乐化篇》）

这就是说，乐偏重于治心，它以情感人，以德化人，潜移默化地使人"承听"和顺，心悦诚服地安于被统治的地位。礼则侧重于给人们的行为做出外在的规范。从理智上、制度上强制人们去遵守，令人驯顺地按照统治者的礼仪和道德法规去行动。也可以说，礼乐是民族贵族统治者驾驭人民的两手，一从内，一从外；一从感情，一从理智；一用制度规范的强制手段，一用潜移默化的感化力量，目的是使人们内则无怨外则不争地服从于统治者的意志，使社会呈现一种所谓内和而外顺的礼乐之治的升平景象。这种理想化的升平景象，实质上是正在瓦解的氏族贵族统治的早期奴隶制的幻想式的再现。因为是早期的奴隶制，所以强调等级划分的"礼"，又因为是早期奴隶制，基本上还保留着原始氏族公社的组织和以血缘关系为基础的宗法制度（等级划分正是这种宗法制度的扩大和延伸）及民主习俗，所以又强调君臣上下长幼尊卑之间的"和"。可见，礼与乐的结合正是早期氏族贵族统治的典型形态，是巩固这种奴隶制的。

礼和乐是相互区别的，各有自己的本质、特点和作用，同时《乐记》又认为二者是互相联系，不可分割、不可偏废的。过于侧重于乐则使人们放纵不羁，过于偏重于礼则使人们离而不亲（《乐论篇》："乐胜则流，礼胜则离。"）。乐搞得超过极限，就会走向反面，招致忧乱；礼搞得过分，没有节制，也会产生邪恶（《乐礼篇》："乐极则忧，礼粗则偏。"王船山：《礼乐章句》："粗，美而不知节也。偏，不正，邪恶也。"）。所以礼乐不可分离，必须相辅相成，交互为用，共为儒家修身齐家治国平天下的重要手段。《乐记》说："礼节民心，乐和民声，政以行之，刑以防之，礼乐刑政，四达而不悖，则王道备矣。"又说："礼以导其志，乐以和其声，政以一其行，刑以防其奸。礼乐刑政，其极一也，所以同民心而出治道也。"[①]礼、乐、刑、政四者并用，礼治和法治、王道和霸道兼而施之，这对孔子礼乐治国的思想是个重要的发展。"郁郁乎文哉，吾从周。"孔子赞美周代的文化，但并不是完全照搬周代的礼乐。在复古的形式下，他给礼乐注入了新的内容，这就是"仁"。"仁者，爱人。"不管这人是特指贵族还是泛指全民，主要的是他用人和殷周以来的神权相对立，虽然孔子没有完全摆脱天命观的羁绊，但他爱人、尊重人、重视人事，使礼乐冲出神权政治的藩篱，有其符合历史潮流的进步的一面。孔子维护和企图恢复氏族公社末期以血缘关系为基础的等级制度和宗法制度，是保守的，甚至是反动的。但从抛弃神道观，重视人道的思想看，又无疑是进步的。这与《左传》中所表现的"国将兴，听于民；将亡，听于神"的时代精神是一脉相通的，是新兴工商奴隶主进步思想的反映。到战国初期，《乐记》进一步提出了礼法并施的主张，与战国中期宋尹学派的政治思想是一致的，符合新兴阶级的政治需要，也为荀子以法治改造礼治的思想铺设了津梁。当然，它还未达到荀子的高度，四者之中仍以礼乐为重，刑政为轻。"乐至则无怨，礼至则无争。揖让而治天下者，礼乐之谓也。"[②]礼乐治国还是《乐记》的最高理想。

礼乐所以成为安民治世之大略，是建立在这样一种人性论的基础上的。它不是后来孟子的性善论，也非荀子的性恶论，而和孔子

[①]《乐本篇》。

[②]《乐论篇》。

"性相近，习相远"的说法很接近。《乐本篇》说得很清楚：

> 人生而静，天之性也；感于物而动，性之欲也：物至知知，然后好恶形焉。好恶无节于内，知诱于外，不能反躬，天理灭矣。夫物之感人无穷，而人之好恶无节，则是物至而人化物也。
>
> ……
>
> 人化物也者，灭天理而穷人欲者也。于是有悖逆诈伪之心，有淫泆作乱之事。是故强者胁弱，众者暴寡，知者诈愚，勇者苦怯，疾病不养，老幼孤独不得其所，此大乱之道也。是故先王之制礼乐，人为之节。

这就是说，人天赋的本性原是净的，像一张白纸，虽不能说善，但也绝非恶。后天受到客观事物的影响，才产生一定的情感意欲。但这种情感只有当理智分辨了事物的是非后，才能辨别善恶形成好恶的态度。若好恶之情不加节制，任其恶性发展，就会丧失理性，放纵情欲，走向邪恶，所以好恶之情不节，乃大乱之祸根。它并不完全否定人的欲望和本能，而只是要求加以节制和引导。由此出发，《乐记》认为制礼作乐就是为了节制人性，引导民心，铲除祸根，以出治道的。这一方面论述了音乐起源的原因，一方面阐明了音乐的社会功能。当然"礼节民心，乐和民声"的观点也是抽象的，但比之性善、性恶说来，似乎有更多的唯物成分。因为无论性善或性恶，都承认天赋的善恶本性。孟子认为人生来都具善心，只要统治者发善心，行仁政，"与民同乐"，就可以实现王道乐土。荀子认为人生来就是恶的，必须用人为的礼乐使之改恶向善，才能建立安定统一的社会秩序。而《乐记》却不言人性之善恶，似乎主张人性是中性的，只有受到环境外物的影响，在理性的基础上才产生一定的善恶观念。它只是说，这种好恶必须用礼乐加以节制和引导，不能走极端，这样就可以止动乱而出治世，显然，这是一种后天论，否定了先天的善恶观。

情见而义立，乐终而德尊

从表面上看，《乐记》并没有专篇集中论述过音乐的本质、特征及其特殊规律，因而也有人认为《乐记》主要是谈音乐与伦理、政治等关系的。实际上《乐记》在探讨情与物、乐与礼的关系时，已在比较中基本上阐明了音乐的本质和特征。若观之全篇，更可以看出《乐记》对音乐的独特规律也有一些深刻的认识。

《乐记》首先严格区分了"声""音""乐"这三个不同的概念：

> 感于物（指心感于物）而动，故形于声。声相应，故生变，变成方，谓之音。比音而乐之，及干戚羽旄，谓之乐。（《乐本篇》）

在这里"声"相当于我们现在所说的乐音（非自然之音），是音乐表现感情借以物化的艺术语言。"音"相当于我们现在所说的音乐，它是"声"按照情感的要求，同时又依照音乐形式美的规律创作而成的（"声相应，故生变，变成方，谓之音"，不同声的相异相和而生变化，变化而有一定规律（方），这就是音）。"乐"是依照音的曲调用乐器演奏出来，再加上舞蹈和歌诗而成的一种综合性的艺术（"比音而乐（演奏）之及干戚羽旄，谓之乐"）。这里只提到舞,《乐象篇》则明确地包括诗歌:"诗,言其志也;歌,咏其声也;舞,动其容也,三者本于心,然后乐气(《礼记集解》作'器'是对的)从之。"这样音、诗、舞三者结合起来表达感情的艺术就是"乐",所以"乐"比我们现在所说的音乐宽泛得多,不应等同起来。但三者之中以音为主,舞蹈、歌诗为从,《乐记》所论也多指音,为了叙述的方便我们也统之为音乐理论和音乐美学。这是一种各种艺术形式尚未完全分化的较为原始的艺术形态,与后来各种艺术独立之后又产生的综合艺术不同,但这里"乐"的概念已比更古老的乐的含义更进步更专一化了。更早更广的用法,在《乐记》中还残存着,即所谓"乐者,乐也",一切能引起人们快乐的都是"乐",包括口之于味,目之于色,耳之于声,游之于猎等触、味、听、视、运动各种感觉器官所产生的快乐,比我们现在"审美"这个概念还广泛,这反映了触、味、色、声没有分化的更原始的状态。这种观点虽然还遗留着,但在《乐记》中已不是"乐"的主要含义了。

"乐者,乐也"虽非常古老,但确也说明了音乐艺术(或者说一切文艺形态)最基本的美学特征之一,是能给人们以审美快感的。《乐记》肯定这种审美快感是合理的必要的,"人情所不能免"的,也是人类不同于其他动物的一种普遍的共同的感觉和要求。"是故知声而不知音者,禽兽是也。"禽兽能感知声音,但却不能感知音乐;音乐对它不是一个对象。人若只知声而不能欣赏音乐,那就和禽兽差不多。这里一方面说明了人的感觉不同于禽兽的感觉,同时指明了音乐产生的审美快感,不是单纯的动物式的生理性的快感,而是一种渗透着社会的、伦理的、理性内容的审美快感。由此更进一步指出音乐艺术不只是表达感情的,也包含着理智、伦理的内容,是情与理的结合,感性与理性的直接统一。

"情动于中，故形于声"，音乐是用声音作为手段以表情的艺术。但《乐记》认为情感是受理智支配的。"物之知知，然后好恶形焉"，先是真假、善恶的理智分辨，然后才有喜好厌恶的感情发生。理智是情感的基础，情必须和理相结合，在理的规范和指导之下。"乐也者，情之不可变者也，礼也者，理之不可易者也。"儒家讲礼以节乐，亦即讲理以节情。《乐象篇》说：乐要"奋至德之光，动四气（可能指阴阳刚柔四气，此处又流露出元气论的影响，不过已由六气减为四气）之和，以著万物之理。"情离不开理，音乐总要包蕴着深刻的理性内容。

　　"理"既指客观事物的普遍规律，又指政治上的等级名位和伦理上的道德规范。因为在儒家那里，这二者是难分的，他们往往把这种等级制度和封建伦理视为天经地义的普遍规律，在这个意义上，《乐记》强调了真（客观事物的规律）和善（政治伦理规范）的统一。情与理合，自然包括音乐与政治、伦理内容的统一。"乐者，通伦理者也"①，音乐要"以绳德厚"，使"亲疏贵贱长幼男女之理，皆形见于乐"。②《乐记》主张把音乐和儒家的道结合起来，要通过审美快感得到道的教益，反对单纯追求快感，放纵个人的情欲。《乐象篇》说："情见而义立，乐终则德尊，君子以好善，小人以听过。"又说："君子乐得其道，小人乐得其欲。以道制欲，则乐而不乱；以欲忘道，则惑而不乐。是故君子反情以和其志，广乐以成其教，乐行而民乡方（向道），可以观德矣。"情与理、乐与道是密不可分的。一方面乐要表现"亲疏贵贱长幼男女之理"，

---

① 《乐本篇》。
② 《乐言篇》。

要"以道制欲",使人"好善""听过";一方面理要通过情来显现,道(或德)要通过音乐这种特殊艺术来表现,"情见"才能"义立","乐终"才能"德尊"。情与理、乐与道紧密结合,水乳交融,才能发挥音乐(以致各种文艺形式)移风易俗的教化作用。这在阐明二者的辩证关系上有其合理的一面,但一般说,儒家更重视礼,更强调道,往往把文艺作为教化的简单工具,这未免过于偏狭。事实上,文艺特别是音乐这种较为抽象、宽泛的艺术,要它时时体现伦理道德观念,处处作德化的手段是不可能的。文艺的作用是多样的,不限于伦理的政治的意义;文艺的内容是广泛的,不只是某些政治、伦理的观念,是不能用"礼""道"的框子框起来的。框的结果,只能出现僵死的宫廷文学和庙堂文学。

《乐记》从音乐与政治、伦理相结合的角度,又把"音"和"乐"作了政治上的分别。合于儒家的礼和道的,谓之"乐",不合乃至违背者谓之"音"。子夏在回答魏文侯时说:"今君之所问者乐也,所好者音也。夫乐者与音,相近而不同。……德音之谓乐。"[①]"溺音""淫乐"谓之"音",由此更进一步提出音属"众庶"、乐属"君子"的区别,所谓"知音而不知乐者,众庶是也。惟君子为能知乐"。众庶不知儒家的德,所以不能理解"乐"("德音")。惟"君子"有着儒家的道德修养,因而才能观赏"德音"。这表现了《乐记》阶级的、政治的偏见,可以说是"乐"的第三种含义。

音乐是抒发喜怒哀乐等各种情感的,是本于人心偏于表现的艺术,《乐记》指出这一点是比较确切,比较深刻的,揭示了音乐的

---

① 《魏文侯篇》。

审美本质。同时,《乐记》又认为音乐要表情,也要再现,其再现的内容,也不只是促使情感产生变化的社会政治状况,而且包括直接再现客观现实生活中的特定对象,直接描绘和反映现实生活中的人物和事件。"乐者,以象成也"①,或说"以象事行"。"象"就是按照客观事物的神情状貌予以模仿和再现,"成"就是已经完成的或者说已有的事物。《礼记集解》引郑康成的话说:"成,谓已成之事也。"孙希旦注又说:"愚谓象成,谓象所成之功。"又所谓"功成作乐,治成制礼。"《武》乐就是歌颂周武王伐纣已取得胜利的历史事件的。"象成"说强调再现客观现实生活中已成或已有的事物,没有谈到未成的和可能的事物,它的主要精神是强调按照事物已经形成的本来面貌描绘和再现事物。这种真实的原则,不只适用于客观对象的模仿,也适用于人的内在感情。《乐记》反对虚情假意,要求音乐必须有深挚真诚的感情,"情深而文明,气盛而化神,和顺积中,而英华发外,唯乐不可以为伪。"②音乐、文艺不能作假,必须有真实的感情,这是一条重要的美学规律。这种更偏重于写实的原则在绘画中也有反映,后来《韩非子》中关于画"犬马难"画"鬼魅最易"的观点,就是推崇写实的。秦王兵马俑也是写实的,人物各具特点,塑像的大小也与现实的人马相当。据秦王兵马俑展览馆的一位同志推测,可能是按照秦王卫戍将士的真实形象模拟而成,雕塑也采取了模塑结合的手法。可见这种思想流行之广泛。这可能是对上古神话和殷周象征性艺术(如青铜文化中夔、凤及各种纹饰的象征色彩)的一种否定,一种进步,代表了春秋战国间文化

---

① 《宾牟贾篇》。
② 《乐象篇》。

思潮的主流。

《乐记》强调情与理相结合，在偏于表现的艺术中要求有再现的内容，在现实的和可能的原则之间，强调按已成的本来的样子描绘事物。这种感性与理性、情感与理智、表现与再现的结合，是根据"乐者敦和""乐统同"的审美本性所提出的具体要求，或者说是和为乐、和为美观念的具体表现。这种古典主义的美学理想是先秦至中唐人们在音乐（以及诗歌、绘画等各种文艺形式中）中所追求的理想的艺术美。自晚唐司空图的《二十四诗品》开始，虽也强调感性与理性、情感与理智、表现与再现的统一，但统一的主导面是表情、写意，推崇的是神似的原则，可能的样子（如写意画的略形、变形，强调神似中见形似），而不重形似的逼真（如倪云林之"逸笔草草，不求形似，但抒我胸中逸气"）。这同强调"象成"，按已有的本来的样子反映事物，在形似中求神似（从哲学中荀子的"形具而神生"，到美学中顾恺之的"以形写神"）的原则大异其趣。可以概略地说，中国古典主义文艺和古典主义美学是以写实和写意的朴素结合为基本特征的，但在各个时期的侧重面不同，中唐以前以偏于写实为主流，晚唐以来则偏重于以写意为主潮。这不否认前后两期中都有写实和写意两种倾向，只是说各期有它的主导面。这就是我国古典主义文艺和古典主义文艺理论及古典主义美学发展的两个主要阶段（当然明中叶以后，随着资本主义的萌芽，文艺上又出现了新的动向，先是具有近代性质的浪漫思潮的兴起，继之是带有批判色彩的现实主义思潮的隆替，这里只是顺便指出这一点，详细的论述不是本文的任务）。《乐记》正是前一阶段文艺思潮的一个最早的较为集中的代表。正因为音乐是感性与理性、情感与理智、表现与再现的素朴的辩证的结合，所以能既给人以审美的愉快享受，又给人以道德情操的陶冶和理性的启示。这种包蕴在审美形式中的认识和伦理的内容，具有道德说教所没有的深刻感人的、潜移默化的特殊功能和力量。"乐也者，圣人之所乐也；而可以善民心，其感人深，其移风易俗易，故先王著其教。"①对音乐"寓教于乐"的特点和力量的深刻认识及高度重视，同《乐记》中古典美的理想是一致的，或者说是那理想的艺术美所必然产生的特殊功能和独具的特有力量。

乐者，德之华也。声者，乐之象也

《乐记》对音乐的内容和形式也有重要的论述，首先它对音乐内容和形式的范畴作了明确的规定。《乐记》认为音乐是表现人性或人的感情的，而人性中最根本和最首要的是德，"德者，性之端（首、本）也；乐者，德之华也。"②乐是心开出的德的花朵，当然，这个德不是儒家的道德规范。在形式方面，《乐记》特别提出了"声"和"饰"，它认为"声"是音乐传达情感的物质材料，声音依相异相和多样统一的规律而运动发展，形成一定的旋律、节奏，谓之"饰"，"声者，乐之象也。文采节奏，声之饰也"。③《乐记》不仅重视"德"，而且对形式诸因素如不同声音、旋律、节奏的美学感情，也有敏锐的感受和简要的概括。《师乙篇》说："故歌者，上（上行音）如抗（昂扬有力），下（下行音）如队（同坠），曲（转折音）如折，止如槁木（枯木），倨中（合乎）矩，

---

① 《乐施篇》。
② 《乐象篇》。
③ 《乐象篇》。

句（曲）中钩（圆规），累累乎端如贯珠。"这生动地描绘了各种声音、旋律的不同的审美情趣。

在音乐内容形式的关系上，《乐记》更重视内容。它认为内容是首要的，是根本，音乐形式是次要的，是"末节"。"乐之隆，非极音也"①，又说："德成而上，艺成而下""乐者，非谓黄钟大吕弦歌干扬也，乐之末节也。"②内容是主要的，有了情和德，才能有艺，才能象之于声，奏之于器，应该指出，"末节"之说只有在强调内容的重要性时，才是合理的，若认为形式无足轻重，那便大错而特错了。音乐内容和形式的关系比其他艺术似乎更为密切，相对地说形式更为突出更为重要。可以说音乐的内容是沉淀在音乐的形式中的，音乐的感情是凝结在音乐的节奏、旋律、曲调上的，没有声音、节奏、旋律、曲调，哪里还有什么音乐的内容；一般地说，儒家过分重视德教，对形式、艺术方面有所轻视和忽视，这是儒家乐论的偏颇之处。孔子虽美善兼用，质文并提，但他更重视的是善与质，"行有余力，则以学文"，这种影响在《乐记》中也表现出来了。

正因为音乐内容决定音乐形式，所以《乐记》主张必须先有情感，然后才能求声音、旋律和节奏。"君子动其本（指心、情），乐其象（指声音），然后治其饰（指文采节奏）"③，诗、乐、舞"三者本于心，然后乐气（应作器）从之"④。

---

① 《乐本篇》。
② 《乐情篇》。
③ 《乐象篇》。
④ 《乐象篇》。

既然内容决定形式,情感制约着曲调,那么有什么样的情感便必然产生出什么样的曲调。"其哀心感者,其声噍以杀;其乐心感者,其声啴以缓;其喜心感者,其声发以散;其怒心感者,其声粗以厉;其敬心感者,其声直以廉;其爱心感者,其声和以柔。"[1]悲哀的感情会产生忧戚低沉的曲调,快乐的感情会产生舒畅和缓的曲调,喜悦的感情会产生明朗自由奔放的曲调,愤怒的感情会产生壮猛激越的曲调,崇敬的感情会产生端正庄重的曲调,爱慕的感情会产生平和柔美的曲调。当然这种感情及其制约的曲调风格,同对人的划分一样,也是被概化、造型化了的。艺术的典型性之侧重于类型化(这指典型的一种必然的历史形态,和我们现在所说的类型化和雷同化不同),也正是古典主义美学和文艺理论的一个显著特色。

提倡和乐,反对淫乐;复兴古乐,排斥新乐

《乐记》由礼别乐统同的思想出发,把"和"作为音乐(以至一切文艺)的审美本质,以"和"为美,以"和乐"作为理想的音乐或理想的艺术美的形态,因此,必须倡导和乐,反对淫乐(不和的乐)。这便成了它公开打出的两面时代的美学旗帜。

本来,"和"的观念是一个异常古老的思想,我国原始时代就产生了阳神造天,阴神造地,阴阳相和,化生天地的神话。[2]后来《易经》中提出了阴阳对立万物交感的素朴的辩证观点,这还偏重在哲学方面。《尚书·尧典》中已有"律和声""八音克谐""人神以和"

---

[1]《乐本篇》。
[2]《淮南子·精神篇》。

的思想，这可能记录了我国古代关于音乐的最早的理论资料，那时乐为和的观念已经萌芽了，不过不是人与人之间的和，而是原始宗教盛行时人与神之间的和谐。到西周末年，晏子（约公元前六世纪）把"和"与"同"区别开来，认为"同"若"以水济水"，是抽象的单纯的统一，"和"如"羹""水火醯醢盐梅以烹鱼肉"，是事物之多样的统一。晏子认为音乐要避免"同"，"若琴瑟之专一，谁能听之"。他主张音乐同五味相和以生美味一样，是由多种因素相异相和而构成的，他说："声亦如味，一气，二体，三类，四物，五声，六律，七音，八风，九歌，以相成也。清浊，小大，短长，疾徐，哀乐，刚柔，迟速，高下，出入，周疏，以相济也。君子听之，以平其心，心平，德和。故《诗》曰：'德音不瑕。'"[1]郑国的史伯（公元前806—前711年）在此之前就提出了"和实生物，同则不继"的思想，所谓"以它平它谓之和，故能丰长而物生之。若以同裨同，尽乃弃矣"。他认为"声一无听，物一无文"，同一声音的反复持续不成其为音乐，"和六律以聪耳"，诸多声音相异相和才能构成动听的乐曲[2]，这还偏重于形式因素的和谐，到孔子更进而强调以礼节情，强调情感和理智的平衡和谐，他要求"乐而不淫，哀而不伤"，哀乐在理智的均衡下都不要过分，他特别赞扬歌颂舜之禅让的《韶》乐，推之为"尽善""尽美"的音乐典范。孔子指出雅颂和郑声的区别，在于雅颂是和乐，郑声是"淫"声。《乐记》继孔子之后，明确提出了"和乐"和"淫乐"，到荀子则分为"正声"和"奸声"，《吕氏春秋》又别为"大乐"和"侈乐"，这都是以和与不和作标准而划分的。

---

[1]《左传·昭公二十年》。
[2] 以上见《国语·郑语》。

和乐与淫乐是怎样产生的？它们在美学上有什么特点？《乐象篇》从元气说作了阐释：

> 凡奸声感人，而逆气应之；逆气成象，而淫乐兴焉。正声感人，而顺气应之；顺气成象，而和乐兴焉。

"奸声""正声"在这里可视作泛指客观的社会环境，人感于这种不安定不和平的社会环境，必以不平和之气相应，此逆气借声音而表达，便出现淫乐。反之，人感于安定太平的环境，则相应以顺和之气，顺气借声音而表现，便形成和乐。一般说，提倡和乐、反对淫乐是奴隶社会和封建社会典型的美学观，从审美本性上说，这种美学观有它的合理性。但若和特定历史时期的音乐相结合，便可能暴露其落后性与保守性。例如假若把升平治世之乐说成和乐，而把乱世叛逆反抗之音贬斥为淫乐，那么，倡和乐非淫乐的结果，很可能就是维护和巩固没落的、反动的音乐文化和社会制度，而反对和压制进步的音乐和社会力量，这在当时也更有利于落后的势力，而不利于新兴阶级。

假若再把"和乐"与"淫乐"同古乐与新乐联系起来，其复古倒退的色彩就更为明显。《乐记》由和乐、淫乐的概念进一步推演得出了古乐是和乐、是德音，新乐是淫乐、是溺音的结论。"夫古者天地顺而四时当，民有德而五谷昌，疾疢（音趁，病也）不作而无妖祥，此之谓大当（一切顺当，合乎理想）。然后圣人作为父子君臣，以为纪纲。纪纲既正，天下大定，天下大定，然后正六律，和五声，弦歌诗颂，此之谓德音。"① 反之，当时（春秋战国间）在

---

① 《魏文侯篇》。

动乱中产生的所谓"哀而不庄,乐而不安,慢易而犯节,流湎以忘本,广则容奸,狭则思欲,感涤荡(逆乱)之气,而灭平和之德"的新乐,则是淫乐、溺音。这样反对淫乐倡导和乐的结果,便变成复兴古乐而反对新乐,主张复古而反对革新的倒退行为。当然这里也有一个阶级偏见的问题,因为当时的新乐主要指郑卫之音等民间音乐,它们没有"修身齐家,平治天下"的作用,不符合儒家的乐教,所以被斥之为与德音相对立的溺音。但好古而非今也确实存在着。子夏赞扬古乐原因之一,就是它能"道古",而贬抑新乐则因为它"不可以道古",好古的思想是《乐记》中最糟粕的东西,也是受孔子影响最坏的部分。这里也可能反映了历史的进步和人们的惰性、清醒的理智和因循的情感之间的矛盾。《乐记》中素朴的唯物辩证思想,符合历史的要求,是古代思想中最光辉的方面。它理智上主张"事与时并""以时顺修",认为"五帝殊时,不相沿乐;三王异世,不相袭礼",而其感情却仍迷恋于古代周朝的音乐文化,而同新兴的、民间的音乐艺术有些隔膜。这大概是儒家由较保守的孔子向较激进的荀子发展演化过程的一种典型现象。所以不能据此说《乐记》不是新兴阶级的美学思想,须知即使较激进的荀子也指责新兴的郑卫之音是奸声、淫乐。新兴阶级的思想家有较右的如儒家,也有极"左"的如法家,两个学派虽有斗争,但也有联系和转化,并非水火不容,从荀子培养出法家的李斯、韩非,即是一明证;同时儒家从孔子到荀子也是一个由保守派到激进派(逐步和法家融合)的发展过程。在这个演变的过程中,总有人或较多地倾向保守,或较多地倾向激进;或这一部分观点比较保守,而另一部分观点则比较激进;或理智上顺应时代,而情感上还怀恋着过去……这种纷纭复杂的现象,都是可以理解的,都可以看出它的性质和特点的。《乐记》大体上属于最后一种情况。

东方的《乐记》和西方的《诗学》

《乐记》比《诗学》要早,孔子生活于公元前六世纪(约公元前551—前479年),相当于古希腊毕达哥拉斯学派活动的时代,早柏拉图(公元前427—前347年)五十多年,比他的弟子亚里士多德(公元前384—前322年)早近一百年。公孙尼子假若是孔子的直传弟子,那么要和柏拉图同时而略早。若是再传弟子,也要比亚里士多德早一些。《乐记》之先于《诗学》大概是无疑的。《乐记》在世界文艺理论史和美学史上的历史首创性和重要地位,应予以足够的评价。

把以《乐记》为代表的东方美学和以《诗学》为代表的西方美学作一比较,就会发现它们之间有许多共同的美学原理,而在一般规律中又各有自己的特点。

首先,《乐记》和《诗学》都把素朴的辩证法运用于美学,儒家和亚里士多德都讲"中庸"之道,所谓"中庸"就是在矛盾的对立中强调其相互依存、相互平衡、相互调和、相辅相成的作用。因此他们都提出了美在于对立的统一,在于和谐的思想。和谐首先是内容的和谐,内容的和谐要求着形式的和谐,形式的和谐是内容和谐的表现,二者是紧密相连的。不过《乐记》在讲乐为和的时候,虽然概括了内容和形式的和谐,但它更侧重于讲社会伦理等内容方面的和谐,更强调音乐"合和"君臣父子"附亲"万民的作用。而《诗学》所讲的和谐则主要指形式方面,如说:"一个有生命的东西或是任何由各部分组成的整体,如果要显得美,就不仅在各部分的安排上见出一种秩序,而且还须有一定的体积大小,因为美就在于体积大小和秩序。"[1]形式的和谐虽不能脱离内容,而且是被它所制约的,他提出的整一性,亦即内容和形式杂多因素的统一性。同时他也曾要求有"适当的怜悯与恐惧之情",不过这不是他强调的主要方面。

其次,为了追求和谐的美,《乐记》和《诗学》都强调主观和客观的和谐,再现和表现的统一。但在这种统一中,东方和西方却各有所侧重。我国先秦时代神话传说绘画雕刻及诸子文章,虽有相当的发展,但比起音乐的繁荣和成就来,就逊色得远。《乐记》主要是对先秦时代音乐艺术(包括诗歌和舞蹈)的经验总结和理论概括。音乐在本质上是偏重于主观的,表达内在情感的,《乐记》在阐明音乐"情动于内,故形于声"的美学特点时,强调"象成"再现的内容,体现了再现和表现相结合的古典美学的共同原则。但先秦时代的艺术总还是以表现艺术为主。诗言志、乐传情是以《乐记》为代表的东方美学的主导面。古希腊的音乐也有相当的发展,毕达哥拉斯学派早就论述过音乐,德谟克利特也写过《论音乐》《节奏与和谐》,可惜全部失传。但音乐如同希腊神话、《荷马史诗》,特别是三大悲剧家的悲剧与雕塑相比,则不可同日而语。亚里士多德很重视音乐,而他的《诗学》主要却是对悲剧艺术的理论总结。希腊悲剧作为一种歌剧虽有较浓重的表情因素,但它主要的是一种偏重于再现的艺术,因而模仿客观现实的原则成为《诗学》的主要原则。亚里士多德甚至把音乐这种心灵的艺术,也称之为"最富模仿性的艺术",包括在他再现的原则之中。

《乐记》和《诗学》都主张描写普遍性、必然性和规律性的东

---

[1]《诗学》,第7章。

西，但普遍性（主要表现为经验的类型性）有情感的普遍性，也有人物的普遍性；必然性有已存在的必然性（现实的本来的样子），也有可能的必然性（理想的应有的样子）。在这二者之间东西方各有侧重点。《乐记》讲情与理的结合，要"情见而义立"，要"以著万物之理"，就是要求音乐情感的普遍性和必然性。但在普遍性中主要要求情感及曲调的类型化，在必然性中更强调按已有的本来的样子再现事物，更强调现实性的原则，"象成"说即是突出的表现。《诗学》所说的普遍性则主要指人物的类型化，如说诗比历史是更哲学的、更严肃的：因为诗所说的多半带有普遍性，而历史所说的则是个别的事。"所谓普遍性是指某一类型的人，按照可然律或必然律，在某种场合会说些什么话，做些什么事。"①对普遍性和必然性事物的模仿，亚里士多德认为有三种方式，即按照事物的本来的样子去模仿，照事物为人们所说所想的样子去模仿（指神话），或是照事物应当有的样子去模仿。②在这三种方式中，他更强调理想的应该有的样子，因而按现实的本来样子描写的索福克勒斯经常遭到他的谴责，而按应有的样子去模仿的欧里庇得斯则被推崇为理想的悲剧家。

《乐记》和《诗学》都肯定文艺中真、善、美的统一，都要求文艺认识、思想和娱乐作用的结合。但比较起来，《乐记》更强调善，强调道以节情，强调"乐与政通""乐通伦理"，更强调乐以和人的社会伦理作用。这种作用甚至被过分地夸大了，认为和乐能治世，淫乐能乱世，以致滑向唯心主义。《诗学》则依据偏重再现

---

① 《诗学》，第9章。
② 《诗学》，第25章。

的模仿说,更强调真,强调理智,强调艺术的认识作用。亚里士多德说:"每个人都天然地从模仿出来的东西得到快感……原因就在于学习能使人得到最大的快感,这不仅哲学家是如此,对于一般人也是如此,尽管一般人在这方面的能力是比较薄弱些。因此,人们看到逼肖原物的形象而感到欣喜,就由于在看的时候,他们同时也在学习,在领会事物的意义,例如指着所描写的人说'那就是某某人。'"总之,以认识为中心,而获得快感和教益。

《诗学》产生于古希腊雅典民主政治的时期,《乐记》诞生于我国由早期奴隶制向发达的奴隶制过渡的时代,有大体相同的社会基础。《乐记》和《诗学》所揭示的美学原理,也有其共同性。但由于东、西方历史发展的特殊性和民族文化的显著差异,《乐记》和《诗学》又形成两个各具特色的美学和文艺理论体系,一个偏重于表现,强调美、善结合,一个偏重于再现,侧重美、真的统一。这种特点及其影响,极为深远,直到今天还可感到它的存在。所以东西方艺术、美学和文艺理论几大系统的形成,源远流长,非一日之功。

《乐记》的地位和影响

《乐记》在世界美学史和文艺理论史上有其重要的地位,在我国美学史和文艺理论史上其影响更是极为深远。孟子很少谈乐,但议论到乐的时候,如郭老所说,不免有公孙尼子的气味。甚至像荀子这样一位先秦哲学思想的集大成者,其《乐论》也基本承袭了《乐记》的思想。司马迁作《史记》,《乐书》是照搬的《乐记》。汉以来历代的乐书律志也很少有越其范围者,可以说从奴隶社会到封建社会再没有创造出超过《乐记》的第二个音乐美学体系，《乐记》在音乐领域几乎雄霸了两千多年。当然晚唐以来，音乐思潮曾发生过显著变化，但却没有理论体系的再生。

《乐记》的影响不只局限于狭隘的音乐范围内，而且波及诗词、戏曲和小说等广泛的文艺领域。著名的《诗大序》与《乐记》关系十分密切，其"情动于中，而形于言，言之不足，故嗟叹之，嗟叹之不足，故咏歌之，咏歌之不足，不知手之舞之，足之蹈之也"一段名言，显然是来自《乐记》。我国古代的戏曲理论著作如明朱权的《太和正音谱》，何良俊的《曲论》，张琦的《衡曲尘谈·曲谱辨》等都引《乐记》而谈曲，特别像徐大椿的《乐府传声》更据"凡音之起，由人心生也"的话，进一步提出"必唱者先设身处地"，体验"模仿其人（指戏中人物）之性情之象，宛若其人之自述其语"，以达"形容逼真"的演剧理论。清代焦循作《剧说》，辑录的第一部书就是《乐记》，并引"及优侏儒"的话以论演员的表演问题。《红楼梦》写贾宝玉看《占花魁》，蒋玉函悠扬动听的唱腔，把"宝玉的神魂都唱了进去"，因而想到《乐记》中"情动于中，故形于声"的话，可见《乐记》直到封建末期还活在小说家的心中，显示着它长久的生命力。

假若谈到它整个素朴的唯物辩证的美学和文艺理论的基本原理，它那以和为美的理想，那么可以毫不夸张地说：它是我国古典主义美学和文艺理论的奠基石。其影响之大，概及整个文化艺术思想，成为中国古典美学史和文艺理论史的脊骨和主干。

（原载《文艺理论研究》1981年第1期）

古典和谐美的理想与中国古代艺术的模式

一

古典主义的美学和艺术,总是把再现和表现朴素和谐地结合起来,在表现艺术中有丰富的再现、模拟、写实的因素,在再现艺术中有浓重的主观、表情、写意的成分,再现和表现如胶似漆地纠缠在一起,不像近代艺术和美学那样,把二者分化出比较纯粹的表现艺术(如音乐)和比较纯粹的再现艺术(如绘画)。这是由古典艺术和美学共同的和谐美的本质所决定的。

苏东坡曾说过:"味摩诘之诗,诗中有画;观摩诘之画,画中有诗。"[1]其实不止王维如此,应该说整个中国古典的艺术和美学的基本特点也是如此。正如张舜民所说:"诗是无形画,画是有形诗。"[2]叶燮说:"画者,天地无声之诗;诗者,天地无色之画。"[3]诗和画本来是两种不同的艺术形式,诗在语言艺术中是偏于表现、抒情的,画则是典型的再现艺术。但在这里,诗、画这两个概念,

---

[1]《东坡志林》。
[2]《画墁集·跋百之诗画》。
[3]《已畦文集》。

既包含着它们原来的内蕴，又扩大了它们的体裁的范围，而上升为深刻的美学范畴。

诗画结合是古典美的艺术的共同本性，但中国的美学和艺术的特色是偏于表现，以表现、抒情为基础，通过表现来再现的。《尚书》早就说过"诗言志"，《左传·襄公二十七年》中也说"诗以言志"，庄子说："诗以道志。"[①]荀子说："诗言是其志也。"[②]《乐记》中说："诗言其志也。"先秦两汉时期，可以说"诗言志"是其主导思想。自唐代王维提出"画中有诗"之后，表现、抒情、写意逐渐成了画的美学原则。宋代郭若虚说："画乃心印。"米友仁说："画之为说，亦心画也。"元朝倪云林更是以画抒发"胸中逸气"，到了清代沈宗骞干脆把诗画看作一回事："画与诗，皆士人陶写性情之事，故凡可入诗者，均可以入画。"[③]这样画便以诗为基础，画诗化了。总起来说，就是诗画结合，以诗为主，诗高于画，神韵高于形真。谢赫的"六法"，强调以"气韵生动"为第一，而"应物象形""随类赋彩"居其次，就反映了这一根本特色。

本来再现和表现、画和诗是矛盾的，而古典美的理想却要把两者朴素辩证地统一起来，古典艺术家的才能也就在于把这种矛盾结合为一种理想的和谐。这种结合是从两方面进行的：一方面使表现再现化，使诗画化，使"兴"与"赋""比"结合，使抒情与状物写景结合，达到"情景统一""以情为主"；另一方面使再现表现化，使画诗化，画重在写意、传神，而不重在形似、逼真，重在得其天趣、神理，而不重在得其物趣、常理。这是中国古典艺术的特点和

[①]《天下篇》。
[②]《儒效篇》。
[③]《芥舟学画编·山水·避佑》。

长处，但也是它的弱点和局限。这种在表现基础上的结合，一方面扩大和加深了古典艺术的意境，增强了它的审美愉悦性；另一方面也使再现、模拟不能充分地发展，削弱了它的写实的内容。总之，中国形成的这一套完整的独立的美学传统和艺术形态，可以称之为诗的艺术和美学。

二

中国的美学和艺术偏重于表现，偏重于意境的创造。中国美学的意境理论，在世界美学史上和西方美学的典型理论同样是杰出的贡献。

古典艺术和美学由于要求再现和表现，诗和画的朴素的和谐结合，随之也就出现了意境和典型的结合，因此，中国艺术的意境中有典型（形神）。中国以诗为代表的偏于表现的艺术历来讲意境，而绘画这一偏于再现的艺术，自顾恺之开始即将哲学中的形神引入美学，提出了著名的"以形写神"的典型理论，但苏轼等所说的"诗画本一律"的古典和谐美的理想，却导致了诗的意境中讲形神，画之形神中追求意境的艺术趣味。所谓"神用象通，情变所孕，物以貌求，心以理应"[①]，就是把形与神、心与物（景）、情与理结合起来，这也就成为我国古典艺术，特别是中唐以前的美学理想。中唐以后，虽然更偏重意境，但宋代梅圣俞的"状难写之景，如在目前；含不尽之意，见于言外"，仍于"言外"的"不尽之意"（意境）中，包含着"如在目前"的"难写之景"（形

[①]《文心雕龙·神思》。

神）。在绘画中，稍晚于顾恺之的谢赫，已在形神中开始强调"气韵"、意趣；到郭熙即提出了"境界"说，强调"意贵乎远""境贵乎深"[1]。此后，绘画中以意境为高格便蔚然成风。这种影响非常深远，几乎成为传统。在带有近代色彩的小说、戏剧中，也追求一定的意境。王国维就指出元杂剧是有意境的。李渔在《闲情偶记》中，也要求戏曲要有"境界"。甚至在具有批判现实主义性质的《红楼梦》中，也有深远的意境，这已为人们所公认。可以说，中国古典艺术是创造意境的艺术。

由于中国的艺术和美学是偏重于表现的，它强调概括性、抽象性、理想性，同时又要求与再现的和谐结合，因而要求再现的个别性、具体性、现实性。概括与个别、理想与现实是矛盾的，在解决这个矛盾中，一方面使表现的概括个别化，理想现实化；另一方面使再现的个别概括化，现实理想化。这两条途径的会合，便创造了一种情感、意境的类型。《乐记》最早根据情感类型，划分音乐曲调的不同风格。所谓哀心"噍以杀"，乐心"啴以缓"，喜心"发以散"，怒心"粗以厉"，敬心"直以廉"，爱心"和以柔"[2]。随着再现、写实因素的相对增加，感性、真实因素也不断丰富，这样意境的类型便由宽泛、朦胧，日益趋向具体、明确，划分愈来愈细。刘勰曾把诗文归纳为"雅与奇""奥与显""繁与约""壮与轻"八体[3]，唐代皎然扩大为十九体，即"高、逸、贞、忠、节、志、气、情、思、德、戒、闲、达、悲、怨、意、力、静、远"[4]。

---

[1]《林泉高致》。
[2]《乐记·乐本篇》。
[3]《文心雕龙·体性》。
[4]《诗式·辩体》。

司空图进而又推演为：冲淡、纤秾、沉着、高古、典雅、洗练、劲健、绮丽、自然、含蓄、豪放、精神、缜密、疏野、清奇、委曲、实境、悲慨、形容、超诣、飘逸、旷远、流动等二十四诗品。后人多循此二十四种类型，对诗、文、词、赋、曲进行意境分类。中国古典美学中讲的体性、诗品，即意境的类型。研究意境的类型，实是研究中国古典艺术典型性的关键所在（有的同志不了解这一点，把西方再现艺术人物典型的理论，不加分析地套在中国表现艺术的头上，显得不伦不类，文不对题）。随着带近代色彩的戏曲、小说的兴起，金圣叹首先提出了个性典型的观念，他说："《水浒》所叙述一百八人，人有其性情，人有其气质，人有其形状，人有其声口。"[①]又说《水浒》中宋江等三十六人"便有三十六样出身，三十六样面孔，三十六样性格"[②]。李渔在戏曲中也曾强调人物要各有其自己的"气质""面目"。但由于中国封建社会发展缓慢，长期停滞，资本主义萌芽的软弱，美学上始终没有突破古典美学的藩篱，墨子式的类型化的典型思想还浓重地存在着。李渔说过，表彰一个孝子，就把天下凡属"孝亲所应有者，悉取而加之"，而"一居下流""则天下之恶皆归焉"[③]。所以曹操是天下奸雄的代名词，而诸葛亮则成为智慧的同义语。在古代等级专制的社会中，个性是被压抑的。马克思说过："我们越是往前追溯历史，那么个人，因而也就是进行着生产的个人，似乎越不独立，越是隶属于一个较大的整体。"[④]甚至说过那时等级性就是人的个性。面对着这没有明显

[①]《第五才子书·序三》。
[②]《读第五才子书法》。
[③]《闲情偶记》。
[④] 马克思：《政治经济学批判》，第147页。

个性的个体，再加上用再现和表现、理想和现实、共性和个性素朴地和谐地结合的美的理想予以审美处理，其类型性自然就更为突出了。这种类型在古代艺术中是必然的、合理的，并曾做出辉煌的贡献，但这种理想和现实、共性和个性的素朴结合的关系，比起近代艺术的个性典型来，又是一种局限，因而它被近代的个性典型所代替，也就是一个历史发展的必然了。

三

中国古典的艺术，侧重于在时间中流动，追求心理的时空。绘画本是再现艺术，但中国的画亦如诗乐，追求动（视点、角度的游动），而不局于静（视点、角度固定），追求诗意的心理的结构，而不局于自然的物理的结构。李成"仰画飞檐"，以求"自下望上"的逼真之感，曾遭到沈括的嘲讽。沈括认为中国画是"以大观小"，如"人观假山"，不只是追求形真。他反问李成："若同真山之法，以下望上，只会见一重山，岂可重重悉见，更不应见其溪谷间事。又如房舍，亦不应见其中庭及后巷中事。"而中国画却能见重重山，能同时见山顶及溪谷、屋前和屋后，"其间折高折远，自有妙理"。这"以大观小"的"妙理"，实即以主观心灵之大，观宇宙山川之小。宋代郭熙提出过山水"三远"之法："自山下望山巅，谓之高远；自山前而窥山后，谓之深远；自近山而望远山，谓之平远。"高远即仰视，深远即俯视，平远即平视，一幅之中，"三远"兼施，"三视"并用，极为灵活自由，突破了自然物理时空的限制。

虽然中国古典艺术偏于表现、偏于时间、偏于心理的时空，但由于古典美要求再现和表现的结合，进而也要求时间和空间的结合，心理时空和自然时空的结合，于是这便出现了空间时间化的古典特点，即以表现、心理、情感、时间为基础，在心理、时间的基础上结合自然、空间，把空间呈现于流动的时间过程中，把自然对象按照主观、心理、诗意的原则组合结构。这个美学原则几乎渗透于各类艺术之中。中国画不是把物体静止地平列于画面上，而是化静为动，在边走边看的运动过程中展开画面。如长卷《清明上河图》，便在时间的运动中展示了汴河两岸数十里的风光景物，这是静止的空间视点所无法表现的，同时它把不同的时间集中于一个空间，或把不同的空间集中于一个时间，在同一个时间中，展示广阔的空间。相传王维画花卉多不问四时，常把桃花、杏花、芙蓉、莲花同绘于一幅，还传说他在《袁安卧雪图》中画了雪中芭蕉，引起美术史上长期的争论。五代南唐徐熙的《百花图卷》，把四季的花卉交织在一起；宋杨朴之的《四梅花图卷》，在一个空间中展示了梅花由含苞、初放、盛开到凋谢的一个相对完整的生命过程；唐张询还曾画过集"早午晚三景"于一壁的《三时山》[①]。这种把绘画由静态的空间艺术转化为动态的时间艺术，进而转化为心理的时空的审美趣味，是中国古典艺术的特点之一。不只绘画，中国的古典建筑特别是古典园林，也常是在空间中平面展开，既间隔又相通，既变化又统一，曲径通幽，柳暗花明，移步换景，意蕴无穷，只有在不断地寻幽探胜中，才能领略其无限的意境，这已不同于西方那"凝冻的音乐"，而真正接近于"流动的音乐"了。

---

① 《画论丛刊》，第836页。

四

  中国古典的艺术和美学，偏于形式。它的形式抽象、整一而规范，具有很强的程式性、稳定性（如诗之平仄对仗和沈约所谓"四声八病"，书画之笔法、墨法、皴法和赵孟頫"书画同源"论，戏曲唱、念、做、打的程式及建筑的门、窗、柱、檐的模式等），而它的内容却较为宽泛、朦胧，不确定。由于它不重模拟复写客观对象，有的没有内形式，特别像建筑、书法、音乐更强调抽象的数理逻辑结构、形式和艺术媒介的表现功能。

  虽然中国艺术偏于形式，但由于古典美的艺术要求再现和表现的和谐结合，继而也就要求内容和形式的和谐统一。孔子早就提出文质统一的思想，他认为"质胜文则野，文胜质则史，文质彬彬，然后君子"[1]，这原是就人们的内美和外美来说的，儒家也运用于艺术的形式和内容。刘勰讲"情采"结合时，就说"文附质""质待文""雕琢其章，彬彬君子"，既要"言以文远"，又不要"繁采寡情"[2]。绘画美学中主张意与笔称，张彦远说"骨气形似，皆本于立意，而归乎用笔"[3]；郭若虚讲"意存笔先，笔周意内，画尽意在，象应神全"[4]；沈宗骞讲"笔以发意，意以发笔"[5]；恽格讲"气韵藏于笔墨，笔墨都成气韵"[6]，都强调了绘画内容和形式的浑然统

---

[1]《论语·雍也》。
[2]《文心雕龙·情采》。
[3]《历代名画记·论画六法》。
[4]《图画见闻志·论用笔得失》。
[5]《芥舟学画编·山水·取势》。
[6]《瓯香馆画跋》。

一。音乐中讲"声情并茂",也体现了这种和谐的古典精神。对于这种结合的强调,还出现了一种似乎奇特的现象:中国艺术本来重表现、重形式、重程式、重技术规范,诗论、曲论,特别是书论、画论对这种规范连篇累牍地进行经验的归纳和描述,但是,"中和之美"和"以礼节情"的"温柔敦厚"的诗教、乐教,却一直是我国封建社会中追求的美的理想和艺术之魂,而这美的理想,倒是偏于伦理和政治的,偏于伦理和心理相结合的内容的。

古典艺术和美学关于再现和表现、内容和形式、理智和情感和谐统一的理想,也制约着艺术媒介(艺术语言或感性材料)的认知功能和表情功能的和谐结合。本来在表现艺术中强调艺术媒介的表情作用,但在古典美的艺术中为了达到和谐的美,却在表现艺术中强调艺术媒介的认知功能。中国古典音乐是重声乐而不重器乐(人声的认知性高于器乐,器乐的表情性高于人声),所谓"丝(弦乐)不如竹(管乐),竹不如肉(声乐)"。中国古典的器乐偏于模仿人声,可以说是器乐声乐化。刘勰早就说过:"夫音律所始,本于人声者也""故知器写人声,声非学器者也。"[1]中国古典舞蹈的语汇,也是模拟性高于表情性,舞蹈多有情节,而舞蹈动作也大都模拟舞蹈情节。与此相反,本来在再现艺术中,强调艺术媒介的认识性,但为了达到古典和谐美的理想,再现艺术中却强调艺术媒介的表情功能。中国古典绘画不重认知功能强的色彩,而重表情功能强的线条。谢赫说:"应物象形,随类赋彩。"用笔(线形)已高于色彩。唐代吴道子曾被誉为"六法"俱备的"今古一人",但他

---

[1]《文心雕龙·声律》。

"落笔雄劲，而傅彩简洁""至今画家有轻丹青者，谓之吴装"[①]；张彦远甚至说："具其彩色，则失其笔法，岂曰画也。"[②]可见，唐代已出现了重笔轻彩的美学倾向。假若说唐以前还用彩，画还被称为"丹青"，那么自王维提出"画道之中，水墨最为上"[③]以后，色彩画为日益发展的文人雅士的水墨画所代替了，虽还有彩墨之说，但终究是越来越不重彩了。在笔墨之中，固然倡导有笔有墨，缺一不可，但二者相较，又以笔为主，墨为次；笔为骨，墨为肉，而历来反对有墨无笔。同样作为语言艺术的中国诗词也特别强调语言声音的音乐性和表情性（如讲究平仄格律）。当然，从中国艺术的主导倾向看，这种和谐的结合，是有所偏重的，即偏于艺术媒介的表情性，所以中国的艺术可称为线的艺术。这种特点正显示出中国艺术更重表现、更重形式、更重美的倾向。不过应当指出的是，这种偏于形式的特点，和西方古典艺术偏于内容的特点比起来，只是一种量的差异，并不否定内容决定形式的根本原则。在这一点上，中西方是一致的。中国古代一直强调质决定文，意先于笔，情决定辞采。刘勰讲"情者，文之经；辞者，理之纬。经正而后纬成，理定而后辞畅，此立文之本源也"，可以看作中国古代美学家对这个问题的最典型的看法。

五

中国古典美学由于重表现和再现、内容和形式的统一，因而

[①]《图画见闻志·叙论·吴生设色》。
[②]《历代名画记·论画六法》。
[③]《山水诀》。

也看重天赋、灵感和人功的结合。因为再现、内容、气韵更需要灵感，而灵感则更近于天赋，表现、形式、技术、规范则更需要熟练，而熟练则要靠功夫。恽格说"笔墨可知也，天机不可知也；规矩可得也，气韵不可得也"[1]，方熏讲"画法可学而得之，画意非学而得之者"[2]，都是指的这个意思。"画意""气韵"的获得强调"天机"、灵感，而"画法""规矩""笔墨"掌握则主要靠人功"学而得之"。但二者又不可或缺，灵感需要天才，也需要人功，有天赋而无勤奋的努力，则不能有灵感；功夫靠人的磨炼，也需要一定的天赋条件，有功夫而无天资，则很难达到神而化之的自由境界，终为艺匠而已。刘勰很早就讲天赋和人力并重："才自内发，学以外成，有学饱而才馁，有才富而学贫。学贫者，迍邅于事义；才馁者，劬劳于辞情：此内外之殊分也。是以属意立文，心与笔谋，才为盟主，学为辅佐。主佐合德，文采必霸；才学褊狭，虽美少功。"[3]严羽也说："诗有别材，非关书也；诗有别趣，非关理也。然非多读书、多穷理，则不能极其至。"[4]袁枚也认为，"天籁""人巧""二者不可偏废"[5]。沈宗骞甚至说，当"机神来临时，笔以发意、意以发笔、笔意相发之机，即作者亦不自知所以然。非其人天资高朗，淘汰功深者，断断不能也"[6]。可见，正是笔意双方的要求，才既需"天资高朗"，又需"淘汰功深"的。

---

[1]《瓯香馆画跋》。
[2]《山静居画论》。
[3]《文心雕龙·事类》。
[4]《沧浪诗话·诗辨》。
[5]《随园诗话》。
[6]《芥舟学画编·山水·取势》。

气韵需要灵感、天赋，技术需要熟练。这是一般而言，若细加分析，则气韵也需要学习，而技术要达到神而化之之艺术自由，也需要一定的天赋和灵感。董其昌说得好："气韵不可学，此生而知之，自有天授。然亦有学得处。读万卷书，行万里路，胸中脱去尘浊，自然丘壑内营，立成鄄鄂，随手写出，皆为山水传神矣。"[1]董棨更说："笔不可穷，眼不可穷，耳不可穷，腹不可穷，……以是四穷，心无专主，手无把握，焉能入门。"[2]

由于中国古代艺术强调形式规律，因此，相对说来更重功夫。同时，出神入化的高度技巧本身就是一种很高的艺术成就。功夫这个概念，可以指一般的技术掌握，也可以指艺术造诣的高低。中国戏曲很讲幼功，从六七岁练起，讲究科班、功夫底子，而且即便成名之后，也需要天天练，坚持不断，力求化人功为本能，变程式为自由。中国绘画也是如此，钩、勒、皴、点（笔法）和烘染、破、积（墨法）等全套技法必须精通，才可作画，即便成了画家，也不以"搜尽奇峰打草稿"为足，"画到天机流露处"才是高悬的目标。还有诗歌的平仄格律的掌握，锤字炼句的功夫，都是诗人们刻意追求的。从欣赏的角度看，人们看梅兰芳的表演、齐白石的绘画、杜甫的格律诗，不但赞其表现好，而且赞其有功夫。

六

为什么中国古典美学和艺术追求和谐美的理想中又偏于表现、

---

[1]《画禅室随笔·画诀》。
[2]《养素居画学钩深》。

偏于诗呢？这里既有深刻的社会制度的原因，思维方式和社会意识的原因，也有历史的民族的传统的原因。

中国古代按照社会性质来说，基本上属于奴隶制和封建制。这两种社会制度虽然是根本不同的，但与近代资本主义社会相较，二者又有许多共同特点。首先，虽然奴隶和奴隶主、农民和地主之间存在着尖锐激烈的斗争，但这与资本主义社会中无产者和资本家之间那样的两极化、两军对战的程度是不能相比的。奴隶主和封建统治阶级中有各种等级，而被压迫者中也划分为多个阶层这种状况使得古代和中世纪的阶级斗争，有不同于近代资本主义社会的历史特点。二是奴隶和农民作为劳动群众，虽然一方面用他们创造的物质财富和精神财富推动着社会前进，但另一方面他们却不能像无产阶级那样成为旧制度的掘墓人和共产主义的创造者，而始终不能冲破奴隶制和封建制的"和谐圈"。李逵可谓是一位忠于农民革命的骁将，但他的理想只不过是让"宋大哥当皇帝"。无数次轰轰烈烈的农民起义，不是以壮烈牺牲或投降而结束，就是以像朱元璋那样当皇帝而告终，始终不能开辟一个新的时代。生活在这个时代的一切伟大的文学家、艺术家，当然也不能超出这种局限，所以鲁迅曾把他们分为"帮忙"和"帮闲"两种，就连"敢言前人所不敢言"的屈原的名作《离骚》，也是"不得帮忙的悲哀"而已。

与这种特定的生产方式和历史时期相适应，人类的思维也还处在素朴的辩证法阶段。素朴的辩证法既不同于把一切都静止、割裂、对立起来的近代形而上学，也不同于马克思列宁主义自觉的理性世界的辩证法，而是在对客观世界的直观中浑然统一地、运动地把握世界的方法，基本上属于一种感性的现象世界的辩证法。与这种思维方式相联系，被上述的社会历史特点所制约，在人与社会的关系中，就特别强调中庸之道，强调个人与社会、心理与伦理的和谐统一。在人与自然的关系中，讲天人合一。儒家讲人道，也不忘天道，道家讲天道，也不忘人道。人在自然面前，既不因自然的无限威力而感到渺小和恐惧，也不因自然异样而疏远。"我看青山多妩媚，青山看我应如是""相看两不厌，只有敬亭山"，人与自然如亲朋。正是在这种阶级对立的特点中，在人类素朴辩证的思维中，在人与社会、人与自然的和谐关系中，产生了和谐美的理想和以美为最高法则的中国古典艺术。

但是，由于中国历史条件的特殊性，民族文化传统和审美心理与西方的不同，形成了中国偏于表现、偏于诗的美学体系和艺术类型。中国奴隶制没有发展到古希腊那样的典型形态，而更多地带有原始公社的遗迹：氏族公社的血缘关系仍浓重地保存着，并渗透于各种社会关系和政治关系中，国与家、父与子、君与臣结成一体，血缘的即经济的、政治的，经济的、政治的即血缘的。在这里强调以礼节情，偏重于引导人们面对自己、面对主体世界，注重伦理人格的培养和塑造，而几千年封建社会的长期停滞更加深了这一点。这种文化传统和心理结构对中国人的审美心理、审美情趣产生着极大的深远的影响，从而形成了中国古典美学和古典艺术偏于美、善结合，偏于心理学和伦理学结合，偏于表现、偏于诗的根本特色。

（原载《江汉论坛》1983年第10期）

中国古典美学同近代浪漫主义、现实主义美学的分歧

中国古代美学(古代文学艺术和文艺理论)的性质和特点问题,是研究中国美学史(包括文学史、艺术史和文艺理论史)首先要解决的问题。这个问题搞不清楚,就不能正确认识中国古代美学的真面目,就不能科学地揭示中国美学发展的特殊规律。这个问题的研究也具有重大的现实意义,对于发扬古代美学优秀的民族传统,创建中国特色的马克思主义的美学体系(包括文艺理论体系)将产生巨大的推动作用。

中国古代美学(古代文学、古代艺术、古代文艺理论)是什么性质的?学术界有不同看法。这种分歧也在不断变化,大体上经历了三个阶段。建国后,大家强调现实主义,当时现实主义加人民性,成为衡量中国古代文化的两把尺子。到1958年大批判,提出现实主义和反现实主义斗争的概念,认为这一斗争是贯穿中国美学史、文学史、艺术史、文艺理论史的基本线索,不久,随着革命现实主义和革命浪漫主义相结合的提出,中国古代文化中也因之具有了两种传统,一是现实主义,一是浪漫主义,而且优秀的艺术都是二者结合的。1980年在武汉召开全国古代文论学术会议,中心议题是研究中国文论中的现实主义传统。有的说这一传统从《诗经》就

开始了，有的说到唐代才开始，有的说到元代才形成，有的说到明代才成熟，说法尽管不一，但有一点是共同的，大都认为中国古代已有了现实主义（还有人认为已有了浪漫主义）。这种看法和苏联的美学思想有关，他们认为"现实主义是与艺术同时产生的"[1]，是自古就有的，各个时代有各个时代的现实主义，有古希腊的现实主义，文艺复兴时代的现实主义，启蒙运动时代的现实主义，19世纪的批判现实主义，社会主义现实主义等。而中国是自周朝雕刻、帛画和漆器中"就流露出明显的、强烈的现实主义倾向。"[2]与此相关的是，他们把古典主义只看作"是17世纪到19世纪初封建社会向资本主义社会过渡时期在欧洲形成的艺术文化的思潮。"[3]这反映了苏联美学界和文艺理论界一种较普遍的看法，这种观点对我国有不小的影响。直至当前，类似的观点仍是对我国古代文化（以及对世界古代文化）性质的一个基本看法。对这种见解，我是怀疑的，不赞成的。因为我认为它不符合中国古代（以及世界古代）文化和美学的实际，也不符合中国古代（以及世界古代）文化和美学发展的一般规律。

近几年来，我在讨论社会主义悲剧、社会主义时代的美，先秦的《乐记》，司空图的《二十四诗品》，东方和西方美学特点等文章中，从不同角度说到这个问题。去年又在《是古典主义，还是现实主义》[4]一文中，正面地提出这一问题。我认为中国古代文化、

---

[1]《苏联大百科全书》"现实主义"条，载《文艺理论译丛》，1957年第2期。
[2] 同上。
[3]《苏联大百科全书》"古典主义"条，载《文艺理论译丛》，1958年第2期。
[4]《文学遗产》，1980年第3期。

美学（以及世界古代文化、美学）不是现实主义的，而是古典主义的。古典主义有几种不同的含义：一是经典的、典范的意思，通常说古典文学、古典艺术，就是这种用法；一是专指17世纪欧洲兴起的一种美学思潮、文艺思潮，前面说到的《苏联大百科全书》"古典主义"条，就是这个含义。我所说的古典主义包括了17世纪的新古典主义，但比这要宽泛得多。它是指从古代希腊、古代中国到文艺复兴（一直延续到启蒙运动）的占主导地位的美学思潮和文艺思潮；或者说是整个奴隶社会和封建社会中占统治地位的美学思潮和文艺思潮。奴隶社会和封建社会的美学没有根本的分歧，所以孔子的美学思想从春秋之际（奴隶社会）直到封建末世一直占着重要地位，正如亚里士多德的美学在欧洲雄霸了几千年一样（从古代希腊、文艺复兴直到启蒙运动的狄德罗）。整个奴隶制和封建制产生的文化艺术和美学思想，有一个大体相同的总的风貌，形成一种独特的历史形态。我把这种文化和美学在古代社会产生的独特的历史形态，称之为古典主义，犹如到了近代社会又产生了浪漫主义美学和现实主义美学这种独特的历史形态一样。在这里我准备从人类美学、人类文艺发展的总过程，古典主义美学同现实主义、浪漫主义美学的理论分歧，以及三大美学理论分歧产生的社会历史根源等三个方面，予以进一步阐述，就算"再论"吧！

一

从人类文艺思想的发展、美学思潮的发展来看，大体上经历了三个阶段。这就是从古希腊到文艺复兴、启蒙运动，包括中国封建社会，这是一个阶段，即几千年的古典主义阶段；第二个阶段，从浪漫主义兴起到批判现实主义（或者叫现实主义，因为现实主义的产生就是批判的），现实主义和浪漫主义在美学思想根源上是相同的，寻根究底是一个原则，虽然形态截然不同（这个问题，下面再细谈），为什么把它们划到一个时期呢？就是这个道理。再一个时期是无产阶级革命以来，在社会主义经济基础上产生的社会主义艺术，这个艺术趋向于两个方面的结合。它是对现实主义和浪漫主义的否定和扬弃，向古典主义的复归，螺旋形的复归，即革命现实主义和革命浪漫主义相结合的阶段。困难的是从文艺复兴到启蒙运动，这个时期是两个方面的特点都有，表面上很乱，一上来不好把握，好像什么观点都有，什么都不成体系，这正是从古典主义向浪漫主义过渡的典型形态。被马克思称赞眼光敏锐的海涅，早就看到了这一点，他称这个时期是"新古典主义的文艺"[1]。从其上承古希腊说是古典主义的，从其向浪漫主义发展说，它又有"新"的特点，总之既有古典主义的特点，又有浪漫主义的特点，既有过去的传统，又有未来的萌芽，两种思潮搅在一起。这样看来，美学思潮、文学艺术也走了一个"之"字形的路，走了个否定之否定的路，古典主义，现实主义和浪漫主义，现实主义浪漫主义的否定，向古典主义新的复归。从大轮廓来看，人类美学思潮就是这样一个辩证运动。中国古代的美学和艺术正是处在古典主义阶段。这个阶段产生了两大辉煌成果，一是古希腊，代表了奴隶制；一是中国，代表了封建制，成为人类社会历史发展中奴隶社会和封建社会的两大文化高峰，两大美学思想高峰。

---

[1]《论浪漫派》，第17-19页。

二

从美学思想上看,古典主义美学,浪漫主义美学,现实主义美学,分歧在哪里?这里谈的是高度抽象的结果,是取其纯粹的形态,取古典主义、浪漫主义、现实主义的纯粹理论形态,不是某一理论家的观点,也不是某一创作家的作品。不这样是不行的,因为现象是很复杂的,一个作家,有浪漫主义因素,也可能有现实主义倾向,还可能有古典主义成分,那就分不清楚了。理论的研究要把它搞得纯粹些,不夹杂任何其他杂质。现在就从其复杂形态中,抽出最纯粹的,最能代表一种美学思潮的观点,加以比较研究,以便把三大美学的理论分歧更鲜明地勾画出来。这里,我准备谈四个理论问题。

1. 古典主义、浪漫主义、现实主义三大美学的理想不同,这是一个根,因为美的理想不同,其他就都不同了。中国古代美的理想是古典的和谐美。从最早的《尚书·尧典》开始,就提出"八音克谐""人神以和"。八音就是用八种不同的质料做成的乐器,这些乐器的声音虽然不同,但是要和谐起来。干什么呢?"人神以和"啊!使人和神和谐起来,因为那时巫术宗教盛行,音乐是调和人神之间关系的,这是最早见于记载的和谐的思想。朱自清《诗言志辨》也说,中和之美是殷周以来的传统理想。到春秋之间,晏子、史伯把"同"与"和"区分开来,"同"是单纯的统一,"和"是杂多的统一,是好多因素统一在一起,"声一无听,物一无闻",全是一个声音。怎么能构成音乐呢?有好多不同的声音和谐地统一在一起,才能构成动听的音乐。以上还偏重于形式,到孔夫子就讲伦理情感的和谐了,所谓"乐而不淫,哀而不伤",乐和哀都不要过分，都要在理的控制下，平衡适中，以礼节乐，以理节情，成为奴隶社会和封建社会中占统治地位的思想。儒家讲"温柔敦厚"的诗教，温柔敦厚就是"和"，除去它的封建毒素（讲阶级调和的一面）外，从美学上看，就是强调和谐。中国大量的诗论、文论、画论、乐论、书论、曲论，讲美的很少，但是和谐的理想却贯穿在一切著作里，什么都讲和谐，都以和谐为美。有人问，什么是美啊？我认为奴隶社会、封建社会的美就是和谐，中国是这样，欧洲也是这样。从最早的毕达哥拉斯就提出音乐以和谐为美的观点，他从数学的观点研究这个问题。以后柏拉图也坚持了和谐的观点，一方面他说美是永恒的理念，把美和真看作一回事；一方面在《会饮》篇里（这是一篇素朴辩证法的最早文献）讲音乐的美就是和谐。他认为人类社会一切关系都是爱情的关系，都像爱人一样彼此相互依存，不可分离。他用人类之间的爱情关系来比喻概括宇宙间的万事万物，说明一切事物之间都是相互联系、交互为用的辩证关系，把美就归结为这种素朴辩证的和谐关系，他认为实际存在的美就是和谐。在柏拉图那里，从永恒的理念美到实际存在的和谐美之间缺乏过渡，关系被形而上学地隔开了，不像黑格尔由理念的自我异化而过渡到具体的美（当然他们都是唯心的）。到亚里士多德，仍旧以和为美，他讲统一性，有机性，整一性，就是讲多样统一，各个部分形成一个有机统一的整体，就是和谐，就是美。直到中世纪的奥古斯丁、托马斯·阿奎纳都是这样，奥古斯丁就讲和谐，他特别写了《论合适与美》这么一篇文章，托马斯·阿奎纳特别讲到美的三大特征之一就是和谐。他们的不同是把以和为美的原因归结为神，"事物之所以美，是由于神住在它们里面"（托马斯·阿奎纳），是上帝使它美的，是因为分得了上帝的光辉而美的，给它找了个上帝的根源，正像柏拉图给它找了一个理念的根源一样。文艺复兴占统治地位的仍是和谐的美（如达·芬奇），到狄德罗讲实在美，无条件的无依存的美，也是依据事物本身和谐关系而构成的美（如一朵花美，一条鱼美），一直到康德也是这样，康德《判断力批判》的前一部分，就是古典美学的总结，可以这么说，康德是一个转折，是从古典主义转向浪漫主义，他总结了美，开创了崇高，是一个划时代的人物。朱光潜先生说，在古希腊，谈和谐比谈美多，这是很对的。他们认为美是和谐，和谐就是美。最初的和谐偏重于听觉艺术，偏重于音乐，说美偏重于视觉艺术，偏重于造型艺术，其实那造型艺术也是需要和谐的，强烈的光线，不敢看，还美吗？太黑的夜，黑咕隆咚的陷阱，很可怕，还美吗？都要有个适中，在适中之下才能构成美的颜色，美的声音。中国和欧洲古希腊，东方的美学和西方的美学，从奴隶制到封建制，美的理想都一样，都是和谐。大家看维纳斯，用马克思的话说，那艺术达到了不可企及的高峰，她单纯，宁静，是美的典型。《拉奥孔》，并不表现他被大蛇缠绕临死前痛苦挣扎的面容和身形，只是让他微微地张着嘴，略有痛感，不破坏他美的造型。莱辛说，美是古典艺术的最高法则。就像我们的戏曲舞台，叫花子也穿绫罗绸缎，上面补几个补丁，示意他穿着破烂衣服就行了。为什么呢？美也是中国戏曲舞台的最高法则，这和现实主义的话剧不一样。这种和谐表现为主体实践和客观规律的和谐，人的合目的性和客观规律性的一致，表现为内容和形式之间的和谐，表现为遵循形式美的规律（如整齐一律，平衡对称，多样统一）。古典美的艺术都严格遵循这些规律。我们的古典戏曲都是程式化的，动作、唱腔、锣鼓各有一套程式，这套程式就是形式规律的体现。戏曲舞台不能违背这些规律，是在这个规律中来表现的。梅兰芳在《贵妃醉酒》中设计过卧鱼的身段，为什么要设计这么个身段呢？他说是为了追求美。这和莱辛说的古希腊完全一样，也是中国和西方的古典主义所共同的。

　　反过来看，西方的浪漫主义和现实主义则与此完全相反。假若说古典主义的原则是偏重于矛盾的和谐，那么现实主义和浪漫主义的原则是偏重于矛盾的对立。它的美学理想不是和谐的美，而是对立的崇高。崇高是它们的美学理想，对立是它们美学和艺术的哲学根源。崇高是主体实践和客观规律的对立，主体要去掌握客观规律，客观规律抗拒它，它和规律之间形成对立，在对立当中趋向于掌握规律。在对立中被规律压倒了，就变成了悲剧。首先从哲学上提出这个问题的是康德，他的崇高正和美相反。康德认为美是想象力和理解力和谐自由的活动，而崇高则是想象力离开理解力去追逐理性，想象力把握不住理性，它受到理性的抗拒，它始终处于矛盾、不安的激动当中。在内容和形式之间，古典美是内容与形式的和谐统一，崇高则是无形式，是内容压倒形式，趋向于无形式。美遵循形式美的规律，崇高则破坏这个规律，是不和谐，不稳定，不平衡，不对称，不按比例，也就是说把丑带进来了，崇高要求形式丑。欣赏美的时候，情感一直是愉快的。大家听京剧，悠然地击着节拍，吟古诗也是摇头晃脑，心情一直是"自由"的，平静的，愉悦的。崇高就不同，它是断断续续的快感，是从痛感转向快感。这几个特点在古典主义艺术、现实主义艺术、浪漫主义艺术中都表现出来了。如果把中国古典的诗词和音乐同欧洲浪漫主义的诗歌和音乐相比较，把中国古典的绘画和戏曲同欧洲现实主义的绘画和话剧相比较，就可清楚地看到这一点。看话剧就和看京剧不一样，特别是看悲剧，那是惊心动魄的，经常陷在痛苦当中，陷在压抑难过的情绪当中，因为它内容表现的是矛盾、斗争、曲折和不幸。一般说来，当你和周围的环境非常和谐，工作非常顺利，心情很高兴时，就是处在自由自在的美的境界；当你和客观现实发生矛盾，工作不顺利，掌握不住规律，陷入矛盾时，心情不安、痛苦、骚动，就陷入崇高的境界，因为你没掌握规律，和周围不和谐。雨果《〈克伦威尔〉序言》的历史意义，就在于提出了著名的对立原则，是一篇对立的宣言，是一篇浪漫主义的宣言。他把崇高和优美，滑稽和丑恶鲜明地对立起来，《巴黎圣母院》就是表现对立的，实践其对立原则的。欣赏《巴黎圣母院》就处在不和谐之中，时时刻刻有痛感在里面。它要求形式丑，甚至用丑来表现美，例如撞钟人加西莫多，形体上是丑八怪，心灵上是最美的形象，这在古典主义艺术里是绝对没有的，连拉奥孔张大嘴巴都不允许，还能允许丑八怪上去吗？加西莫多丑八怪的形象只能在浪漫主义的崇高中出现。这个比较可以看出，中国古代是属于古典和谐美的艺术，而浪漫主义和现实主义艺术与这种和谐正相反，是对立的崇高的艺术；中国古代以和谐为美的理想，浪漫主义和现实主义以对立的崇高为美的理想（广义的美的理想），这个根本的分歧就是古代艺术和近代艺术的根本分界，一切分歧都从这里而来。由此看来，认为古典主义只是17世纪的美学思潮的说法是不妥当的。因为17世纪的古典主义不过是古希腊以来的古典主义的极端发展，它的基本思想是一致的，如布瓦洛的思想与贺拉斯的思想、亚里士多德的思想基本相同，它的特点是随着君主制的出现更加理智化，规范化，从某种意义上说就是更加教条化，订出些法规让大家遵守。所以浪漫主义美学的兴起，不只是反17世纪的新古典主义，而是冲决整个古代艺术和谐美的原则，划出古代艺术和近代艺术的界限。划出古代美学和近代美学这两大美学的分野。这个界限的探索，从温克尔曼的《古代艺术史》就开始了，他认为古代艺术是"单纯的高贵，静穆的伟大"，用这两句话概括了古典美的特点。莱辛《拉奥孔》主要精神就是区分古典主义雕塑和浪漫主义诗歌的界限（诗与画的划界实质上是区分古典的雕塑和浪漫主义的诗歌）。到了席勒的《素朴的诗与感伤的诗》，则更明确地宣布他所以划分古代艺术和近代艺术，目的是捍卫近代艺术，促进近代艺术的发展。康德美与崇高的分别，就是从哲学上、美学上划分这个界限。里格尔关于象征的、古典的、浪漫的三种艺术类型的论述，使古典的和浪漫的这两个概念在美学上确定了下来。古典的是感性和理性、内容和形式的和谐，浪漫的是理念要溢出它的形象，冲破它的形式。这种溢出有两种形态，用席勒的话说，就是一个是讽刺诗，一个是哀歌诗，也就是说一个偏重于现实主义，一个偏重于浪漫主义。黑格尔讲浪漫的也分成这两种倾向。他们从理论基础上，从美学原则上对这两种艺术所做的分类，把古代艺术和近代艺术的差别指明了，同时也预见到近代艺术的两种倾向，即浪漫主义和现实主义必然的历史发展。因为在对立中产生的两种倾向，一方面表现为浪漫的，另一方面必然表现为现实主义的。勃兰兑斯的《十九世纪文学主潮》就更清楚了，它把18世纪中到19世纪初的浪漫主义看作代替整个古代艺术的新时期，看作遍及欧洲的新思潮。他在《十九世纪波兰浪漫主义文学》中又说："本世纪开始时是一种陈腐的古典主义，不久即遭抛弃，一种浪漫主义风靡本世纪的大半个世纪，到了70和80年代则是曙光初露的现实主义。"这个美学思潮发展的基本历程，"在欧洲是共同的"。还应提到，正式提出古典主义和浪漫主义概念的是歌德和席勒，歌德曾说这个概念是他和席勒提出来的，后来经过施莱格尔的发挥，影响遍及整个欧洲，形成一个浪漫主义思潮[①]。所以古代艺术和近代艺术的区别，古典主义艺术和浪漫主义艺术的区别，是欧洲一直讨论

[①]《歌德谈话录》，第221页。

的一个大题目，几乎是任何一个美学家、文艺理论家、艺术家都要表态，都要发表点意见，这是一个争论了几十年的问题，是一个遍及世界特别是遍及欧洲的现象。所以我认为，它不只是反对17世纪新古典主义的，而且是近代美学思潮否定古代美学思潮的。他们划这个大的轮廓、大的界限，正像我们解放后划批判现实主义和社会主义现实主义的界限一样，是为了划清新艺术和旧艺术的界限，是为了捍卫和推动新艺术的发展。

与此相关的是在一些重大问题上出现的差异。如中国的悲剧和西方的悲剧不同，中国的悲剧好多是大团圆结局，西方的悲剧大多是苦难、不幸和死亡，有的甚至在舞台上躺满死尸。中国是悲剧不悲，喜剧不丑。中国的喜剧好多是歌颂正面人物，如《七品芝麻官》《赵盼儿风月救风尘》，在笑声中赞扬美。解放后出现了《今天我休息》《五朵金花》，这是有传统的。本来滑稽、丑是喜剧的本质，崇高是悲剧的本质。中国的悲剧不悲，喜剧不丑，这是为什么呢？我认为受古典的和谐的美的理想的影响是原因之一。由于中国讲和谐，总不愿把矛盾推到极点，到了一定的限度就刹车了。最悲的悲剧就是《窦娥冤》，可谓惊天地动鬼神，但窦娥死后，她的三桩誓愿都实现了，她父亲为她平了反，她的气也出了。其他，更不用说了，《西厢记》长亭送别之后又来了个有情人终成眷属；杨贵妃死后，还要到月宫和唐明皇相会，还要一个大团圆。这和欧洲的近代悲剧大不相同，和席勒的《阴谋与爱情》，雨果的《巴黎圣母院》等浪漫主义悲剧不一样，和托尔斯泰的《安娜·卡列尼娜》、奥斯特洛夫斯基的《大雷雨》等现实主义悲剧也不一样。当然古希腊的命运悲剧也充满着不幸和死亡，《俄狄浦斯王》无法逃脱杀父娶母的命运，最后不得不自刺双目永远流亡外乡以自责；《被缚的普罗米修斯》在暴风雨中随悬崖一起坠入深涧；

《美狄亚》杀死亲生子，而与喜新厌旧的前夫伊阿宋诀别了；《安提戈涅》中四个主要人物（包括国王克瑞翁，王子和王后）都死在台上。但这并不否定其古典和谐美的理想，而只是证明东西方有不同的审美心理，各具特点的美学体系，达到理想的和谐有不同的途径。中国的美学以儒家思想为主导，儒家讲中庸之道，讲以理节情，通过情理统一，情理均衡的途径实现和满足和谐美的要求。西方古希腊受原始宗教远古神话的影响特别深，"希腊神话是希腊艺术的土壤"（马克思语），激烈的迷狂的宗教感情，要求通过情感的充分发泄，使情感得到"净化"（亚里士多德的净化说），而恢复到平衡、和谐。平常人们遇到非常悲哀的事，若压在心头会痛苦难忍，而大哭一场，把悲痛感情充分发泄之后，反倒使情感平静和缓下来。这种情感净化说，有它心理学的基础。总之，东西方达到和谐美的方式、途径不同，但以和谐为美的理想却是共同的，都是古典主义的。

与此相连的是中国古典艺术中的壮美不是崇高，它是介于优美和崇高之间的过渡形态。因为崇高是主客对立，内容和形式的对立，不遵守形式规律，夹杂着痛感，而我们的壮美没有这些。"黄河之水天上来，奔流到海不复回""长风几万里，吹度玉门关"。这个风大不大，但你感到矛盾没有？感到对立没有？感到痛感没有？感到不自由没有？没有。时空无限，气势很大，却很自由，很从容，一点不感到紧张，不感到不和谐。这就是特点。所以中国的壮美不是崇高，而是美的一个类型。中国的古典美有两种形态，一是优美的形态，一是壮美的形态，一个偏重于柔，柔中有刚，一个偏重于刚，刚中有柔。因为它有柔，就不太刚，不剑拔弩张，就觉得还很自由，很平静，很从容。席勒说美一直是自由的，崇高需要一跃才能进入自由的境界，而壮美则不需要这一跃，因为它一直就在自由的境界之中。

美是古代社会的审美理想,崇高是近代社会的审美理想,奴隶和封建社会中不可能出现近代的崇高。郎吉弩斯写过《论崇高》,强调激烈的情感和伟大的思想,但它却没有超出自由的和谐美的理想之外。他说:"正如人体要靠四肢五官的配合才显得美,整体中的任何一部分如果割裂开来孤立看待,是没有什么引人注意的,但是所有各部分综合在一起,就形成一个完美的整体。"(《论崇高》第四十章)这就是亚里士多德所说的有机统一的整体美。这又一次说明,古代的东西方美学本质上是一样的,而东西方古代的美学同近代的美学则是明显的对立。

2. 在艺术的本质、艺术的特性问题上,中国古代的美学也和古希腊一样,而和近代的浪漫主义和现实主义美学相反。中国的古典美学要求再现和表现的和谐统一。我国很早就提出赋、比、兴统一的原则,赋偏重于叙事直言,比兴偏重于抒情想象(比偏于联想,兴偏于想象),赋和比兴统一,就是叙事和抒情、感受和想象写实和写意的统一。中唐以后又讲"诗画本一律""诗中有画,画中有诗",诗是表情,画是模仿对象,是再现,诗画统一就是再现和表现的统一。诗中有画和画中有诗,就是再现中有表现、表现中有再现(这里诗画的概念是很大的,不是作为一种体裁,而是作为深刻的美学范畴来用的。当然也与体裁有关,是从这个体裁中生发出来的)。《文心雕龙·神思》说:"神用象通,情变所孕,物以貌求,心以理应。"这四句话把我国古典艺术理想的美概括出来了,把形与神,心与物,情与理这三对范畴辩证地和谐地统一起来了。本来诗歌中讲意境,绘画中讲形神(因为诗歌偏重于表现,绘画偏重于再现),由于强调再现和表现的和谐统一,就变得意境中有形神,形神中有意境,把意境和形神也统一起来。中国的戏曲重写意,李渔说戏曲"总其大纲,则不出情景二字"。中国的小说也讲写意,宋以后的画也是写意画,这些偏重于再现的艺术都富于情致、韵味。《红楼梦》这幅封建末世的历史画卷,就具有深远的意境,可以说每一回都充满着诗情画意,不仅是叙事,而且是表情,戏曲舞台也是这样。这与古希腊相同,古希腊也讲诗画一律,诗中有画,画中有诗。普鲁塔克说:"诗的艺术是模拟的艺术,和绘画相类。常言道'诗是有声的画,画是无声的诗。'"[①]贺拉斯也说过"诗歌就像图画"[②]。我国古代美学讲物我统一,物我相忘,主客观浑然一体,文与可画竹,身与竹化,不知何者为竹,何者为我;韩干画马,"身作马形";曾无疑画草虫"不知我之为草虫耶,草虫之为我也"。一方面讲身与物化,一方面又讲既"入乎其内",又"出乎其外",既要在里边,又要在外边。我国戏曲舞台上,演员既是角色,又是自己,既是杨贵妃,又是梅兰芳,知道我是在演戏,观众也知道我是在看戏,即在体验,又在抑制自己,这在浪漫主义和现实主义就不同了。浪漫主义是艺术表现自我,抒发主观,艺术中的人物常常就是作者自己,郭老说蔡文姬就是我,其实屈原也是他。现实主义就不要求这样,它要求客观,模拟现实对象。巴尔扎克说,我是历史的书记,我不能出现在作品里,我不能直接表现自己的观点。乔治·桑和福楼拜的争论是典型的,乔治·桑是浪漫派,福楼拜是现实主义者,乔治·桑指责福楼拜"小心地藏起个人的感情观点",要他在作品里站出来说话,直接表现自己的观点和感情。福楼拜则回答说,我不承认我有这种权利,我不能站出来,"艺

[①]《欧美古典作家论现实主义和浪漫主义》,第56页。
[②]《诗艺》。

术家不该在他的作品里露面，就像上帝不该在自然里露面一样"。现实主义的话剧舞台要求进入角色忘掉自我，斯坦尼斯拉夫斯基要求在规定情景中，从自我出发，体验角色，化为戏中的人物，我是娜拉，不是我自己，正好同浪漫派相反。总之，主体与客体，再现与表现，在三大美学里表现是不一样的。在我们的古典美学和艺术里，主客体统一可以达到浑然一体的境界，"我看青山多妩媚，青山看我应如是""相看两不厌，只有敬亭山"。李白是敬亭山，敬亭山也是李白。古典的主观和客观难分难解，和谐统一，我既是主观，又是客观，既是演员，又是角色，同现实主义的以客代主（演员化为角色，忘我），浪漫主义的以主代客（人物就是我自己，有我），截然相反。

　　古典主义美学中理想与现实是统一的，理想和现实的关系是单一地、朴素地和谐地结合在一起的。一方面它认为理想在现实中都可以找到，它不追求现实之外的事物。一方面又认为现实中的具体事物不是充分美的，它需要把现实里边分散的美集中起来，概括起来，兼采众长。这样创造的美即是一个现实的形象，又是一个理想的形象。宙克西斯创造海伦的形象时，曾要求把意大利半岛克伦顿地方所有美的女子都集中起来，经过他的挑选，把女孩子们美的特点概括起来，从而画出一个最美的海伦的形象，而这种理想的美在现实里都能找到，并不在现实之外，现实和理想就是这种素朴的和谐的关系。中国古典的美也是这样创造出来的。中国古代有个绝美的形象，就是东家之子，她的美达到"增之一分则太长，减之一分则太短，着粉则太白，施朱则太赤"[①]的境界，最美了。怎么造出来

---

① 《登徒子好色赋》。

的呢？还是画海伦相的那个办法，兼采众美之长，达到恰到好处无以复加的所谓范本式的美。正因为这样，古希腊和中国都不专用一个模特，而是"浅深聚散，万取一收"（司图空），"搜尽奇峰打草稿"（石涛），"厩马万匹，作曹将军粉本"（李日华），总之，杂取种种，合成一个，创造一个类的理想的代表。

浪漫主义和现实主义美学正好翻过来，现实和理想是对立的。浪漫主义追求理想，追逐失去了的理想和现实中尚不存在的理想。因为现实和理想是对立的，现实中没有理想，理想到哪里去找呢？只有到现实之外去找，到失去了的过去或者未来的明天去找。到失去了的往日去找是消极的，到未来的明天找是积极的，但有一个共同特点，找现实里没有的理想，这就是浪漫主义。那么现实主义呢？既然现实生活中没有了理想，没有了美，剩下的只有丑，只有恶，只有黑暗，那么也只有把现实作为丑的事物，作为否定的事物来描写，来批判。这就是由于现实和理想的对立，在理论上和实践上必然产生的两种倾向。席勒的《素朴的诗与感伤的诗》很重要（素朴的诗就是古典的诗，古典主义艺术，感伤的诗就是崇高的艺术，近代的艺术，包括浪漫主义和现实主义两种倾向。有的同志说，素朴的诗是现实主义的，感伤的诗是浪漫主义的，这是不妥的），抓住了根本问题。他认为朴素的诗建立在现实和理想一致的基础上，感伤的诗则基于二者的矛盾，这样，不是去哀悼、去悲伤失去了的理想成了哀悼诗，就是把失去理想的丑恶现实作为否定批判的对象，成了讽刺诗，这就是说，一个是浪漫主义的，一个是现实主义的，浪漫主义以理想为主义，现实主义以批判丑恶为主。他又讲牧歌是感伤的诗和素朴的诗的一种人为的结合，没有结合的条件而人为地主观地加以结合（因为资本主义社会不可能把理想和现实结合起来，结合只能是人为的）。这个论述是很深刻的，现实主义、浪漫主义和古典主义的界限划分得很清楚。美是古典主义追求的，理想是浪漫主义追求的，批判丑，批判罪恶现实的真是现实主义追求的，为什么现实主义的出现就是批判的呢？道理也就在这里。福楼拜和乔治·桑的争论也很典型，乔治·桑说我写"安慰人心"的东西，写理想的，写有道德的，写有美的品质的人，以安慰大家。她责备福楼拜专写一些"伤人心"的事情，只揭露丑，批判罪恶，不是让人很伤心吗？一个写的是"安慰人心"的，一个写的是"伤人心"的，鲜明地表现了现实主义的作家和浪漫主义的作家的根本分歧。后来别林斯基、车尔尼雪夫斯基也都是这种观点，别林斯基说过果戈理的作品中没有一个正面形象，没有一个理想人物，但却是十足的真实的艺术。车尔尼雪夫斯基提出不要只局限于描写美、崇高、滑稽、悲剧、喜剧，要描写一切引人发生兴趣的东西[①]，这个提法是很宽泛的。但大家看看他的《俄国文学果戈理时期概观》，就知道所谓引人发生兴趣的东西，就是揭露农奴专制的黑暗，归结到一点还是批判。果戈理有些作品一个正面人物也没有，都是丑类，如《巡按》《死魂灵》，这主要是批判现实主义的。当然现实和理想是辩证的，写丑恶要在理想的光照之下，不能离开理想，离开理想如何批判呢？但是在美学上却是对立起来了，现实主义在理论上就是主张写丑，而不是写美，不能写理想，写高尚的、有道德的人，福楼拜就认为乔治·桑写的理想的有道德的人，都是假的，现实中是不存在的，不真实的。所以在理想和现实关系的问题上，三大美学是不同的。

古典主义美学要求情感和理性、想象和思维、灵感和勤奋素朴

[①]《生活与美学》，第97页。

的和谐的统一。我国古典美学从孔子开始就把美和善结合起来，以"尽善"又"尽美"的《韶》乐作为乐舞的典范。礼乐统一、情理结合是儒家美学的传统思想。"奋至德之光，动四气之和，以著万物之理。"① "理"既指客观事物中的普遍规律，又指伦理政治规范。"乐通伦理""乐与政通""情见而义立，乐终而德尊"，情和理，乐和道密不可分。"诗言志"也是一个古老的美学思想，魏晋以前的"诗言志"，尚偏重于思维、客观②，这与前期美学思潮侧重写实、再现有关。陆机提出"诗缘情而绮靡"，逐步转向侧重于主观、心理、欲求（朱自清说"缘情"是一种新传统，强调"一己的穷通出处"，强调个人内心的"抒中情"③）。这也与封建社会后期日益转向写意为主相联系。"言志"和"缘情"，是各有侧重的两种倾向，但都未超出情理统一的大范围。"言志"者，虽强调儒家的"礼、义"，但也不忘个人感情，所谓"发乎情，止乎礼义"④。"缘情"者，虽偏重性情，但也不废"理"，只是强调"理在情中"，不要直言，不要道破，所谓"不着一字，尽得风流"（司空图）"羚羊挂角，无迹可求"（严沧浪）。中国古代小说、戏曲偏重于再现和认识，但也强调主观的情感体验。李渔讲"设身处地"地体验人物，主张"欲代此一人立言，先宜代此一人立心"，创造"立心端正"的形象，"当设身处地，代立端正之想"，而对"立心邪辟者""当舍经从权，暂为邪辟之思"⑤。金圣叹评《水浒》，强

---

① 《乐记·乐象》。
② 朱自清说"志"偏重于"政教"和"人生义理"。见《诗言志辨》。
③ 同上。
④ 《诗大序》。
⑤ 《闲情偶寄》。

调"非淫妇定不知淫妇,非偷儿定不知偷儿",施耐庵非淫妇、偷儿,但他对这些人物确有深切的理解和体验,"实亲动心而为淫妇,亲动心而为偷儿"。这同古希腊是一致的,苏格拉底既要求"塑造优美形象",又要求"描绘人的心境""表现心理活动"和"精神方面的特质"[①]。亚里士多德即强调模仿、客观和认识,也谈到悲剧情感的净化。但是浪漫主义和现实主义则各走极端,浪漫主义强调情感、想象、天才,这是它的三大口号,而现实主义者则侧重理智、思维、人力。英国浪漫派从布莱克开始,到拜伦、雪莱、渥兹华斯、柯尔立治、赫兹利特、济慈等,他们反复讲的就是情感和想象,天才和灵感。"只有一种力量足以造就一个诗人:想象,那神圣的幻景""一个人如自问心中并无灵感,就不该妄想当艺术家"(布莱克)。意象"只有在受到一种主导的激情"的制约之后;或"受到了这种激情所引起的联想"的制约之后,才能成为"诗"的(柯尔立治)。诗可以解作"想象的表现""情绪每增多一种,表现的宝藏便扩大一分""诗人是不可领会的灵感的祭司"(雪莱)。"我只确信心灵所爱的神圣性和想象的真实性""我但求过感觉的生活,而不是思想的生活"(济慈)。"诗歌是想象和激情的语言""不是字面的真实或抽象的理性"(赫兹利特)。[②]而现实主义的易卜生则明确提出了问题剧,当他和他的时代尚不能回答的时候,他就只作为探求的问题提在你的面前。娜拉走后怎么办?引起了好多人的思考和评论,直到鲁迅还在作这个题目,它偏重启发人的思考、认识是很明显的。车尔尼雪夫斯基可以说是现实主义美学的典型代表,

---

[①]《欧美古典作家论现实主义和浪漫主义》,第10-12页。
[②] 同上,第252-304页。

他不但要求文艺要再现生活,还特别强调"说明生活""对生活下判断",要回答时代提出的问题(尽管作为空想的社会主义者,他不可能回答得了),指导生活,作"生活的教科书"。现实主义作家都侧重对客观生活的感受,对现实经验的积累,对客观事物的思考、体验,强调勤奋、努力、有计划地坚持不懈的写作,不要单单等待灵感。恩格斯称雪莱是"伟大的预言家",丹纳则称巴尔扎克是一位"科学家"和"哲学家"。雨果说:"有两种诗人,一种是感情用事的诗人,一种是逻辑的诗人。"这都约略指明了浪漫主义者和现实主义者的区别。这种审美心理的各有侧重,一方面使它们在相应的艺术样式之中得以充分发展,反过来,也对该艺术样式的发展做出特异的贡献。如浪漫主义之于诗歌和音乐,现实主义之于绘画、小说、话剧,都是这样。

中国古典主义美学的时空观念是自由的,既是客观的,又是主观的,而且主观性很强。"观古今于须臾,抚四海于一瞬",须臾之间可以观古今,一瞬之时可以抚四海,时空的浮动面相当宽广,相当自由。中国画没有固定的透视点,有人叫散点透视或游动透视,它居高临下像站在山顶上,翔在天空中,山前山后,山左山右都能看得见,这在现实主义是绝对不允许的。现实主义要求固定的视点,要求逼真现实的严格的客观的时间和空间,画家不能看到物体的后头去,如果看到后头去,就会指责你不真实。《清明上河图》从屋外看到屋里,从桥这头看到桥那头,虽然它的形象是客观的,而作者的视点是自由的,愿转到哪里就转到哪里。王伯敏《中国版画史》也说到版画构图的特点是"在画面上不受任何视点所束缚,也不受时间在画面上的限制"。《火烧翠云楼》描写了大名府从东门到西门,以及西门到南门;画出了时迁在翠云楼英勇地放火,也画出了留守寺前,以及大街小巷,执戈动刀,满布梁山好汉的战斗"，还画出了"王太守被刘唐、杨雄两条水火棍打得脑浆迸流，敌将李成又如何捆着梁中书，走投无路"，这么多不同时空发生的事件，巧妙地刻画在一个画面上，而且"有条不紊地处处交代明白，使人一目了然"[①]。雕塑也这样，如著名的洛阳龙门石窟奉先寺，佛的形体结构，就不是现实的时空关系。你看中间那个主佛那么高，两边的僧，一边是迦叶，一边是阿难就很矮。更靠外边的两个菩萨，一个文殊，一个普贤又比迦叶和阿难高大。这个形体结构是现实主义的吗？不是。若作为现实主义的造型，主佛、高僧、菩萨都应该差不多。但它却要人为地强调主佛，塑得又高又大，放在中间，而两个菩萨道业比较高，也高大一些，而迦叶和阿难和他的关系比较密切，位置就比文殊、普贤靠得近，但道业不高，形体又比文殊、普贤要矮，造像大小和方位结构依等级关系决定，现实要服从等级，这是主观的原则，不是现实主义的客观原则。

中国古典戏曲和古希腊戏剧大体相同，舞台上只放一桌一椅等少数道具，象征和暗示人物活动的空间环境。我国戏曲演员自己带景，随着演员的虚拟表演，自由地变换时间和空间。《十八相送》在同一个舞台上和很短的时间里，变化了十八个空间，它的时空既是客观的现实的存在于舞台上，又是自由的，想象的，写意的。而现实主义的话剧舞台，易卜生创造了三堵墙的空间和分幕的时间之后，则致力于追求客观现实的时间和空间，以造成像生活一样的幻觉。若把两地发生的事搬到同一个空间上来，是绝对不允许的，因为它破坏了真实感。而带有浪漫色彩的莎士比亚的《暴风雨》，如柯尔立治所指出："它的兴趣不是历史的，也不在于描写的逼真或

[①]《欧美古典作家论现实主义和浪漫主义》，第77页。

事件的自然联系而是想象的产物,仅以诗人所认可或假设的要素的联合为依据。它是一种无须顺乎时间和空间的剧本,因此,在这个剧本中的年代和地理学上的错误(在任何剧本中都是不可宽恕的过失)是可原谅的,不关紧要的。"[1]浪漫主义的时空观完全是主观的,甚至是幻想的,它上天下地,瞬息万变,在现实里根本不存在的太虚幻景中,任意地驰骋着它的想象力。由此看来,三大美学思潮的时空观也是南其辕而北其辙的。

三大美学思潮的不同,也表现在线条、声音、色彩、形体等形式因素上。线条表情性、理性比较强,色彩、光线模拟性、感性比较强。中国古代美学是偏于表现的古典美学,中国古典艺术也是线的艺术。我们的人物画是线画,彩画也要先勾线,后赋彩,以线为主,以色为辅。"骨法用笔""应物象形""随类赋彩",谢赫六法的第二、三、四法的排列次序,就表明他把线条看得高于色彩。后来的写意画以墨当彩,齐白石的大虾是黑的,我们觉得它是透明的,有人画的牡丹是黑的,我们觉得它五光十色,很艳丽,这很妙。中国讲笔墨结合、骨肉结合,以笔法为主,墨法为辅,反对"有墨无笔""有肉无骨"。西方因偏重于再现模拟,它强调色彩高于线条,普鲁塔克说:"着色的画比线条的画更惹眼,因为像真的,因为它产生一种好像真实的幻觉。"[2]到康德才提出线条高于色彩,因为他在向浪漫主义转化,而浪漫主义在绘画中却没有也不可能获得它在音乐、诗歌中那样的光辉成就。现实主义绘画还是以色彩为主,光线为主,光也就是色,所以讲明暗、透视、阴影,一直到印象派还是

---

[1]《欧美古典作家论现实主义和浪漫主义》,第283页。
[2] 同上,第55页。

极力在捕捉光的变化、色的变化。现实主义油画没有线条,在光色的变化中显出事物的轮廓线来。在音乐里,声乐与器乐的关系,是声乐模仿器乐呢?还是器乐模仿声乐呢?这也有很大不同。中国的器乐是模仿声乐的,伴唱很明显,京剧的保腔,你怎么唱,他怎么拉,演员可以即兴加上几个花腔,琴师也随之同样加上几个花腔。特别是"卡戏",它用器乐模仿一段唱腔,完全模仿人声。《百鸟朝凤》模仿自然的鸟声,《高山流水》模仿水声,中国的器乐曲比较好懂,因为它接近声乐。浪漫主义音乐就变了,它的声乐去追逐器乐,模仿器乐,而器乐完全以乐音、旋律来表现内心情感,不去模拟再现具体的客观对象,所以人们觉得比较难懂。有些钢琴曲、交响乐不但一般人难懂,连许多音乐专家也很难说全懂,只能笼统地说这个曲子表现了什么内容,什么情感,具体到一段曲调就很难说清楚了。中国古典舞蹈再现性强,舞蹈语汇多是模拟性的。古典戏曲讲载歌载舞,唱什么就干什么,就表演什么,唱喂鸡,舞蹈动作就表现喂鸡。西方浪漫的芭蕾舞则表现性强,舞蹈语汇多是表情的,不模拟对象,如大跳、倒踢紫金冠,主要表现一种情感,把这些动作连贯起来就创造出一个不断变化的合规律的情感境界。假若缺乏芭蕾舞的知识,往往只看到演员蹦蹦跳跳,不知是什么意思。这三大美学的差别,连声音、线条、色彩、舞蹈语汇等形式因素都影响到了。从最根本的主体实践和客观规律,一直到用什么形式因素物化艺术,都鲜明看出中国古典主义艺术和欧洲浪漫主义、现实主义的近代艺术是两大不同的艺术(古典美和崇高型),不能把中国的古典艺术归到近代的浪漫主义和现实主义艺术中去。同样,也不能把中国的古典美学归到欧洲浪漫主义、现实主义美学中去。

3. 在艺术典型问题上,三大美学存在着基本分歧。古典主义美学强调类型的典型。类型是某一类人的代表性,是一种经验的普遍性。中国远在《周易》就讲"其称名也小，其取类也大"。墨子更明确提出，要颂扬一个人，就"聚敛天下之美名而加之"，要否定一个坏人，就"聚敛天下之恶名而加之"。把所有恶的东西加到坏人身上，把所有善的东西加到好人身上，以创造范本式的好坏、善恶的类型代表。墨子的思想对后世影响不大，但这两句话却成了中国古代美学思想的要害。后来的美学思想几乎都要作经验的归类。这种归类不是以某种本质的必然性，而是依据一种经验形态的共同性。生活里把情感归纳为"七情"，《乐记》就根据情感的不同，归纳出多种不同的曲调类型。司空图划分了二十四诗品，也是对不同类型的情感境界的归纳（如雄浑、冲淡、豪放、飘逸、纤秾、自然等）。戏曲、小说没有发展以前，基本上是情感、意境的归类，这是研究中国古代艺术风格的一个关键。到了封建社会的末期，李渔说了和墨子大体相同的话：表扬一个孝子，要把天下凡属"孝亲所应有者，悉取而加之"，而"一居下流"，则"天下之恶皆归焉"[1]。就是根据这种典型化的原则，曹操成了坏的典型，一说谁坏，就说他是白脸曹操，这种坏是一种类型的代表。关羽成了忠义的代表，张飞成了勇猛、鲁莽的代表，诸葛亮成了智慧的代表。总之，都是类型的代表。中国古代强调类型性，这和古希腊是一样的。亚里士多德说，他说的"普遍性就是某一类型的人"。到了贺拉斯类型化更发展为定型化，写阿喀流斯"必须把他写得急躁、暴戾、无情、尖刻"，什么都要诉诸武力；写依诺，不要忘记她老是"哭哭啼啼的"；写美狄亚要写得"凶狠、剽悍"；写伊克西翁要写他"不守信义"。把每种性格都规定好啦，甚至按年龄来写，青

---

[1]《闲情偶寄》。

年人喜新厌旧，情感不固定；老年人考虑太多，优柔寡断，左顾右盼。规定不要把老年人写成青年人，也不要把儿童写成成年人。到17世纪的布瓦洛，还是这个腔调。所以《伊里亚特》的阿喀流斯就是一个勇猛善斗的形象，《奥德赛》的俄底修斯就是一个机智多谋的典型，不允许超出这个类型规范的框子。一直到文艺复兴、新古典主义，还是这样，莎士比亚的奥赛罗是嫉妒的典型，哈姆雷特是忧郁的典型，塞万提斯的堂吉诃德是主观幻想的典型。在莫里哀的喜剧中，塔尔丢夫是虚伪的典型，阿巴贡是吝啬的典型。喜剧的美学本质要求它更强调这个问题，它可说是把古典的类型化发展到了极顶。

在古代社会个性不发展，不突出。马克思说过，在专制等级的社会里，等级就是人的个性。随着资产阶级个性解放的要求，才开始否定类型化的古典典型，强调个性化的典型，这是崇高艺术（包括浪漫的和现实的）的共同特点。希尔特最早提出特征说。康德的审美理想突出地反对类型化的范本式的古代典型，而强调创造具有本质必然性的、有个性特征的浪漫的典型。康德把古典的典型称为"美的规范观念"，它是"心意着重在比较"时，"把一个形象合到另一形象上去，因此从同一类的多数形象的契合获得一个平均率标准"[①]。这个平均率就成为创造类型典型的尺度。若把中国人和欧洲人作为两类，其类的规范观念，就是"从人人不同的直观体会中浮沉出来整个种族的形象"。这是一个平均数式的规范，因而"没有任何个体似乎完全达到它"。也就是说，这种经验普遍性的典型，已经超出任何个别，已介乎似与不似之间（不似个别，而似种

[①]《判断力批判》，第72页。

类），因而它是逼真的近似，而不是实际生活中个别的真。而康德所认为的"美的理想则是符合观念的个体的表象"①，它一方面和我们的理性与道德的善结合着，超出了经验类型的普遍性，而上升到社会本质必然性的高度；另一方面它又与个性的特殊性结合着，不至于成为一种类型的代表者。总之，本质上是一种个性典型。黑格尔的《美学》也把典型问题作为其艺术理念（理想）的核心。他从广阔的社会历史背景上，依据唯心的辩证法，在整体之中揭示了个性典型的实质。虽然黑格尔的理想偏重于古典的艺术，但他的性格典型，已不同于单一类型的古代典型。他要求"性格本身的丰富内容"，指责古希腊"许多神只各代表一种力量""没有表现成为具有个性和定性的神"，而一个真正的人应"同时具有许多神"，具有人类社会内容的丰富性和完满性。他不同于古代范本式的类型，而要求典型具有"特殊性和坚定性"，要具有"一种一贯忠于自己的情致所显现的力量和坚定性"，以便把人物的"普遍性与个别人物的特殊性融合在一起"②。这显然在古典理想的基础上，向更高的理性和个性的典型观发展了。当然总的看来，在强调性格典型上，黑格尔不如康德明确和坚定。康德明确地反对古典的规范观念，提倡浪漫主义的个性典型。黑格尔有时却是模糊的，并且常常把荷马的人物作为其典型论的范本，似乎有点倒退了。从这个观点看，别林斯基"熟悉的陌生人"，高尔基从几十个商人、工人、官吏中，选择、集中本质特征以创造典型的说法，以及鲁迅"嘴在浙江，脸在北京，衣服在山西""杂取种种，合成一个"的典型理论，仍然带有

---

① 《判断力批判》。
② 《美学》第1卷，第292—299页。

不少古典类型的传统和痕迹，尽管他们的创作已经超出这个理论，提供了许多生动的个性形象。拜伦说过："当康诺娃塑像时，他采取一人的肢体，另一人的手，第三人的五官，或第四人的体态，或者同时对他们都加以改善，就像古希腊艺术家在具体化他的维纳斯像时所做的那样。"① 从别林斯基、高尔基到鲁迅的典型观，不是也有点近于古希腊吗？

英国浪漫诗人布莱克说，"具体化才显其真本领""共性即个性""独特的特殊的细节是崇高艺术的基础"。② 当然在创造个性典型中，浪漫主义更侧重主体心理的个性，更强调诗人的独创性，要在表现激情的诗中写出诗人独自的我来。英国浪漫派扬格，为此特别写了一篇《论独创性作品》。浪漫主义大都突出自我（小我中表现大我，个性中见出人民和时代），如拜伦、渥兹华斯、济慈都说到这一点。柯尔立治说："什么是情？似乎无异于问什么是一个诗人，诗的天才是善于表现并变更诗人自己心中的意象、思想和情绪。"③ 因此，浪漫主义作品的人物性格常常是诗人自己的化身，在人物的心理活动中可以看到诗人自己。巴尔扎克在《拜耳先生研究》中说："雨果先生的话太是自己的语言。""他不变成人物，而是把自己放进他的人物里。"④ 车尔尼雪夫斯基指出，作品中"主要人物多少是作者自己的真实画像"的大抵是浪漫派，如歌德的浮士德，席勒的卡罗斯，拜伦的男主人公，乔治·桑的男女主人公，莱

---

① 《欧美古典作家论现实主义和浪漫主义》，第289页。
② 同上，第253页。
③ 同上，第276页。
④ 《巴尔扎克论文选》，第121页。

蒙托夫的皮巧林等都是这样。[1]别林斯基虽然继承着古典类型说的典型观,认为一个典型"代表一整类人"(奥赛罗就代表所有这样嫉妒心强的人),但他是一个现实主义美学家,与古代类型说毕竟不同。他强调人物的客观个性,典型"必须使人物一方面成为一个特殊世界的人们的代表,同时还是一个完整的个别的人",要有个人的特色,"每个人物都是典型"。同时他批判了古典范本式的典型:"整个文明的欧罗巴都知道,理想就是把散布在自然和现实中的各种特征在一个形体上集合起来,它绝不是可能的现实本身。在这儿,创造是不必要的。你想描写美人吗?细细观看你碰到的所有美人吧:从这个人描来鼻子,从那个人描来眼睛,从第三个人描来嘴唇,以此类推,就这样,你画成了一个美人,比她再好的连想象也难以想象出来了。"别林斯基认为这种典范的美使作家不必有才能和幻想,同时取消了这样一种描写手法,"这种描写使任何人——无论他是谁——都可以从中认出他自己,从而抱怨起人来"。[2]在这一点上,别林斯基的典型观又基本上是现实主义的。同别林斯基一样,车尔尼雪夫斯基也强调个性描写,他肯定个别事物的高度优越性,认为个体性是美的最根本的特性,诗必须给"它的形象以活生生的个性"。他强调模特的作用,认为诗人创造性格时,在他的幻想面前,通常总是浮现出一个真实人物的形象,他有时是有意识的,有时是无意识的,在他的典型人物身上"再现这个人",不过车尔尼雪夫斯基曾把个性强调到不适当的程度,认为创造性格,只需了解真人的性格本质,用锐敏的眼光去看他就行了,这样就忽视和否定了典

---

[1]《生活与美学》。
[2]《别林斯基论文学》,第129-130页。

型概括的意义。值得注意的是，由于他更重视个性，也就更明确地反对古典性格的类型化和定型化，"人物是一个类型，事件照一定的方向发展，从最初几页，人就可以看出往后会发生什么，并且不但是会发生什么，甚至连怎样发生都可以看出来。"他不满意这种情况，在这一点上，他比别林斯基前进了一步。甚至他对古典类型的创造持否定的态度："人们经常说，诗人观察了许多活生生的个人；他们中间没有一个人可以作为完全的典型，但是他们注意到他们中间每个人身上都有某些一般的、典型的东西，把一切个别的东西抛弃，把分散在各式各样的人身上的特征结合成为一个艺术整体，这样一来，就可以创造出了一个可以称为现实性格的精华的人物。"他认为这种古典的精华的人物，给我们写出的"不是活生生的人，而是缺德的怪物和石头般的英雄姿态出现的英勇与邪恶的精华"[1]。这一方面在轻视概括化，另一方面也在否定类型的古典典型，提倡现实主义的个性典型。浪漫主义的个性不同于现实主义的个性。浪漫主义重在内心，重在心理的矛盾和情感的波澜；现实主义重在行动，重在行为、斗争构成的客观生活的图画。如别林斯基所说，浪漫主义就是人的灵魂的内在世界，他的心灵的隐秘生活，在人的胸部和内心里，潜伏着浪漫主义秘密的源泉，感情和爱情就是浪漫主义的表现或行动。但人们除了内心世界外，还有生活的广大世界，属于历史意识和社会行动的世界，"在那广大的世界里，思想变为行动，高尚的感情变为伟业。"[2]通过客观生活的矛盾和斗争，以创造个性典型正是现实主义不同于浪漫主义的特色。恩格斯强调黑格

---

[1]《生活与美学》，第50—78页。
[2] 以上均见《别林斯基论文学》，第153—157页。

尔所说的"一个这个",正是客观的个性典型。他提出的"典型环境中的典型性格"的著名论断,正是指出了在时代的矛盾斗争中创造个性典型的现实主义的典型原则。现象比本质更丰富,个性典型比类型典型具有更丰富、更复杂、更深刻的社会内容,是不能用吝啬、嫉妒、鲁莽等类概念加以概括的,普希金在谈到莫里哀和莎士比亚时,也曾经指出过这一点。

4. 在真善美的关系上,在艺术的审美、认识、伦理作用上,三大美学也根本不同。古典主义是真善美统一的,审美作用、认识作用和教育作用也是统一在一起的。中国古代偏重于伦理学的美学,偏重于伦理学和心理学的结合,偏重于美与善的结合。孔子提出"尽善尽美"之说,荀子也讲"美善相乐"之道,都强调了美和善的统一。但中国古代美学也讲美与真的统一,《乐记》讲"象成",孔子讲"兴、观、群、怨",可以观,从诗和音乐里观察政治的得失,观察国家的兴亡,这也是认识。音乐本质上是表情的,比较抽象概括,难以模拟现实对象,但中国一直到清代,还有人说音乐可以再现任何事物。"凡如政事之兴废,人身之祸福,雷风之震飒,云雨之施行,山水之巍峨洋溢,草木之幽芳荣谢,以及鸟兽昆虫之飞鸣翔舞,一切情状,皆可宣之于乐,以传其神而会其意者焉。"[1]强调音乐中再现、认识因素达到如此的程度,令人吃惊。中国古代美学历来讲情与理的统一,文与道的统一,这个理和道包括两方面的内容,一是指客观的规律,二是指人类社会道德伦理规范,或者说理(道)包括真与善两个方面。情与理,文与道的结合,表现着真、善、美,智、情、意的统一,这个思想贯穿着

---

[1]《与古斋琴谱·制琴曲要略》。

整个古典美学。中国历来讲寓教于乐,潜移默化,不要耳提面命。强调艺术活动在有意无意之间,在无意中达到有意,善不是有意为之,而是必然的结果。我无意为善却达到了善,无意认识却达到了认识。在这个问题上,中国古代也和古希腊是一样的。古希腊美学虽然偏重于美真的统一,侧重在艺术和哲学认识论的统一,但也看到它伦理的作用。亚里士多德把写诗看得比写历史"更富于哲学意味",因为它描写了"普遍性"的事物,揭示了符合"可然律或必然律"的事物。他虽然更重艺术模仿的真和文艺的认识作用,认为欣赏的快感来源于求知的愉快,但他也提出了著名的悲剧情感"净化说"[1],把美善结合起来,以提高人们情感的道德境界。斯特拉博一方面称赞荷马"对真实常是很注意的",一方面又说"诗人的技能与木匠或铁匠的技能不同。他们的技能没有任何美妙和崇高的地方,诗人的技能却是和人的美德联系在一起的,因而不首先做一个优秀的人,就不能做一个优秀的诗人"[2]。罗马的贺拉斯既强调艺术虚构"必须切近真实",使观众相信;同时又要求它"给人以益处和乐趣""对生活有帮助"。总之,寓教于乐,"既劝喻读者,又使他喜爱"[3]。

崇高型的艺术,则与古典主义艺术相反,它把真、善、美分裂对立起来。浪漫主义美、善结合,以善为美(雨果以奇丑而善良的撞钟人作为理想的美),以理想的善作为最高的美。现实主义则美、真结合,以真为美,以真实作为艺术的最高原则(实质是揭露

---

[1] 以上见《诗学》。
[2] 《欧美古典作家论现实主义和浪漫主义》,第53—54页。
[3] 《诗艺》。

丑恶现实）。浪漫主义认为客观存在的具体现实是变化的，易逝的，不是最高的真理，只有主观的理想的美（善）才是最高的永恒的真理。英国的济慈认为"美即真"，亦即理想的善是真，从布莱克到拜伦、雪莱、柯尔立治也都这样说。而现实主义则认为只有两眼看到的丑恶的、虚假的、黑暗的现实才是真正的现实，只有揭露丑恶现实的艺术才是真的艺术。福楼拜曾指责乔治·桑笔下那些有道德的善良的理想人物是不真实的，不能令人相信的。巴尔扎克也这样指责过司汤达。如果说现实主义以暴露现实的丑恶为最高的真，浪漫主义则以追求和歌颂美（理想、善）为最高的真。浪漫主义偏重于无目的的灵感的创造，歌德曾说拜伦是"灵感代替思考"，"他作诗就像女人生孩子，她们用不着思想，也不知道怎样就生下来的。"[1]现实主义则强调合目的性的思考，强调有目的暴露社会弊病，"引起疗救的注意"（鲁迅语），以改革人生，改革社会。浪漫主义强调情感的鼓舞作用，精神的感奋作用，"立意在反抗，指归在动作"（鲁迅语），它像警号，像战鼓，把"睡梦中的人们从梦中唤醒"（海涅语），以参加现实的斗争。积极浪漫主义者多是人生的斗士，革命的英杰，海涅曾希望死后，人们"放在我灵柩上的是一把宝剑"，而不是鲜花，"因为我们是人类求解放斗争中一名勇敢的战士"。现实主义则强调冷静地观察现实，认识现实、以思考现实，以艺术作为现实的解剖刀。它要求提出问题，解答问题，而能否科学地回答时代的问题，也曾作为批判现实主义和社会主义现实主义的根本区别之一。现实主义重认识，重思考，具有一种探索性，它需要一种悬念来吸引读者，要让人们不知道故事如何发展，

---

[1]《歌德谈话录》，第64页。

怎样结局（像《看不见的战线》，最后才知道谁是老狐狸）。如果开端就知道结局，那作品就没有味道了。而中国古典主义艺术则不重在悬念，戏曲艺术的情节、结局，人们早就知道了。《群英会》《贵妃醉酒》的故事，妇孺皆知，甚至欣赏多遍了，连对白、唱词都背得很熟，但人们还是要听、要看。看了四大名旦，还要看四小名旦，听了梅兰芳，还要听张君秋。它是真善美相结合的艺术，重在于艺术欣赏中获得教益，而不在于有无悬念。这种艺术欣赏甚至被发展到极端，有的人只欣赏一出戏中两三句唱腔，他早不来，晚不来，等到唱这两句时他来了，听完之后就走。这种对美、对艺术形式因素的欣赏和强调，同现实主义话剧是大相径庭的。

中国古代美学是古典主义美学，不是现实主义和浪漫主义美学，这从理论到创作，从艺术家的创作到人们的欣赏，都充分地说明这一点。我觉得只有这样看待中国古代的艺术和美学理论才比较贴切，也比较符合人类艺术发展的共同规律。把现实主义这顶帽子戴到中国古代艺术和美学的头上是不合适的。现实主义美学理论和中国古代美学理论正好相反，因而有一个时期，要求戏曲去学话剧，要求国画去学油画，这真是强人所难，这种要求只能失去自己的民族特色。以西方近代美学的优点比中国古典美学的缺点，比来比去，越比越觉得我们不行，什么人家的现实主义多么伟大，我们的现实主义多么渺小。我感觉这个像画得不准确，现实主义的形象和古典主义的形象大不一样，不能把古典主义画成现实主义的形象，那是违背客观实际的，也是反历史主义的。

三

三大美学的分歧不是偶然的，而是有深刻的社会历史的、认识的和艺术本身的原因的。

从历史唯物主义观点看,三大美学的社会基础不同。社会基础不同决定着文艺的不同、美学思潮的不同、文艺理论形态的不同。奴隶社会和封建社会的阶级矛盾相当尖锐,但是主体与客体的关系,还未发展到尖锐对立、完全分裂的程度。席勒和黑格尔都讲古希腊人是和谐的人,是感性和理性、精神和肉体统一的全面发展的人,正是这种完满的和谐的人,创造了古典的和谐美。而到资本主义社会人则变成畸形的片面的人,感性和理性、精神和肉体分裂了,产生了异化和对立。这种解释不全对,但有一定的道理。阶级矛盾发展到资本主义就非常鲜明、尖锐了,主体和客体、个人和社会的尖锐对立突出来了。马克思、恩格斯曾说:"个人关系之转变为它的对立物——纯粹物的关系,个人自身之把个性和偶然性区分开来,如我们已经表明的,是一个历史过程,在各个不同的发展阶段上具有各种不同的、日益尖锐和普遍的形式。在当前的时代,物的关系对个人的统治,偶然性对个性的压制,具有了最尖锐、最普遍的形式。"[1]个性要发展,必须摆脱和否定物的社会关系和阶级关系的统治,"确立个人对偶然性和关系的统治来代替关系和偶然性对个人的统治"[2]。随着个人和社会矛盾的尖锐化、普遍化,理想和现实、再现和表现的对立也尖锐起来。所以,关键在于这个社会阶级矛盾的情况。中国古代诗人没有把自己和自然、主体和客体分割对立起来,诗人和自然浑然一体。大量的风景画、山水诗,无不这样。他们也有不满和悲愤,但那并不是要否定旧社会。鲁迅曾

---

[1]《德意志意识形态》。
[2] 同上。

把封建社会的文学,分为"廊庙文学"和"山林文学"两种,前者"已经进入主人家中,非帮主人的忙,就得帮主人的闲,不必说了";后者虽然"暂时无忙可帮,无闲可帮",但"身在山林,而'心存魏阙'",希望仍在皇帝佬身上。[1]就是处在向成熟的奴隶制发展中的伟大的屈原,虽"放言无惮,为前人所不敢言",但"反抗挑战,则终其篇未能见"[2],"他的《离骚》,却只是不得帮忙的不平"[3]。总之,他们同旧制度的矛盾,不可能超出和谐统一的大范围,这个超出要等到新的阶级起来,正因为这样,他们都不大强调离开现实去追求不存在的理想,他们认为在现实中可以找到这种美。这是历史条件决定的,是社会矛盾、阶级矛盾的特点决定的。

从人类思维发展史看,三大美学的产生也有其必然性。恩格斯说,人类思维的发展是由朴素的辩证法进到形而上学,由形而上学进到自觉的辩证法,经历了这样一个否定之否定的过程。这是恩格斯在《社会主义从空想到科学的发展》中讲的,在《反杜林论》中也有这个意思。在奴隶社会和封建社会里,占统治地位的是朴素的辩证法,承认事物有对立,有差别,但又强调对立双方的相互依存,相互渗透,相辅相成,强调和谐统一。在中国儒家讲中庸之道,不偏不倚,不走极端,老庄讲无为而为,以柔克刚,儒道既相互斗争又相互补充,形成了整个民族的心理结构特征。这些朴素的辩证法思想,有调和的一面,但它强调相辅相成,却是古典和谐美的哲学基础。和谐为美是思维发展的历史必然要求,同时它也不能超出思维发展的历史水平,当人类思维还没有发展到形而上学的对

---

[1]《集外集拾遗·帮忙文学与帮闲文学》。
[2]《坟·摩罗诗力说》。
[3]《且介亭杂文·从帮忙到扯淡》。

立的时候，哲学上只能强调双方的和谐，美学上也必然以和谐为美。古希腊也是这样，恩格斯说"古希腊的哲学家都是天生的自发的辩证论者"①，柏拉图强调和谐，强调万事万物相互依存的爱情关系；亚里士多德也讲中庸之道，主张不要过分，这阶段的美学和素朴的辩证法紧密地结合在一起。资本主义兴起之后，恩格斯指出"近代哲学日益陷入所谓形而上学的思维"②，思维逐渐从朴素的辩证法发展到形而上学，形而上学对素朴辩证法来说是一个进步，因为它要把个别、部分从整体中分离出来，加以观察和研究。如解剖学、细胞学的出现，对具体细节问题、局部问题的研究深入了。虽然对整体来说是割裂了，但没有这样一个分裂是不行的，没有这样一个分裂就没有后来自觉的辩证法。形而上学是人类思维发展的必然结果，也是思维发展的中介环节，对人类思维的发展也是一个巨大的推动。浪漫主义和现实主义以形而上学思维为哲学基础，它突破了素朴的和谐，强调对立、分裂（如康德美与崇高的对立正是建立在形而上学基础上），但它们对人类艺术的发展、美学思想的发展各有贡献，都突出地各自发展了一个方面。因而浪漫主义和现实主义的分裂对立，又使它们远胜于古典，在美学史上是一个进步。将来的艺术是怎样的呢？可能是扬弃了对立，复归到和谐。我写了篇文章，《我们时代的美是对立的和谐统一》③。我认为社会主义艺术以自觉的马克思主义的辩证法为其哲学基础，是对立的和谐统一的艺术，是理想和现实辩证地和谐统一的艺术。它是对对立的崇高

---

① 《马克思恩格斯选集》第3卷，第417页。
② 同上。
③ 《东岳论丛》，1980年第3期。

型艺术的否定，是向古典美的复归，但不是复归到素朴的和谐，而是上升到辩证的对立的和谐统一。这也走了一个否定之否定的路，和人类思维走的路大体是一致的，因为人类头脑产生的艺术，尽管不完全是思维，但它却要受思维的制约，不能超越思维发展的历史限制，它大体上是和思维发展的历史阶段相适应的。

　　从艺术的审美本质看，也内在地规定着艺术美发展的必然的现象形态。艺术的审美本质是什么？我认为艺术是再现与表现的统一，情感意志和认识的统一，真和善的统一，认识论和心理学的统一。正因为艺术在认识论和心理学之间，在认识和情感之间，在再现与表现之间，它必然产生这样几种形态。依量的关系，可以有偏重于再现的再现艺术，偏重于表现的表现艺术，偏重于再现的如小说、戏剧、绘画、雕塑，它要再现现实，模拟反映客观对象；偏重于表现的艺术如建筑、音乐、诗、舞蹈、书法、工艺、杂技，它要表现主观、心理，抒发内在情感。两种艺术，各有偏重，但不能偏废，再现中有表现，表现中也有再现，二者总是结合在一起的。依质的关系，即按再现与表现、理智和情意、认识论和心理学之间的矛盾关系，也可分两类：强调矛盾的和谐，是古典主义艺术；强调矛盾的对立，是崇高型艺术（现实主义和浪漫主义艺术）；否定对立，复归到对立统一的和谐，是社会主义艺术。而这种质的分类又和历史有关系，随着历史的流动而成为一种历史的形态，历史的范畴。当历史处于古代社会，思维偏重于朴素辩证法时，就出现古典艺术和古典美学；当现实发展到矛盾尖锐对立的资本主义社会，思维发展到形而上学时，就出现了崇高和浪漫主义、现实主义艺术；当现实重新出现和谐统一，思维达到马克思主义的辩证法时，就产生社会主义艺术（新型的美的艺术）。这个分类就变成了历史的分类，这三种艺术就是艺术的三种历史形态。抽象的艺术是没有的，或者是古典的艺术，或者是浪漫的艺术，或者是现实主义的艺术，或者是我们时代的艺术。有什么样的艺术类型，便有什么样的艺术观和美学观，抽象的美学和艺术论也是没有的，只有古典的美学，浪漫的美学和现实主义的美学，每一个时期的个别理论都可以归到它那个时代的美学里去。从古希腊到文艺复兴，都可以归到古典美学中去，在这个意义上，古典主义美学就是奴隶社会和封建社会的艺术论（当然美学和艺术论不等同，这里是就其艺术的观点而言）。浪漫主义美学就是18世纪中到19世纪初的艺术论，现实主义美学就是19世纪中叶到世纪末（表现主义兴起之前）的艺术论。对艺术本质的理解在各个时期是不一样的，古典主义认为是现实与理想的朴素的统一，和谐的统一；浪漫主义认为是表现自己的理想、主观、情感和心理；现实主义认为是反映客观、感性、认识和真理。它们的理解是各有所强调，但也各有偏颇之处，我们应该把它们历史地全面地综合起来，这样对艺术才可能有一个更科学的规定。基于此，我感到古典的、浪漫的、现实的三个概念，不能简单地用创作方法来概括，创作方法太小了。它是一种艺术类型，艺术发展的具体的历史形态。它是一个大问题，是包括从艺术的审美本质到艺术的现象细节，从艺术的根到艺术的叶，整个艺术范围的大问题。三种艺术和三种美学，从根到叶都不一样。这是就其纯粹形态而言，一到具体形态就复杂了，这要具体问题具体分析。如具体到莎士比亚，具体到歌德，就没有这么纯粹了。有人说歌德是古典主义的，有人说歌德是浪漫主义的，有人说他是现实主义的，歌德自己说是古典主义的，席勒说他不是古典主义的，而是浪漫主义的。莎士比亚也是这样，有人说他是现实主义的，有人说他是浪漫主义的，又有人说他是古典主义的。其实，莎士比亚也好，歌德也好，他们都处在从古典到浪漫的过渡时代，他们既有古典的倾向，又有浪漫的倾向，主要看他在哪一个时期，或哪一部作品中，哪一种倾向更突出。《少年维特之烦恼》是浪漫的。《浮士德》的主要倾向也是浪漫的，他的创作实践倾向于浪漫，而他的趣味和审美理想则更偏爱古典。德国古典美学，除康德偏重于浪漫之外，其他都偏爱古典。连黑格尔也是这样，他把古希腊艺术作为最高的典范，他的美学趣味是古典的，虽然他也认为浪漫的一定要否定古典的，但它认为浪漫的损坏了艺术的审美品格。只有席勒讲了公道话，他划分了古代的素朴诗和近代的感伤诗，认为各有各的优点，近代的感伤诗虽然有损失，但也有贡献[1]。歌德在理论上是古典的，和席勒是有分歧的，席勒是从一般出发，即从理念出发，从理想出发；歌德从个别出发，实是从范本式的个别出发，不是从直观的个别出发。他们代表了不同的思潮。有人把这个分歧当作现实主义和浪漫主义的分歧，不是的，这是古典主义和浪漫主义的分歧。莎士比亚的《奥赛罗》是嫉妒的典型，他保留了古典类型化的色彩。他说"戏剧是自然的镜子"[2]，这也是希腊罗马古典派的提法（《图斯库路姆对话录》："喜剧是对人生的模仿，是生活习惯的镜子，是真理的形象。"），所以他传统的古典思想不少。他也有浪漫主义的东西，强调个性，强调性格的复杂，内心的矛盾斗争，这在古典主义是没有的（古典主义的心灵是和谐、宁静的）。总之，具体到一个艺术家，一个美学家时，就要具体分析，切不可用一种美学理论的框架去硬套。当然也有比较纯粹的，如巴尔扎克的现实主义。有的现实主义就不太典型，浪漫主义气味很浓，像屠格涅夫、冈察

---

[1]《素朴的诗与感伤的诗》。
[2]《哈姆雷特》。

洛夫、果戈理也有浪漫主义，是内在的浪漫主义，尽管他写的都是丑。具体现象是复杂的，而理论研究则需要抽象化、纯粹化，混在一起就没有办法，要不然你说他是古典的，为什么这一点又是浪漫的？你说他是浪漫的，怎么又有现实主义因素？这样永远也争论不清楚。一个作家受到各方面的影响，不是单纯的，若纯得一个颜色，那就不需要科学了。一个艺术家或美学家是这样，一个历史时期的文艺和美学现象也是这样，我们说它是古典的，或浪漫的，或批判现实主义时期，是就其主导倾向而言，就其本质特征而言，不是除此之外，没有其他倾向。任何时期的美学倾向、艺术倾向都是复杂的，交叉的，不可能像水晶石一样的透明。尽管现象是这样的五光十色，纷纭杂陈，但略去细节，略去次要的现象，抓住其美学思潮的本质，仍然是古典的和谐美，近代对立的崇高（浪漫主义和现实主义），和对立的和谐统一的新型美（革命现实和革命理想相结合的艺术）等三大历史类型。这是由艺术的审美本质制约的，特别是由人类社会发展的历史条件决定的。

（原载《美学》1984年第5期）

中国古典美学的艺术本质观[1]

　　古典和谐美作为古代艺术的理想，它要求把构成艺术的多种元素如再现与表现、主观与客观、理想与现实、情感与理智、时间与空间等处理和组织为一个平衡、和谐、稳定、有序的统一体。作为一种观念，它就是古代人对于艺术历史的具体的、独特的本质观，古代艺术就是以这种意外的和谐的美好理想来规范、来陶铸的。所以和谐的艺术理想和艺术现象基本上是一致的，这使它根本上不同于近代的艺术本质观和近代崇高型艺术。

　　这种古典和谐美的艺术由于强调艺术各种要素的相互联系、相互渗透、相辅相成的辩证融合，因而还不可能产生由于对立分化而出现的近代现实主义和浪漫主义，它大体上可称为古典主义的美学和艺术。古典主义这个概念，目前的用法不太一致。通常认为古典艺术指一种典范性的艺术，如说李白、杜甫的诗是古典诗词，《水浒传》《西游记》是古典小说等。古典主义也指十七世纪欧洲出现的一种美学思潮和艺术类型。我这里的用法比较宽泛，它指整个奴隶社会和封建社会占主导地位的美学思想和艺术现象：由歌德、席勒提出和发展，在

---

[1] 本文是周来祥《论中国古典和谐美的文学与艺术》一文中的一章。

欧洲延续多年的关于古典的和浪漫的那场大争论，实质上反映着资本主义的近代美学和奴隶制、封建制的古代美学的大争论，他们使用的古典一词的含义，大体上与我们相近。这样，17世纪欧洲的古典主义自然也包含其中，是它的一个特殊形态。布瓦洛的《诗艺》，不过是亚里士多德的《诗学》和贺拉斯的《诗艺》在新的历史条件下一种更"理性化""规范化"的形态而已，本质上是一致的。艺术实践上也相似，如中国古典戏剧讲大团圆，17世纪古典主义的戏剧也是大团圆的。高乃依著名悲剧《熙德》就是一个典型的代表。总之，这是一种艺术的历史类型和美学的历史形态。这种思潮和艺术，在西方从古希腊直到启蒙运动，在中国远自先秦直到清末，古典主义艺术是整个奴隶社会和封建社会的共同现象。

1. 古典和谐美的艺术要求再现与表现、客体与主体素朴的和谐统一，要求在表现艺术中有丰富的再现、模拟、写实的因素，在再现艺术中有浓厚的表现、抒情、写意的成分、再现与表现水乳般地融合在一起。不像近代美学和艺术那样把二者尖锐对立起来，分化出比较纯粹的表现艺术（如音乐）和比较纯粹的再现艺术（如绘画），这是由古典美学和艺术共同的和谐美的本质所决定的，这无论在古代西方或东方都是一致的。

中国很早就提出了"赋""比""兴"统一的原则。"赋"偏于叙事直言："比""兴"偏于抒情想象。"赋、比、兴"的统一，就是模仿和抒情、写实与写意，再现与表现的统一。刘勰说"神用象通，情变所孕，物以貌求，心以理应"，这句话把心与物、形与神、情与理和谐地结合起来，代表了我国中唐以前古典艺术美的理想。中唐以后，特别是宋代苏东坡提倡"诗画本一体""诗中有画，画中有诗"（《东坡志林》），这一方面反映了封建社会后期美学和艺术更重诗，更重表现的倾向，同时也基本上概括了中国古典美学和艺术的基本特征和面貌。又如张舜民说,"诗是无形画,画是有形诗"(《画墁集·跋百之诗画》),叶燮也说,"画者,天地无声之诗,诗者,天地无色之画"(《已畦文集》),中国如此,西方也不例外。古希腊诗人摩西尼德斯把绘画称为"无声的诗",把诗称为"有声的画"(《欧洲古典作家论现实主义和浪漫主义》(一),第56页),直到文艺复兴的达·芬奇还说:"画是嘴巴哑的诗,诗是眼睛瞎的画。"(《画论》)本来诗与画是两种不同的艺术形式,诗在语言艺术中是属于表现、抒情的,画则是典型的再现艺术。但在这里,诗画这两个概念又超出它狭隘的体裁范围,扩大和上升为深刻的美学范畴。诗相当于表现,画相当于再现,"诗中有画,画中有诗"。即是表现中有再现,再现中有表现,抒情的诗和模拟的画在古典和谐美的时代,有一个共同的审美本质,这就是苏东坡所说的"诗画本一体",也就是再现与表现在古典美的时代所特有的一种素朴的辩证的和谐结合。

当然中国同西方有显著的不同,古代中国的美学和艺术偏于表现,古代西方的美学和艺术偏于再现。但这只是各有偏重,而不是偏废,不是两者尖锐对立,彼此否定,而是始终不能分离,不同的只是和谐结合中有不同的量和不同的主导面。中国以诗为基础,以表现、抒情、写意为基础,通过表现来再现,强调的是"诗中有画"。西方以画为基础,以再现、模拟、写实为基础,通过再现来表现,强调的是"画中有诗"。《尚书》早就说"诗言志",《左传》中说"诗以言志"(《左传·襄公二十七年》),庄子说"诗以道志"(《庄子·天下篇》),荀子说"诗言是其志也"(《荀子·儒效篇》)。总之,诗言志可以说是先秦两汉时期的主导思想。自唐代王维追求"画中有诗"之后,表现、抒情、写意逐渐成为绘画的美学原则。宋代郭若虚说"画乃心印",米友仁说:"画之为诗，亦心画也。"元代的倪云林更是以画抒发"胸中逸气"的典型。到了清代的沈宗骞干脆把诗画看作一回事，他说："画与诗，皆士人陶写性情之事，故凡可以入诗者，均可入画。"（《芥舟学画编·山水·避俗》）这样画便以诗为基础，画诗化了，再现表现化了总之，中国诗画结合，以诗为主，诗高于画。神韵高于形真，画向诗看齐。诗成为中国艺术的代表，在这个意义上，中国古代美学可以称为诗的美学，而西方则反之，远在古希腊的普鲁塔克就认为"诗的艺术是模拟的艺术，和绘画相类"（《欧美古典作家论现实主义和浪漫主义》（一），第56页）。贺拉斯也说"诗歌就像图画"，这里是要诗歌向绘画看齐，诗主要不是言志、抒情，而是模拟、传写和绘画一样地再现客观对象，因而特别发展了叙事的"史诗"。所以西方古代的诗画结合，以画为主，逼真高于神韵。所以直到达·芬奇还说"画高于诗，因为它直接用事物的准确形象来再造事物"（转引自伍蠡甫《画中有诗》），画成为西方古代艺术的代表，在此意义上，西方古代美学也可称为画的美学。所以莱辛在区别绘画与诗歌的界限时，实质上也是在划分古代和近代艺术的界限。诗与画是矛盾的，中西是各有侧重的，但有一个共同规律，就是以其各自的特点，共同追求着一种再现与表现理想的和谐。

本来诗歌偏于表现，侧重意境的创造，绘画偏于再现，侧重形神的刻画，但由于古典美学强调再现与表现的结合，所以诗歌中也讲形神，所谓"状难言之物如在目前"，绘画中亦求意境，所谓"画以境界为上"，从而把形神和意境也和谐地统一在一起。戏曲小说本偏于再现，重以形写神，但中国古典戏曲和小说、与诗词相比虽然再现因素大大增加了，但表现、写意仍很浓重，在形神、典型的塑造中，亦具深邃的意境。王国维曾指出元杂剧中有意境。最富有近代批判色彩的现实主义巨著《红楼梦》，也可以说既是一幅封建贵族真实的宏伟而细致的画卷，又是一首首情深意浓的抒情诗，若与巴尔扎克的《人间喜剧》相比，就会更强烈地感受到它那深远绝妙的意境。

再现与表现，主体与客体的结合，既要求物我浑然，主客统一，又要求主客分离、以我驭物。王国维就既讲"入乎其内"，又讲"出乎其外"。因为入乎其内，物我而忘，故文与可画竹，身与竹化，不知何者为我，何者为竹。曾无疑画草虫，不知我之为草虫，草虫之为我。又因为出乎其外，方能以我视物，静观默察，显示出以理节情的高度自我控制。中国戏曲表演体系，要求演员既是他扮演的角色，又是他自己。梅兰芳在《贵妃醉酒》中，就既是杨贵妃，又是梅兰芳。演员与角色，观众与舞台，保持一定的距离，演员知道在演戏，观众也知道这是在看戏。不像现实主义的斯坦尼斯拉夫斯基那样，要求演员进入角色，忘掉自己，不像近代话剧舞台那样，演员是疯子，观众是傻子。古代西方的戏剧舞台也是这样，狄德罗虽是启蒙运动的巨将，但他对演员和角色关系的著名论断，却反对单纯的感情体验，反对演员与角色合一，而强调跳出角色之外，强调理智的控制。强调有自己，强调以自己模仿角色（而不是化入角色）。他说"我要求伟大的演员有很高的判断力""他必须是一个冷静的安定的旁观者"（《狄德罗美学论文选》，第280—284页），"善于用冷静的头脑来节制热情的冲动"（同上书，284页）。他认为"演员不是在他们当真发怒的时候，而是在他们恰如其分地表演发怒的时候才给观众强烈的印象"（同上书，第346页）。这就是说，演员不应化为角色，而是要与角色有一定的距离，他称赞克莱蓉是最好的演员，就因为"她自己事先已塑造出一个范本，一开始表演，她就设法遵循这个范本"，而"这个范本是她从戏剧脚本中取出来的，或是她凭想象把它作为一个伟大的形象创造出来的，并不代表她本人"，这就是说她体验和创造了剧中的角色。另一方面她又要控制住自己，演出中"她在看着自己、判断自己，判断她在观众中间产生的印象"。所以"在这个时刻，她是双重人格；她是娇小的克莱蓉也是伟大的亚格里庇娜"（拉辛悲剧《布里塔尼居斯》中的人物，同上书，第282-283页），这与我国古典戏曲的表演体系是一致的，与既是梅兰芳，又是杨贵妃的古典模式是一致的，都是古典主义的美学和艺术观念。在古典主义艺术中，创作家与他所创作的人物之间的关系，也大体与此相同。

2. 再现与表现、主体与客体的关系，也规定着艺术中理想与现实的关系。古典主义要求理想与现实单一的、素朴的和谐统一。它一方面满足于现实的理想，不追求现实之外的东西；另一方面又认为具体存在的现实美是不充分的，需要把现实中分散的美，挑选出来，集中概括起来，以创造出一个兼具众美的范本式的形象，这样创造的古典和谐美，既是现实的，又是理想的。说它是现实的，是说它的组成元素都是现实中可以找到的，不迷恋于现实之外的幻想；说它是理想的，是说没有任何一个具体的现实事物的美可以符合它，可以达到它对个体的现实美来说，它是一种理想的范本。正因为这样，古代中国和希腊的艺术很少专用一个模特。司空图说"浅深聚散，万取一收"，石涛说"搜尽奇峰打草稿"，李日华说"厩马万匹作曹将军粉本"。总之，像鲁迅说的从现实中"杂取种种，合成一个"以创造出一个理想的标本。西方的古代艺术也是这样。席勒"素朴的诗和感伤的诗"的区别，实质上是在划分古代艺术和近代艺术的区别，划分古典和谐美艺术与近代崇高艺术的区别。古代人还不知道理想与现实的分裂，他的理想就在现实里面，他的现实也满足着他的理想，因而他们创造的素朴的诗，也是现实和理想和谐的统一。只有到了近代的感伤诗，才出现现实和理想尖锐对立。席勒的论述，基本概括了西方古代美学和艺术的基本特征

(《古典文艺理论译丛》，1961年2期，第1-60页）。他们创造典型，既不是像近代浪漫派那样以自我和近代现实主义以客观的特定个人为模特，而是广取博采、像拜伦所说的"当康诺娃塑像时，他采取一人的肢体，另一人的手，第三人的五官，或第四人的体态""就像古希腊艺术家在具体化他的维纳斯时所做的那样"（《欧洲古典作家论现实主义和浪漫主义》（二），第289页）。

3. 古典美艺术中情感与理智、想象与思维的和谐统一。客体的再现与理智、思维直接相关，主体表现更多诉诸情感想象。所以古典和谐美艺术，再现与表现、主体与客体的和谐，也制约着情感与理智、想象与思索的和谐统一。情理结合是我国古典美学的传统思想；远在春秋时期，孔子就已提出在礼的节制下，"乐而不淫，哀而不伤"的情理均衡问题。《乐记》更说"乐与政通""乐通伦理"，"情见而文立，乐终而德尊"，乐与道、情与理紧紧结合。我国古典诗歌美学大体经历了从"诗言志"到"诗缘情"两大阶段。我国前期在表现的大原则下，更侧重再现、写实（与后期更侧重抒情、写意相较），所以诗歌中既强调"缘事而发"（《汉书》）也强调"诗言志"。根据朱自清先生的考证，"志"偏重于"政教"和"人生义理"，是更偏重理智、思维，更偏重社会伦理群体的普遍感情，这种"志"并不脱离情，而是"情以理归"，"发乎情，止乎理义"。随着表现、写意的发展，"缘情说"逐渐代替了"言志说"（或者把言志理解成了缘情，名为"言志"，实为"缘情"）。情更偏重个人的感受和情感，更偏重抒情、想象，朱自清先生说，缘情是"一种新传统"，强调"一己的穷通出处"，强调个人的"抒中情"，不同于一般的社会伦理政治的群体情感（《诗言志辨》，第13-14页）。陆机第一次明确提出"诗缘情"的观念，正是随着缘情说的发展，从《文赋》到刘勰的《文心雕龙·神思》，对文学创作中想象活动的描绘和捕捉,才达到了一个前所未有的新高度。这可见"缘情"和"神思"(想象)之内在紧密的联系。但情感想象的强调,并不轻视和否定理智与思维。而只是强调理在情中,正如严羽所说"夫诗有别材,非关书也;诗有别趣,非关理也。而古人未尝不读书,不穷理。所谓不涉理路,不落言筌者,上也。"(《中国历代文论选·第三册》,第424页)这种情理均衡的古典艺术,正是"不着一字,尽得风流"(司空图《二十四诗品》),"羚羊挂角,无迹可求""透彻玲珑,不可凑泊""如空中之音,相中之色,水中之月,镜中之花,言有尽而意无穷"(严羽《沧浪诗话校释》,第24页)。西方古希腊的美学思想也是这样,苏格拉底既要求"塑造优美形象",又要求"描绘人的心境""表现心理活动和精神方面的特质"(《欧洲古典作家论现实主义和浪漫主义》(一),第12-13页)。亚里士多德也是既强调模仿和认识,又重视悲剧的情感净化作用。

4. 艺术的再现和表现,与时间与空间紧密相连,一般地说偏于再现的艺术侧重在空间展开,时间凝冻在空间上,时间空间化了;偏于表现的艺术侧重于在时间中运动,空间随时间而流转,空间时间化了。偏于再现的艺术重客观的物理的时空,偏于表现的艺术重主观的心理的时空。古典主义美学由于要求再现与表现的和谐统一,在时空问题上,既重时间的空间化,又重空间的时间化;既重客观的物理的时空,又重视主观心理的时空。总之,强调时间与空间的均衡与和谐。中国古典美学和艺术对于西方来说,是更偏于表现的美学和艺术,它的再现因素是在表现基础上的再现,所以中国古典艺术中的时空观念更富主观性和自由性,更强调时间意识和动态观念。李成"仰画飞檐",要求"自下望上"的逼真之感,曾遭到沈括的嘲讽。沈括认为中国画是以大观小,如"人观假山",不只是追求形真。他反问李成"若同真之法,以下望上,只合见一重山,岂可重重悉见,更不应见其溪谷间乎。又如屋舍,亦不应见其中庭及后巷中事"。而中国画却能见重重山,却能同时见山顶及溪谷、屋前和屋后。沈括认为"其间折高折远,自有妙理"(以上参见《梦溪笔谈》)这"以大观小"的"妙理",实即以主观心理之大,观宇宙山川之小,以游动透视自由地边走边看,自由地变换俯视、仰视、平视的各种视角和方位。宋代郭熙提出三远之法,他说:"自山下望山巅,谓之高远。自山前而窥山后,谓之深远。自近山而望远山,谓之平远。"(郭熙《林泉高致》,《历代论画名著汇编》,第64页。)高远即仰视,深远即俯视,平远即平视。一幅之中,"三远"兼施,"三视并用",极为灵活自由,突破自然物理时空的限制。同时中国艺术也竭力摆脱静止的三维空间,追求动态的四维空间。中国画不把物体静止的平列于画面上,而是化静为动,在边走边看的运动过程中展开画面,如长卷《清明上河图》,便在时间运动中,展现了汴河西岸数十里的风光景物,这是静止的空间透视所无法表现的。敦煌壁画中的一些佛本生故事,也曾把一个完成的事件过程,绘于同一空间之中,说它像连环画吧,它却只有一幅,说它是一幅画吧,它又像电影的蒙太奇一样,呈现为视觉感受上的动态空间(人们总是按画中故事的时间顺序,来观看这幅画的),如254窟(北魏)的《舍身饲虎》,就把萨埵那太子从出游,路遇饿虎,舍身饲虎,到死后把尸骨运回宫城,建舍利塔供奉的整个事件过程,既分割成不同的画面,又共同绘于一幅之中。甚至王维在《袁安卧雪图》中,画了雪中芭蕉(按常理,芭蕉不能开在冬天的雪地里)。五代南唐徐熙《百花图》卷,把四季的花卉交织在一起,宋杨朴之的《四梅花图卷》,在同一空间中展示了梅花由含苞、初放、盛开到凋谢的全过程。不但有四季花,唐张䇓还曾画过集"早午晚三景"于一壁的《三时山》(《画论丛刊》,第836页)。不只是绘画,中国的戏曲、建筑、雕塑也无不如此。在中国古典戏曲舞台上,不同于近代话剧舞台上的固定布景,而是活动的想象中的景,它是演员带景的。在同一舞台空间,随着演员的虚拟表演,不断地自由地变换着空间和时间,如《十八相送》演员绕场一周,即转换了一个时间和空间。中国的古典建筑特别是古典园林,在空间中平面压开,既间隔又相通,既变化又统一,曲径通幽,柳暗花明,移步换景,意蕴无穷,只有在不断的寻幽探胜中,才能领略其无限的意境。这不同于西方凝冻的音乐;而真正接近于"流动的音乐"了。书法是中国古典艺术的特产,这一方面依赖于汉字的形体结构,另一方面也受制于偏于表现的民族趣味。书法按其本质说,类似于"自由的图案",基本上是线条与形体的一种静态的空间结合。但中国书法特别是行草、狂草,却从公孙大娘舞剑器中,从风雨雷电中得到启示,追求一种舞蹈的美,飘逸的美,飞动的美。总之,化静为动,化空间为时间,化再现为表现,在表现、时间的基础上结合再现、空间,是中国古典美学和古典艺术的主要倾向。

相对于中国古典艺术之偏于表现、时间,西方古典艺术则偏于再现、空间。它以再现、感性、空间为基础,结合表现、理想、时间的因素,它的主要趣味是把时间空间化,它的时间因素在空间的动势中暗示出来、它把对象按自然的、感性的、认知的原则来组合结构。如西方画偏于求真,力求形似,逼肖原物。它讲求严格的透视法,追求三维空间。在一幅画中,视点固定,不能任意地转换和移动。还保留着更多的西方古典再现传统的达·芬奇,要求像镜子一样逼真地反映对象,他主张向自然学习,凭借最敏锐的视觉,观察自然和人生,要求把透视、明暗、比例、解剖、动物、植物等科学知识作为自修课，为了达到同真实的物体一样的幻觉，他要画家"应当以镜子作为老师，作画后，取一镜子将实物反映入内，再将此映象与你的图画相比较，仔细考虑一下两种表象的主题是否相符"（《芬奇论绘画》，第1页），要求按镜子中的映象来修正图画，其刻意求真的理想可谓达到极致。他的名画《最后的晚餐》，也只选择生活的一个横断面——即耶稣面对他的门徒，说出"你们中间有一个要出卖我"这句话时，他的门徒有的惊讶，有的愤慨，有的表白等种种不同表情的那一刹那。那事件的过程是不出现在画面上的，它的过去和未来是在空间动势中暗示出来的。在这个意义上，也可以说，中国古典主义艺术是时间的艺术，中国古典主义美学是时间的美学；西方古典主义艺术是空间的艺术，西方古典主义美学是空间的美学。但这种特点是相对而言的，就其本质来说，东西方古典美学和艺术都强调客观与主观，时间与空间的均衡、和谐。

5. 由于古典美的艺术要求再现和表现的和谐结合，继而也要求内容和形式的和谐统一。在中国，孔子早就提出文质统一的思想，他认为"质胜文则野，文胜质则史，文质彬彬，然后君子"（《论语·雍也》），这本是就人的内美和外美来说的，在儒家也适用于艺术的形式和内容，刘勰讲"情采"结合时，就说"文附质""质待文""雕琢其章，彬彬君子"，既要"言以文远"，又不要"繁采寡情"（《文心雕龙·情采》）。绘画美学中主张意与笔称，长彦远说："骨气形似，皆本于立意，而归乎用笔。"（《历代名画记·论画六法》）郭若虚讲"意存笔先，笔周意内，画尽意在，象应神全"（《图画见闻志·论用笔得失》），沈宗骞讲"笔以发意，意以发笔"（《芥舟学画编·山水·取势》），恽格讲"气韵藏于笔墨，笔墨都成气韵"（《瓯香馆画跋》），都强调了绘画内容和形式的浑然统一。音乐中讲"声情并茂"也体现了这种和谐的古典精神。西方的古典美学也是这样,亚里士多德早就强调内容和形式诸因素有机统一的整一美,直至布瓦洛的《诗的艺术》,还在说"不管写什么主题,或庄严或谐谑,都要求情理和音韵永远相互配合。"(《诗的艺术》第一章)对这种结合的强调还出现了一种奇特的现象,中国艺术本来重表现,重形式,重程式,重技术规范,诗论、曲论,特别是书论、画论,对这种规范连篇累牍地进行经验的归纳和描述,但中和之美和以礼节情"温柔敦厚"的诗教、乐教,却一直是我国封建社会中所追求的美的理想,这种美的理想的性质倒是偏于伦理和政治的,偏于伦理和心理相结合的内容的。而西方艺术本来是偏于再现、内容、理智的,从《诗学》的模仿说,到文艺复兴达·芬奇、塞万提斯的镜子说,都在不断地论说这一点,但美在形式和谐的观念却是从毕达哥拉斯学派(音乐的美是数的和谐),经亚里士多德,直到康德的《判断力批判》的一个传统的理想,被人称之为形式派的美学(形式派的美学一般是唯物的,如亚里士多德,也有的是唯心主义的,如康德)。这种本来偏于形式,理论却强调内容;实际偏于内容,观念却强调形式的奇特现象的出现,大概正是为了强调内容美和形式美和谐均衡的统一吧。

东方古典艺术和美学关于再现和表现、内容和形式和谐统一的理想,也制约着艺术媒介(艺术语言或感性材料)的认识功能和表情功能的和谐结合。本来在再现艺术中,强调艺术媒介的认识性;表现艺术中强调艺术媒介的表情作用。但在古典美的艺术中为了达到和谐的美,却在再现艺术中强调艺术媒介的表现功能,在表现艺术中强调艺术媒介的认识功能。中国古典绘画不重认识功能强的色彩,而重表情功能强的线条。谢赫说"应物象形,随类赋彩",用笔(线形)已高于色形。唐代吴道子曾被誉为六法具备"今古一人"的画圣,但他"落笔雄劲,而傅彩简洁""至今画家有轻丹青者,谓之吴装"。(郭若虚《图画见闻志·叙论·吴生设色》,亦见《画论类编》,第61页)。张彦远甚至说:"具其彩色,则失其笔法,岂曰画也。"(《历代名画记·论画六法》)可见,唐代已出现重笔轻彩的美学倾向。假若说唐以前还用彩(《释名》曾说:"画,挂也;以彩色挂物象也。"),画还被称为"丹青",那么自王维说"画道之中,水墨最为上"(《山水诀》)以后,色彩逐渐为墨所代替,日益发展为文人雅士的水墨画了。虽也有"墨彩之说",但终究是越来越不重彩了。在笔墨之中,固然倡导有笔有墨,缺一不可,但两者相较,又以笔为主,墨为次;笔为骨,墨为肉,历来反对有墨无笔。同样,作为语言文学的中国诗词也特别强调语言声音的音乐性和表情性(如讲究平仄格律)。而在表现艺术的音乐和舞蹈中,却对艺术媒介的模拟认识功能予以很大的重视。中国古典音乐是重声乐而不重器乐(人声的认识性高于器乐,器乐的表情性高于人声),所谓"丝(弦乐)不如竹(管乐),竹不如肉(声乐)",中国古典的器乐偏于模仿人声,可以说是器乐声乐化。刘勰早就说过:"夫音律所始,本于人声者也。""故知器写人声,声非学器者也。"(《文心雕龙·声律》)中国古典舞蹈的语汇,也是模拟性高于表情性,舞蹈多有情节,而舞蹈动作大都模拟舞蹈情节。西方古典艺术也不例外,他们的古典诗歌音韵,格律也很严格,而音乐自古希腊,中世纪直到古典乐派起来之前,可以说是声乐的一统天下,没有创造过一首器乐曲。西方的舞蹈特别是芭蕾舞的表情性舞蹈语汇,是17世纪特别是到19世纪初,随着浪漫芭蕾舞的创造而出现的,在此之前,也主要是模仿性的。当然从东西方各自的主导倾向看,这种和谐的结合,仍然是各有侧重的。总的说,东方是偏于艺术媒介的表情性,西方是偏于艺术媒介的认识性。应该说这种偏于内容或偏于形式的特点，只是一种量的差异，并不否定内容决定形式以及两者均衡谐和的根本原则，在这个根本原则上，中国和西方却是一致的。中国古代一直强调质决定文，意先于笔，情决定辞采，刘勰讲："情者，文之经；辞者，理之纬。经正而后纬成，理定而后辞畅，此立文之本源也。"（《文心雕龙·情采》）这可以看作中国古代一个典型的代表。西方也要求形式服从内容，直到布瓦洛还在讲："音韵不过是奴隶，其职责只是服从。"在理性的控制下，"韵不难低头听从，韵不能束缚理性，理性得韵而丰盈"（《诗的艺术》第一章）。

再现和表现，内容真和形式美的和谐统一，使古典艺术更富于审美的特性，在美的愉悦性方面远胜于近代崇高型的艺术，当然崇高型的艺术更具有震撼人心的感动力量，使人得到更多的真理和智慧。当然古典艺术这种内容美和形式美的和谐统一，是一种未经彻底分化的素朴的原始的统一，比起社会主义时代新型的对立统一的和谐美来说，仍然是一种历史的被局限了的美。

（原载《文学遗产》1987年第6期）

第三编

美和崇高纵横论

美和崇高纵横论

我国美学界对美与崇高范畴的研究，多数是孤立的共时的静态研究，很少对它们的内在本质作深入的逻辑分析，更缺乏历史的具体的动态考察。本文试图克服这一弱点，分别对美与崇高范畴作横断的逻辑解剖和纵向的历史探析。需要说明的是，现实中的美与崇高同艺术中的美与崇高虽有存在与意识之别，但就由各种关系构成其组合形态而言，它们的美学性质则是一致的。因此，本文对美与崇高的分析，同时也是对美的艺术和崇高型艺术的分析。

一

美（狭义的）和崇高是广义美的两种形态。广义美作为主体与客体、人与自然、个体与社会、必然与自由、内容与形式的矛盾统一体，有偏重于它的和谐、均衡、稳定、有序的形态，此即狭义的美的形态；有强调其对立、斗争、动荡、无序的形态，此即崇高的形态。对美的崇高，可作横、纵两方面的分析、研究。这里先把二者当作并列的横断范畴来看，对它们的基本特征作一逻辑分析。

首先，美是主体与客体、人与自然、个体与社会、必然与自由等关系在总体上处于和谐、均衡、稳定、有序的状态。关于这种和谐统一的美，我国早在先秦时期已有所强调。孔、孟儒家要求心理与伦理的统一，强调个体在社会伦理关系中求得和谐发展，老、庄道家则强调人与自然的和谐统一，主张人向自然回归、与自然合一且又超越自然。庄子哲学可称为美学，其哲学和美学是浑然一体的东西，他提出了如何使自然的必然性与人的目的性相统一的问题，也就是必然和自由统一的问题。中国古代哲学在某种意义上也可称为美学，如何求得人与自然的统一、个体与社会的和谐发展，始终是最受中国哲学重视的问题。中国古代哲学所追求的人生境界是审美的，审美被看作是促进人的健全合理发展，达到人与自然、个体与社会和谐统一的重要途径。在西方，古希腊所体现的和谐自由的精神与我国先秦时期所强调的人与自然、社会的和谐是一致的。黑格尔认为，"希腊人的意识所达到的阶段，就是美的阶段"。古希腊人是在人与自然、社会的和谐关系中得以正常发育的儿童，他们达到了"精神与自然的合一""以自然与精神的实质合一为基础，为他们的本质"，是"自由的主体"。[1]正是这种精神和自然、社会和谐统一的充满自由的人，创造了古典的和谐美。我国整个古典艺术，同古希腊一样，也可以说是处在"美"的阶段，是一种中和之美的艺术。崇高则是主体与客体、人与自然、个体与社会、必然与自由等关系总体上处于不和谐、不均衡、不稳定、无序的状态，然而又在它们尖锐的矛盾冲突中求平衡、在不和谐中求和谐、不自由中趋向于自由的获得。在近代资本主义社会，主体与客体、个体与社会的尖锐对立突出了，正如马克思、恩格斯所说："在现代，物的关

---

[1] ［德］黑格尔：《哲学史讲演录》第1卷，第160页。

系对个人的统治、偶然性对个性的压抑,已具有最尖锐最普遍的形式。"①个性要发展,必须摆脱和否定物的社会关系和阶级关系的统治,"确立个人对偶然性和关系的统治,以之代替关系和偶然性对个人的统治"②。这势必要展开个体与社会、主体与客体的尖锐斗争,以争取主体的自由。柏克感受到近代社会对立的气息,首先从主客体两方面区分了美与崇高的范畴。康德真正从哲学上、美学上给近代崇高以本质的规定,强调了想象力与理性的矛盾、人与自然的对立。近代艺术把物与我、主观与客观分裂、对立起来。相对说来,浪漫主义强调主观,向自我心理世界探求;现实主义强调客观,朝对象感性世界开掘。

其次,由主体与客体、人与自然、个体与社会、必然与自由的和谐关系所决定,美强调理性内容与感性形式的和谐统一。理性内容是人的主体,感性形式是客体。对人自身来说,就是躯体和精神的统一。席勒曾说美是活的形象。这个活的形象体现在人自身,就是感性的肉体存在与理性形式的和谐统一。黑格尔把古典艺术看作是内容与形式的和谐统一。这突出地体现在古希腊的雕刻上,在古希腊雕像感性躯体上闪耀着理性的光辉。崇高强调主体与客体、人与自然、个体与社会、必然与自由的对立,所以在内容与形式上也是冲突、对立的。它表现为无限的内容要冲破有限的形式,压倒形式。在内容与形式的冲突中,感性客体威压着主体,唤起主体的理性力量,此力量又趋于突破、压倒感性形式。在人身上,就表现为灵魂与肉体的对立。近代浪漫派揭示了这种人的灵与肉的冲突以及

---

① 《马克思恩格斯全集》第3卷,第515页。
② 同上。

性格内部的斗争。雨果的《巴黎圣母院》表现了形体美与灵魂丑的对立（侍卫长）、形体丑与灵魂美的对立（卡西莫多）。近代艺术致力于表现有限的躯体内那复杂的性格的剧烈冲突，浪漫主义重在表现人的心理的矛盾和情感的巨大波澜，这种强调对立的个性典型特征，是近代崇高的产物。

第三，美的形态不仅是内容的和谐、内容与形式的和谐统一，而且要求其形式因素按形式美的规律来组合，要求艺术的外在因素组合得均衡、和谐。因此它不但在内容上不注意表现丑，而且在形式上也是排斥丑的。古希腊有爱神、美神维纳斯，但却没有司恨与丑的神，据莱辛记述忒拜城的法律规定：不准表现丑（见《拉奥孔》）。在中国古典美的艺术中，"丑"在明中叶以前基本上只是滑稽、可笑的意思，它只限于闹剧、幽默喜剧范畴。形式的丑在绘画、戏曲等古典艺术中是很少见的。在我国戏曲舞台上，叫花子也穿绫罗绸缎，只是在上面打几个补丁，示意他穿的是破烂衣服就行了。由于崇高在内容上、内容与形式的关系上强调矛盾对立，强调内容压倒形式，趋于无形式，这就要求突破形式美的规律，要求不和谐、不稳定、不平衡、不对称、不合比例，也就是要求形式丑。崇高事物内在地展开了美与丑、真与善的斗争，它一方面表现为同客观世界的恶的斗争，另一方面展开了主体世界的美丑斗争、真善斗争。崇高的事物自身含有不真与丑的因素，有不合规律的地方。因此，它要求一种形式的丑。只有用形式的丑，用这种不和谐、不稳定的形式因素才能更充分、更恰当、更突出地表现崇高的内在本质力量。牛虻脸上的疤痕突出地表现了他经过斗争的考验、血与火的洗礼之后的性格特征和内在精神。"丑"是一个近代美学范畴，是由浪漫派提出来的。雨果的《〈克伦威尔〉序言》提出了著名的对立原则，这是一篇美丑对立的宣言。他的《巴黎圣母院》就是表现美丑对立并实现其对立原则的，其中不仅把美丑作为对立的形象来塑造，写了神父、侍卫长与艾丝米拉尔达的对立，而且在这里要求形式丑，甚至用丑来表现美。卡西莫多在形体上是丑八怪，却有美好的心灵。不过，在近代浪漫主义和现实主义艺术中，形式丑的运用还是有限度的，虽然形式美的规律被突破了，但在总体上还在起作用。直到资产阶级现代派艺术的兴起，才把反和谐的丑作为追求的理想。波德莱尔的《恶之花》创造了"丑诗歌"，卡夫卡的《变形记》贡献了"丑小说"，荒诞派的戏剧提供了"丑戏剧"，这就把形式丑的运用发展到了极端。

第四，主体与客体、人与自然、个体与社会、必然与自由、内容与形式以及形式美等关系的和谐统一，使美的事物呈现出单纯、宁静的状态，给人以轻松、自由、愉悦、和谐的美感。温克尔曼在《古代艺术史》中称古希腊艺术是"高贵的单纯、静穆的伟大"，这成为评价美的艺术的名言。米洛的维纳斯雕像全身稳健优美，那么单纯，丝毫没有不安和痛苦。中国古代艺术也是单纯的、不复杂的。诗词一首，小令一段，多么简洁，即使元杂剧也是单纯的，其情节基本上是单线发展的，并不复杂。中国古典戏曲让人毫不费力地得到美的享受。这种缺乏复杂矛盾内容的古典美的单纯，曾被浪漫派的雨果指责为单调，他说："古老庄严地散布在一切之上的普遍的美，不无单调之感，同样的印象老是重复，时间一久也会使人厌倦。"[①]而主观与客观、人与自然、个体与社会、必然与自由、内容与形式的尖锐冲突和对立，以及形式丑的强调，使崇高具有复杂的、动荡不安的特点。由对立走向统一和谐的双重性、过渡性，

[①]《西方文论选》下卷，第185页。

正是崇高的独特本质。崇高感是痛感和愉悦、不自由和自由、压抑和解放的复杂感情的混合。在欣赏崇高艺术过程中，人们逐步从痛感转化为快感、由对立的不和谐感走向统一的和谐感。没有对立和不和谐感，就没有崇高的欣赏，而没有统一与和谐的愉悦，也就超出了审美范畴。夹杂着恐怖、敬畏的痛感是崇高艺术欣赏的独特之处。席勒说：美始终是欢乐的、自由的，崇高则是激动的、不安的、压抑的，需要纵身一跃，才能达到自由的境界。欣赏西方近代悲剧与欣赏中国古典戏剧是不同的，西方近代悲剧表现复杂的矛盾、曲折的斗争，描绘悲剧英雄人物的苦难、不幸和死亡，它给观众一种沉重的压抑感，让你简直透不过气来，陷入怜悯、悲哀的痛苦之中。它始终是惊心动魄的，让你为悲剧人物的命运担忧。但悲剧人物在光明与黑暗、正义与邪恶、进步与反动的斗争中，在理智与意志的矛盾中，展示了他伟大的道德情操、高尚的理想、非凡的毅力、一往无前的精神。悲剧以悲剧英雄人物的牺牲为代价，换得对历史规律的掌握和对斗争必然胜利的信念，这又使人由压抑的痛感进而产生惊叹、钦佩之情和胜利的喜悦。

第五，美和崇高的基本特征，也是对事物运动的两种形态的美学概括。我们知道，任何事物都处在运动之中，而运动都采取两种形态，即相对静止的形态和显著变动的状态。从美学角度来看，美是相对静止、持续稳定的形态，偏于平衡、和谐；而崇高则处于显著变动的状态，偏于不平衡、不和谐。一般来说，当一个人和周围的环境非常和谐、工作非常顺利、心情舒畅时，他就是处于自由自在的相对稳定的、静止的、美的境界。而当一个人和客观现实发生矛盾，工作不顺利，掌握不住规律，陷入不安、骚动、苦闷的心境时，他就是处在显著变动的崇高的境界。一个民族，一个时代也是这样，在和平环境中，在社会持续稳定发展的时期，一般都倾向于美的创造和欣赏；而在战争时期、在社会激烈变革的时代，则主要强调崇高的形态。

综上所述，美是主体实践和客观规律和谐统一的现实存在，而崇高则是在主客体这一矛盾对立中肯定主体实践的伟大力量，预示着这种统一必然会实现。

二

逻辑的分析还是一般的、抽象的、静止的分析，逻辑必然与历史相结合，在某种意义上可以说，逻辑是凝缩的、修正了的历史，历史是现实的、展开了的逻辑，只有把逻辑的分析转向历史的研究，才能在美的历史运动过程中具体地把握美的形态。

从奴隶社会到封建社会，由于封闭的自然经济、古典的社会阶级斗争、素朴的辩证思维模式等多种复杂因素的制约，美表现为一种古典的和谐的形态，这也是在科学意义上可以称得起为艺术美的第一个历史形态。

中国古典美学就是以和谐为美的，它强调把杂多的或对立的关系组成为一个均衡、稳定、有序的和谐整体，排除和反对一切不和谐、不均衡、不稳定、无序的组合方式。它在和谐与不和谐、均衡与不均衡、稳定与不稳定、有序与无序之间，寻求一个恰当的度。中国古代依据"执两用中"的素朴的辩证思维，把"中"看作这种和谐的唯一尺度，强调在矛盾双方中不走极端、相成相济，以取其中。凡取其中的，就是合度适度，否则就是过，就是淫。这样，以和为美实质上便是以中和为美，所以，又可称为中和之美。远在春秋末期，我国就把符合五声谐和的音乐称之为"中声"。所谓"中声之所止"，便把以"中"作为谐和的最高标准的观念突出了。这种中和之美,在《季札观乐》的记载中也明显地体现出来。吴公子观《周南》《召南》是"美哉!""勤而不怨矣";观《幽》是"美哉!荡乎,乐而淫";观《小雅》是"美哉!思而不贰,怨而不言"。[①]到孔子和儒家,也说"哀而不伤,乐而不淫""怨而不怒"。但在哀、乐、怨等情感的掌握上都要求执中,反对走到"伤""淫""怒"的极端,这种中和的要求在古代都是一致的。"中""度"等标准,后来又与礼相联系,这便形成了贯穿整个古典美学的礼乐统一、文道结合、以礼节情、以道治欲的传统美学观念,产生了温柔敦厚的诗教和乐教。总之,一切都要受礼(理、道、德)的制约,反对过度,反对"淫"。

因为中国古代美学以中和之美为理想,强调不偏不倚,反对过度极端,反对不和谐、不均衡、不稳定,这样,不和谐的丑在古代美学中便不占主要地位。美这个概念早为人们所探究,而丑作为概念出现却比较晚。《左传·襄公二十六年》有一段记载说,平公的美妾生二子,一个"恶而婉",一个"美而狠",前"恶"实指形丑,但并未出现"丑"字,仍以恶代丑。老子谈美丑的相对性,也用的是"恶"字,"天下皆知美之为美,斯恶已;皆知善之为善,斯不善已",仍未见"丑"字的出现。孔子、孟子皆专注于美、善,而未言丑,只有到了庄子,才第一次提出了"丑"的概念。《秋水》中北海若曰:"今尔出于崖涘,观于大海,乃知尔丑,尔将可与语大理矣!"这里借河伯观水之美遇北海神的寓言,来说明北海大水之美和河川小水之丑的道理。庄子似乎是以"大"为美、以"小"为丑的(丑即小的意思)。更重要的是庄子第一个把人的形

---

① 《左传·襄公二十九年》。

体丑和内在精神美这样对立的因素统一在一起,他极力推崇这种形奇丑而心极善的人。《德充符》中就有不少说明这种思想的寓言。卫国的哀骀它"以恶(丑)骇天下",但"丈夫与之处者,思而不能去也。妇人见之,请于父母曰'与为人妻,宁为夫子妾'者,十数而未止也。"在庄子看来,这是"德有所长而形有所忘"的结果。在某种意义上,这种奇丑的外形比健全的形体更易于显出其内在精神的崇高和伟大。重视外形丑,正是庄子重视内在精神的结果,也是庄子崇尚以大为美的结果,因为内在美正需要不和谐不稳定的外形丑来表现。

从中国戏剧史看,丑的出现也是比较晚的。研究中国戏剧起源的人,往往上溯到"优",有的认为"优"出现于春秋期间,冯沅君先生则上推到西周(见《古优解》)。优在先秦常与俳儒通用,可能也是矮小丑陋之人。他们大概是以其矮丑的形体、闹剧式的动作、机智诙谐的言谈而取悦于君侯,使主人们开心解颜的人。《左传·襄公二十八年》记载:"陈氏、鲍氏之圉人为优。""为优"下晋杜预注"优,俳也",孔颖达疏:"优者,戏也。……今之散乐戏可笑之语,而令人之笑是也。"《汉书·枚乘传》说枚"诙谐类倡优"。《史记》为优人写了《滑稽列传》,姚察注"滑稽,犹俳谐也",南唐书直接作《诙谐传》。所以王国维说"优人之意""以调戏为主",又说"唐宋滑稽戏"也,"纯以诙谐为主"[①]。冯沅君先生也说,"fool与优都是以诙谐娱人"。当然,也有些俳优在谈笑中进行讽谏。《史记·滑稽列传》说:"谈言微中,亦可以解纷。"《文心雕龙·谐隐》也说:"优旃之讽漆城,优孟之谏葬马,并谲

[①]《王国维戏曲论文集》,第25页。

辞饰说，抑止昏暴""其辞虽倾回，意归义正""会义适时，颇益讽诫。"但这种讽谏是"婉而多讽"，是"寓谏评于诙谐中"（冯沅君先生语），只是揭露其个别的、局部的缺陷，予以婉言规劝，一般达不到近代本质丑的高度。俞勋在《论丑角源流及其人才》中说："古有优之名目，早具丑角之模型……优即丑，丑即优，纵谓戏之开源，完全滥觞于丑，亦无不可。"假若说古希腊戏剧是起源于酒神颂，起源于古典悲剧的话（古典喜剧比较晚），那么中国戏剧也可说是起源于古典喜剧（若以优为戏剧源头的话），更准确些说是闹剧、笑剧、幽默剧。

中国古典和谐美的艺术，由于缺乏深刻的本质意义上的丑，因而也就没有近代意义的讽刺和近代意义上的喜剧。近代喜剧以丑为描写对象，以彻底揭露、讽刺、否定丑为主要任务，如果戈理的《死魂灵》《钦差大臣》等。而我国古典的喜剧，则主要限于闹剧和幽默喜剧。它的主要人物大多是正面人物，只是由于丑扮或插科打诨，或机智诙谐，而使正面人物带有喜剧色彩，这就是所谓"寓庄于谐"。而正面人物对丑的事物的斗争，又往往是"谑而不虐"，达不到一种根本的否定。"七品芝麻官"虽然凭了他的智慧和勇气暂时取得了某些胜利，但诰命夫人仍然平安无事，并未受到根本的伤害。

中国古典美和艺术由于缺乏美与丑、主体与客体、个体与社会的尖锐对立，或者有了某种程度的矛盾对立，但并不把这种对立和斗争推到极端，缺乏斗争的尖锐性和彻底性，事件发展到一定程度就刹车了，淡化与和解了尖锐的矛盾，这就出现了大团圆的结局。因而在强调和谐美的制约下，中国没有近代意义的崇高和悲剧。中国古典的和谐美大体上只有两种类型，一是壮美，一是优美，或者说一是阳刚之美，一是阴柔之美。但壮美不是崇高。近代崇高是主体与客体、个体与社会、人与自然、必然与自由、美与丑尖锐的本质上的对立。壮美与优美相比，虽有更多的矛盾、对立的因素，但与崇高相比，却又更多地强调均衡、和谐和自由。在人与社会的关系中，强调个体与社会、心理与伦理的和谐统一，宣扬伦理观念是个人的天性，它不否定个人，但主张在社会伦理规范中，在与社会的和谐结合中求得个人的发展。在人与自然的关系中，讲天人合一。支配中国古代意识的主要是儒道两家（汉代以后又增加了佛家），儒家讲人道，也不忘天道。孟子说，"万物皆备于我""上下与天地同流"①。道家讲天道，也不忘人道。庄子说，"天地与我并在，万物与我为一""人与天一也"②。这样，人与自然、我与宇宙便合而为一，万物与我为一，而我也包容了整个宇宙。这里没有西方近代崇高中那种由自然的力量和数量的无限所产生的压抑与恐怖，它始终是一种主体融于客体，并包含和超越客体的和谐感与自由感。在近代崇高中，无限的内容趋于突破有限的形式，内容和形式处于尖锐的矛盾中，而在壮美中，无限的内容则消融并超越于有限的形式。它似乎既是有限的又是无限的，既是无限的又是有限的。"长风几万里，吹度玉门关"，长风是有限的（"几万里"），但几万里长风，亦是够大了。在这里，壮美似乎是把崇高的对象作了和谐美的处理，使崇高的事物消融在和谐的审美意识总体结构之中。这也就是黑格尔所说的古代自由的主体把崇高对象陶铸为美的显现。近代悲剧以崇高为基础，没有近代崇高也就不可能有近代的悲剧。中唐以前艺术中的悲剧因素似更重一些，楚之《离骚》，汉

---

① 《孟子·尽心》。
② 《庄子·齐物论》。

末之《孔雀东南飞》，唐杜甫之"三吏""三别"，白居易之《新丰折臂翁》《上阳白发人》，其悲剧性也近于古希腊悲剧。这一方面是原始崇高性艺术的强烈影响（特别是《离骚》与楚原始文化的关系尤为密切）；一方面也是由于中唐以前的艺术偏于客观写实，偏于阳刚之美的关系。因为偏向客观现实，包含更多的阳刚之气，便必然出现更多的矛盾、对立、斗争、苦难、牺牲的因素。而晚唐以降，中国古代艺术发生一个很大的转折，由偏于客体、写实，转向主体、写意；由偏于阳刚的壮美转向偏于阴柔的优美，本来就强调均衡、和谐的艺术，现在变得更为浓重了。其典型的表现是出现了大团圆的悲剧，剧中人物不管经过多少悲欢离合，最后总是完满的和谐的结局。人称大悲剧的《感天动地窦娥冤》，不但窦娥的三桩誓愿（血溅白练、六月飞雪、三年大旱）皆已应验，最后她的父亲窦天章还为之昭雪了冤案，而《杨家将》中某些人物的慷慨捐躯，战死沙场，竟很少有悲的因素，简直可以视为大义凛然、视死如归的英雄颂歌。

　　古典和谐美的理想，不但陶铸了中国的古典艺术，同时也制约着西方的古典艺术。西方的艺术和美学，由于强调模仿客观、再现现实，与中国古典艺术相比有更多矛盾、对立、曲折、斗争的现实内容，因而丑的因素、崇高的观念、悲剧和喜剧的艺术，比我们更为分化，更为发展，更为突出，但相对于近代崇高型艺术来说，它远未越出古典美的和谐圈，还与近代的丑、近代的崇高、悲剧和喜剧有本质上的差别。然而，矛盾是普遍的，斗争是绝对的，古代社会的矛盾虽没有达到近代社会的尖锐程度，但美丑善恶的矛盾、斗争，还是相当激烈和复杂的。古典美的理想，对于这种丑（恶）的态度，一是排斥，二是节制，三是融化，总之要消除它的独立存在。柏拉图因为诗人描写了众神的罪恶和丑行，把诗人逐出了他的理想国。贺拉斯在《诗艺》中已告诫人们，严防把丑的事物搬上舞台。这明显的是排斥。而当亚里士多德说喜剧的丑是"天害"的时候，这已经把"丑"更多地限制为一种不和谐的滑稽可笑的形式因素，或限于闹剧和幽默喜剧的范畴。后来贺拉斯所说的只限于那些不致引起痛苦或伤害的滑稽和丑陋，大体上也是要限制在一定的程度和范围内。丑这个幽灵一旦侵入艺术，则要加以融化，使之成为和谐美整体构成的一个有机部分。这样，丑的因素就不是显示了自己，相反地倒是给平衡、和谐、稳定、有序的古典美增加了一点不平衡、不和谐、不稳定的调料，使之更多一点变化，更增一番妙趣。所以中世纪的奥古斯丁说，丑能烘托出整体的美与和谐。崇高是美与丑相互对立又相互作用的产物，既然丑还没有分化出来成为一个独立的美学范畴，那么崇高也就不能成为近代意义上的独立的美学范畴。不少人把郎吉弩斯的《论崇高》等同于近代的崇高，把它作为一个独立的美学范畴，似不合历史实际，黑格尔把这种包含崇高因素的美称为"古典的美的崇高"，指出"在古典理想中……它所包含的崇高就显得和美融成一片，就直接转化为美"。[1]这种"古典的美的崇高"，更接近于中国的壮美，都属于古典的类型，而不是更接近于近代的崇高，近代的崇高与古典的美的崇高属于两个不同的时代。悲剧以崇高为基础，是社会崇高的深刻体现。"美的崇高"未达到独立的形态，这也限制了希腊悲剧，使其成为古典的悲剧，而不是近代严格意义上的悲剧。

不少人以为古希腊的命运悲剧与和谐美相左，甚至以此来否定美是和谐说，这主要是由于缺乏具体分析而产生的误解。首先，这

---

[1]《美学》第2卷，第228页。

种悲剧产生于原始的宗教狂热和远古神话的土壤中，更多地保留了原始崇高的因素，这种因素作为历史来说，它是属于过去的陈迹。其次，也是更为关键的，还在于冲突的结局。中国古典悲剧是大团圆的，古希腊悲剧也重和解。埃斯库罗斯的《普罗米修斯》，就以普罗米修斯与宙斯和解、雅典举行谢神的盛典而告终。黑格尔说，希腊"悲剧主角尽管显得受命运的折磨，但是他们还露出一种简单的自在心情，好像在说：'事情就是这样'"，他们有一种"守住自我的镇定""使人在苦痛本身里也可保持住而且显出静穆的和悦"。[1]当然偏于模仿再现的古希腊艺术，不同于中国古典式的大团圆，有着更多的矛盾对立和斗争，有着更多的曲折、苦难和牺牲，但是古希腊悲剧并不是让人陷于痛苦和悲哀，而是通过情感的宣泄，使人们复归于和谐与平静。亚里士多德说悲剧"借引起怜悯和恐惧来使得这种情感得到净化"。他的净化说，曾引起不少争论，但结合亚里士多德"美在有机统一"的观念，结合古希腊美的和谐意识来看，所谓"净化"，就是把不和谐的情感净化为一种和谐的情感，从而使人们的灵魂安乐于美的王国中。宗白华先生对亚里士多德悲剧净化说的解释[2]，我觉得也是比较恰当的。

古代的丑只限于"无害"的闹剧和幽默因素，只限于形式上的滑稽可笑，这样也限制了古希腊喜剧，使之不能成为一种独立的范畴，不能成为近代严格意义上的喜剧。阿里斯托芬的喜剧虽然谑浪笑傲，嬉笑怒骂，大出雅典权贵们的洋相，但同中国古代喜剧相类，始终是"谑而不虐""讽而多婉"的。正如黑格尔所说，他的

---

[1]《美学》第1卷，第203页。
[2] 宗白华：《美学散步》，第200页。

喜剧"不带岔恨,而带一种明快爽朗的笑谑",究其原因,还在于"不能从希腊那样的美的国度里替讽刺找到真正的土壤"①。同样,我们也可以说,同古希腊一样,古代中国人也处于美的阶段,古代中国也是一个美的国度,在这个古典和谐美的世界里,一切都服从于美,美是最高原则。丑、崇高、悲剧、喜剧等都未彻底分化出来,都只作为和谐美构成的一个基因而存在,而不能作为一种独立的范畴和形态而存在。由此可见,中西方美学和艺术,在古典的时代,都有其共同的规律。当然在共同的一般规律的基础上,中西方美学和艺术各有特色。这里我侧重的是探索共同规律,特殊的方面就从略了。

三

随着近代开放的国际性的工业生产逐步代替古代封闭的农业经济,随着资本主义社会中尖锐的两军对战的阶级矛盾代替封建社会中古典的社会冲突,随着近代形而上学思维代替古代素朴的辩证思维,随着近代的个性解放代替古代的等级专制,近代美学也逐步冲破古典的和谐美,打破了古代均衡、稳定、和谐、有序的美的理想,而提出并运用对立、冲突、动荡、无序的原则。总之,就是以近代崇高和崇高型的艺术代替了古典的和谐美及和谐美的古典艺术。

从古典美学向近代美学转折和发展的标志,可以说就是以这种不稳定因素和不和谐原则的侵入、扩大并日益受到人们重视为契机的。我在拙著《论美是和谐》和《文学艺术的审美特征和美学规

---

① 《美学》第1卷,第264—267页。

律》两书中，曾一再说过：美是和谐，丑是不和谐、反和谐。从这一观点看，不和谐因素的渗入和增加，也就是丑的因素的渗入和增加。从排斥丑到吸收丑、重视丑，从丑服从美到丑美对立以及丑逐步取得主导的地位，便成为近代美学否定古典美学的转折点，也成为近代美学发展到极端的主要标志。鲍桑葵在其名著《美学史》中，对丑给予特别的重视，较详细地评述了丑在近代的发展过程，把丑的发展与近代美学发展视为同步现象，是颇有见地的。

在近代美学史上，第一个打破丑的禁令的是莱辛。他的名著《拉奥孔》表面上致力于区别诗与画的界限，实质上是区别古代造型艺术和近代诗歌艺术之间的界限，是区别古代艺术和近代艺术、古代美和近代崇高之间的界限。他认为古代艺术主要是造型艺术，美的法则是它的最高法则，作为美的艺术，它是不肯表现丑的，是拒绝和排斥丑的。近代艺术主要是诗歌艺术，而美不是近代诗歌艺术的基本品质，或者说近代艺术不是美的艺术，美不是它的最高法则。因此，丑可以入诗，它有两层含义，一是可以描写丑的对象；二是可以对艺术的各种元素作不和谐的处理。这两层含义是相互关联的，而后一条具有更本质更深刻的意义。可以说莱辛预告了一个新时代的黎明。康德、黑格尔对丑则很少论述，这使研究近代美学的人感到迷惑不解。其实，康德、黑格尔已经扩大了美的范围，由狭义的美（古典和谐美，亦即优美）扩大为广义的美。在康德那里出现了近代崇高，在黑格尔那里出现了浪漫型艺术。在这两个审美范畴中，都已包含了不和谐的、矛盾对立的原则，都已包含了丑，这样论述是更深刻的，而且在黑格尔那里是更辩证的。假若说，康德、黑格尔以抽象思辨的形式揭示了理性世界的矛盾对立，那么，也可以说是歌德以生动的审美形式揭示了感性心理世界的矛盾对立和激烈冲突。他曾说："我们称为罪恶的东西，只是善良的另一面，这一面对于后者的存在是必要的，而且必然是整体的一部分，正如要有一片温和的地带就必须有炎热的赤道和冰冻的拉普兰一样。"①这样，歌德就在《浮士德》中提出"尔本丑类蠢然，敢与美人比肩"的问题上以美丑斗争而又共存作了回答："美与丑从来就不肯协调""却又挽着手儿在芳草地上逍遥"。但歌德同黑格尔悲剧的和解一样，保留着古典团圆的结局："不如意事常八九，而今如愿以偿！""永恒女神自如常，指引我们向上"。②

浪漫派的雨果在《〈克伦威尔〉序言》中，竭力强调美与丑的并存与对立，他说：近代的诗艺"会感觉到万物中的一切并非都合乎人性美，感觉到丑就在美的旁边，畸形靠近着优美，粗俗藏在崇高的背后，恶与善并存，黑暗与光明相共"③。济慈也曾说：诗"喜爱阳光，也喜爱阴影""不管丑或美，高贵或低微，富有或贫乏，卑劣或崇高——它同样有兴趣来设想伊阿古或伊摩琴"。④韦塞坚持了丑在美学理论中的地位，他赞成索尔格的观点，认为同单纯的美相区别，丑是一种要求取代美的地位并推动构成美的各种力量的一种病态但又迷人的东西。他甚至认为"没有丑这一要素，美的具体的变化就不可能产生"⑤。1853年罗森克兰兹出版了他的《丑的美学》，这大概是研究"丑"的第一部专著。鲍桑葵在《美学史》中对他和哈特曼的观点作了比较全面的介绍和评论，在结束语中，他也认为随着丑的逐渐增大，"在过去的一百年间""不协调

---

① 《欧美古典作家论理实主义和浪漫主义》（二），第382页。
② 《浮士德》，第508-509、第693页。
③ 《西方文论选》下卷，第183页。
④ 《古典文艺理论译丛》第9辑。
⑤ [英]鲍桑葵：《美学史》，张今译，商务印书馆，1985年版，第511、517页。

的现象也变得比以往任何时候更加深刻了,人民的艺术传统陷于中断""但心灵是更加坚强了,自我是更加丰满了""即令我们被我们自己制造的丑包围起来,我们也有了更大的和更锐敏的美感"。[①]这也就是说,人们的美感已由单纯的对美(狭义的)的欣赏,扩大为对一切审美对象(广义的美不但包括狭义的优美,而且包括崇高、悲剧、喜剧,甚至独立的丑等)的欣赏了。但是于1892年完成《美学史》的鲍桑葵,还未来得及看到19世纪末和20世纪以来的西方"现代派艺术"(它们实质上是近代艺术的极端发展),还未见到丑已经占据主导地位和极端发展的情景。罗丹创造了并无美的陪衬的《欧米哀尔》,但他还是认为"在美与丑的结合中""结果总是美得到胜利"。到立体派的创始人毕加索,就从来不顾及什么是美了,而在波德莱尔的诗歌和卡夫卡的小说中,丑则一跃而为主导的角色。在丑恶无涯的海上飘荡颠簸的波德莱尔,写出了"从恶中发掘美"的《恶之花》,把丑说成了美,以丑代替了美。卡夫卡的《变形记》,以荒诞的幻觉形式,描绘了西方当代社会的丑恶,丑几乎笼罩了一切。超现实主义的画家达利,竟创造了青铜圆雕《带抽屉的维纳斯》,把古希腊不可企及的美神,一变而为迟暮的"丑神"。西方"现代派"音乐,强调不协调、不和谐,突出强烈的刺激性节奏,抛弃和声,抹杀旋律,引入噪音,甚至发展到"噪音交响乐"。现代派建筑早已否定了平衡、对称的原则,甚至西方流行的服饰,也在追求着不均衡、不和谐。西方的所谓反对美,实际上是强调对立的崇高与不和谐的丑;他们的所谓"反艺术",一方面是反对传统的模仿再现的艺术,另一方面也是反对传统的古典和谐

---

① [英]鲍桑葵:《美学史》,张今译,商务印书馆,1985年版,第551、597页。

美的艺术，实质上也是由浪漫的、写实的崇高型艺术，逐步向不和谐的丑艺术发展，向彻底的抽象表现主义发展。西方"现代派"艺术虽层出不穷，令人眼花缭乱，但这一美学上的发展线索还是很清楚的，是有规律可循的。对于"现代派"艺术的成因，存在着各种各样的说法，有人归因于照相技术发明的挑战，有人归因于近代机械工业发展的影响，我们以为主要的答案要到社会中去找。它们以扭曲变形的方式反映资本主义社会现实的冲突，表现人们精神陷入"虚无的深渊"所引起的心灵反应，表现人与人之间互不信任的恐惧心理。它们在本质上都是哲学化了的艺术，萨特、怀特海、弗洛伊德等人的哲学对它们的形成无不起了推波助澜的作用。长期以来，西方美学一直被究竟什么是艺术的问题所困扰，为了寻找出路，便一反再现艺术的传统，把表现艺术家的感情和情绪当作艺术至高无上的目的。这就使唯心主义倾向格外膨胀，走向极端。当然，现代派艺术有"严肃型的"和"胡闹型的"分别，对它们的探索方式、价值标准和美学追求，宜实事求是地进行条分缕析，而不应一概予以拒斥。

在中国，丑角真正出现在舞台上，也是明朝以后的事情。明中叶之后，随着资本主义萌芽和市民力量的抬头，近代启蒙运动和浪漫思潮兴起，美与丑日益尖锐对立，丑逐渐为人们所重视，冯沅君先生在《古优解》中说："丑这个角色"，"直到元人作品中才出现"，它是从"净"分化出来的，净出自"参军"，参军又与古优有远缘。这便理出了一个从优到丑的演变线索。王国维则断定丑"始于明"，他说："惟丑之名，虽见《元曲选》，然元以前诸书，绝不经见，或系明人羼入。"[①] 又说："元明以后，戏剧之主人翁，

---

① 《王国维戏曲论文集》，第195页。

率以末旦或生旦为之，而主人之中多美鲜恶，下流之归，悉在净丑。由是角色之分，亦大有表示善恶之意。国朝以后，如孔尚任之《桃花扇》，于描写人物，尤所措意。其定角色也，不以品性之善恶，而以气质之阴阳刚柔，故柳敬亭、苏昆生之人物，在此剧中，当在复社诸贤之上，而以丑、净扮之，岂不以柳素滑稽，苏颇倔强，自气质上言之当如是耶？"①王国维的判断可能更为准确。丑的地位的日益突出，表现在几个方面：一是形式丑向内容丑、本质丑的深化，这就是角色之分有"表示善恶之意""下流之归，悉在净丑"；二是形式丑和内容美日趋尖锐对立，同雨果《巴黎圣母院》中奇丑而善良的卡西莫多一样，《徐九经升官记》《七品芝麻官》中的正面人物也都是丑扮的，《玉堂春》中的崇公道也近于此；还有一种更带近代色彩的，就是在对立斗争中带有崇高色彩的人物，需要用不和谐的丑的形式予以强调和突出，这就是柳敬亭、苏昆生之取丑扮的原因，他们的"倔强"和"滑稽"，从与和谐美的对立来说，是更近于崇高性的，而且这种倔强与滑稽，也不局限于王国维所说的人的气质，而是具有更多的时代特色的。

由于中国近代资产阶级的软弱，近代崇高观念未充分发展，因而丑的运用远未达到在西方近代艺术中的地位。总的说来，某些不和谐、不均衡的丑的因素的运用，还包容在古典美的内容与形式和谐统一的整体之中，整体说来仍是和谐的。这种局部的不协调、不和谐并不过度，并未过分强烈地刺激感官，也不带有显著的痛感，这种丑的因素的运用，常常给人以滑稽有趣的审美感受。

丑的侵入和放大，逐步形成美与丑的对立关系，导致美的单纯

---

①《王国维戏曲论文集》，第196页。

性的破坏和瓦解，促使美的形态（广义的）的分化和复杂化，崇高、滑稽、悲剧、喜剧日益成为独立的审美对象，形成严格意义上的近代美学范畴。夏斯勒说，"丑在本质上可以参与一切美"是一种活跃的辩证否定的要素，由于它的加入，审美兴趣才"被迫去创造形形色色的确定的或富于特征的美"。[①]哈特曼说得更清楚，"在一切美中皆有丑"，丑的介入"也就产生了哀情、喜剧、悲剧和幽默等美的变异"。[②]

近代美学从根本上来说，是由于丑的加入，由于形成美丑对立，导致古典美的否定和崇高的出现才开始的。这时美和崇高（美的艺术和崇高的艺术）才形成两大历史形态。博克是第一个探讨过崇高的近代美学家，他认为丑与崇高有血缘的关系，有部分的一致。莱辛在区别古典的画和近代的诗时，认为丑是近代诗歌达到"喜剧性和可怖性的手段"。康德最早从哲学上概括了崇高，标志着古典美向近代崇高的过渡。席勒的《素朴的诗与感伤的诗》，正是区别了古典美的诗和近代崇高的诗。谢林也说美本身的定义同古代艺术的公式一致，近代艺术和各种理想的艺术的公式不在美本身的定义范围之内。黑格尔通过古典的艺术给狭义的美（优美）下了周密的定义。通过艺术类型的演变给广义的美下了周密的定义。而浪漫型艺术的审美特征与康德的崇高，在精神实质上是相通的。夏斯勒说，丑的渗入使美只能产生两种形态变异，即秀美和崇高。

从这一发展的线索看，崇高也可以说是美与丑相互对立相互作用的产物。这种美丑之间的关系，一方面客观地展开为美的主体

[①] [英]鲍桑葵：《美学史》，张今译，商务印书馆，1985年版，第534页。
[②] 同上，第551–552页。

（心理世界内部真与善、灵与肉平衡和谐的主体）与客观的丑之间的矛盾斗争，一方面在崇高主体（心灵内部美与丑、灵与肉相互对立斗争的主体）内部也包含着某些美与丑的冲突（崇高主体作为上升的社会力量，常有未能掌握规律或不真的地方，即真与善的矛盾对立，这就是主体内部丑的因素）。所不同的是，客体上的丑还相对强大，而崇高主体内的丑只作为某些次要的因素。这种美丑斗争又展现为一个生动的现实过程，这一方面是崇高主体通过总结经验，克服自身的丑，达到真与善的更高的统一；另一方面也表现为崇高主体对客观上丑的斗争，通过艰难曲折而日益接近胜利。美丑矛盾的发展过程，又规定着崇高的双重性和过渡性，以及开始的压抑感与痛感向后来的解放感与快感的转化。这就打破了古典美的单纯（单纯的和谐、单纯的愉悦）和宁静（缺乏对立斗争，缺乏冲突过程，在西方以静态空间造型艺术为代表），真正成为一种近代的美学范畴。比较一下近代的拜伦、席勒、雨果和古代的李白、苏轼，就会看到这种显著的不同。

　　近代崇高的诞生，才带来了严格意义上的悲剧。美与丑不可解决的对立冲突，在相对强大的丑恶力量面前，美所遭受的不幸、苦难与死亡，这就是近代的悲剧。马克思所说的历史的必然要求和这个要求实际上不可能实现的悲冲突，以及鲁迅所说的把有价值的东西毁灭给人们看的悲剧，大体上都是指的近代严格意义上的悲剧。有的同志把这一特定的历史范畴加以泛化，便与古典悲剧相左了。古典悲剧以壮美为基础，近代悲剧以崇高为基础。别林斯基说得好：悲剧是崇高的深刻体现。黑格尔表面上似乎只把崇高与象征艺术联系起来，实质上他所说的浪漫型艺术，与近代崇高型艺术是一致的，而奠基于崇高的近代悲剧的最大特点，就是由于冲突的尖锐对立和不可解决而带来的毁灭和死亡，从而根本不同于古典悲剧之和解与大团圆。古典哲学专注的是客观对象，古典悲剧模仿的是在客观现实生活中展开的矛盾与和解，《安提戈涅》描绘的是家庭伦理和国家观念之间的两种客观力量的冲突，《普罗米修斯》展开的是人与自然、进步与愚昧之间的斗争。近代哲学以主体性为基础，崇高艺术和近代悲剧的矛盾冲突，是在主体基础上展开的，常常表现为人物的悲剧性的心理冲突，如莎士比亚的《哈姆雷特》、托尔斯泰的《安娜·卡列尼娜》。同时，随着近代的个性解放运动发展，主体萌发了自觉的个性意识。古典悲剧强调的是两种社会力量、两种伦理观念之间的冲突，近代悲剧强调的是个人与社会的冲突；古典悲剧是人的种属的悲剧、类型的悲剧，近代悲剧是个性的悲剧、性格的悲剧；古典悲剧由于偏重于客观上展开的矛盾冲突，所以更重情节、重行动、重感性生活，可称之为情节悲剧，而近代悲剧由于偏重在主体内部展开悲剧冲突，所以更重心理、重性格、重心灵的理性生活，又被人称之为精神悲剧（如《浮士德》的悲剧）。亚里士多德把情节视为古代悲剧的第一要素，而莱辛则把性格看作近代悲剧"神圣不可侵犯的"要素。[①]

喜剧同悲剧一样，是美、丑之间对立斗争的一种新形式，但又与悲剧不同。悲剧是丑压倒美，喜剧则是美压倒丑。悲剧中的丑还相对地强大，还是有力量的，是有害的，它严重地摧残着美；而喜剧中的丑则已走近了历史的坟墓，它已没有多大力量了，已成为美所戏弄和扬弃的对象。近代喜剧中的丑，一方面逐步衰落，向无害的坡道上滑去，一方面在深化为本质意义上的丑。古典喜剧中的丑大体上限于闹剧（形式上的丑）和幽默喜剧（部分的丑），而近代

---

① 《汉堡剧评》，第23篇。

喜剧则是一种严肃的辛辣的讽刺喜剧（本质上的丑）。哥尔多尼打算"用喜剧代替笑剧"[①]，已透露出用近代讽刺喜剧代替古代喜剧的信息。黑格尔更进一步指出：近代喜剧这种"新的艺术形式""其中对立的斗争""是用这样一种方式把现实中腐朽愚蠢的实况描绘出来"，要使它"像是自己毁灭自己""通过这种自毁灭来反映出真正正确的东西毕竟是坚固耐久的力量，而愚蠢和无理性那方面并没有力量构成本身真实的东西的对立面。"[②]别林斯基说喜剧人物是脱离了自己精神天性的真实基础的人们，鲁迅说喜剧是把无价值的东西撕破给人看，这都是指的建立在本质上丑的基础上的近代喜剧。马克思所说的"历史不断前进，经过许多阶段才把陈旧的生活形式送进坟墓，世界历史形式的最后一个阶段就是喜剧"[③]，更从历史唯物主义的高度，揭示了近代喜剧中丑的深刻的社会历史本质。西方的近代喜剧发轫于塞万提斯的《堂吉诃德》，它的目的是"要把骑士文学的万恶地盘完全捣毁"，这种讽刺是"亚里士多德、圣巴锡耳、西塞罗做梦也想不到的"。[④]莎士比亚的喜剧有着更多的近代特色，但还留下不少古典的痕迹，总的来说，他正在由古典向近代过渡之中。巴尔扎克的《人间喜剧》，果戈理、谢德林的讽刺喜剧，达到了近代喜剧的最高峰。中国的近代喜剧，滥觞于徐渭的《歌代啸》，发展于吴敬梓的《儒林外史》，辉煌于鲁迅的《阿Q正传》（当然它已开始露出现代曙光了）。近代喜剧是美与丑"对立斗争的一种新形式"，因而它本质上不同于古典喜剧，

[①]《欧美古典作家论现实主义和浪漫主义》（一），第155页。
[②]《美学》第2卷，第264页。
[③]《马克思恩格斯选集》第1卷，第5页。
[④]《堂吉诃德》原序。

而是属于近代崇高型的艺术了。大部分古典喜剧中的丑,基本上是形式的、表面的、部分的丑,它同美未形成本质上的对立,而是被统摄于美的整体和谐之中,因而本质上是一种古典和谐美的艺术,是一种优美的艺术。近代喜剧中的丑是一种有害的本质上的丑,它虽然在逐步走向坟墓,但它还相当有力量,还在拼死挣扎,有时还表现出一种狗急跳墙式的疯狂。美的主体还未达到完全控制丑的地步,还未达到充分自由的境界。美对丑的否定和斗争,还相当吃力,相当严峻,因而近代喜剧大体上是严肃的、辛辣的,如鲁迅式的冷嘲热讽。当丑已腐朽衰败到没有任何力量,而美的主体已达到充分的自觉的自由,可以自由地戏弄丑的时候,那可能将是现代社会主义向共产主义发展的新型喜剧的出现,那将是经过近代崇高之后达到的一种新型的美。我们说古典喜剧和现代喜剧是一种美的艺术,主要是就美的主体与美的和谐处理方式而言的。因为在这两种喜剧中,对丑的处理方式和面对丑的艺术家主体,都是和谐自由的(虽然古代的和谐自由是素朴的、有限的)。当然,它们作为滑稽艺术、喜剧艺术也有自己的特点,这就是增加了丑。这又使它与一般美的艺术相区别。

悲剧和喜剧是近代崇高艺术处理对立面斗争的两种主要形式,它同浪漫主义和现实主义两大艺术类型又息息相通,浪漫主义作为对理想的崇高事物的追求,现实主义作为对丑恶现实的批判和揭露,同悲剧和喜剧在美学精神上是一致的。近代悲剧和喜剧的出现,导致了古典和谐美的破裂、瓦解,但它们本身也在导致和谐,悲剧在美丑冲突中趋向着和谐,喜剧在丑的毁灭中肯定着和谐,因而仍然保持着审美的自由的品格,成为广义美的两种独特形态。

近代崇高并不是美的历史运动的终点,随着社会主义代替资本主义,并不断地向共产主义发展,随着自觉的辩证思维代替形而上学思维，新的对立统一的和谐美也将否定近代的崇高。前者是对后者的辩证的否定，它是一种包含着肯定的扬弃，它把近代本质上对立的因素概括转化为自身的内容；同时它又否定了近代崇高中截然对立的一面，向古典的和谐美复归。近代崇高的对立往往是不能和解的，势必要导向苦难、牺牲和毁灭，导向对前途的悲观和绝望；而现代新型和谐美恰恰是导向和解的美，它充满乐观和希望，预示胜利和繁华的未来；它本质上也不同于素朴的古典和谐美，其间不啻有天壤之别，它经历了深刻的分化与严重的曲折过程，实现了"杂多的统一"，在激烈斗争和巨大震荡的基础上达到了更高层次的统一。新型和谐美的萌芽，成长于社会主义并将大放光彩于共产主义的新型艺术，作为一种典型形式目前尚未形成，处于过渡阶段，因而我们对它的研究不免带有很大的尝试性和预测性。限于篇幅，本文不能予以详尽探讨，还是留待另一篇专文去论述吧。

（原载《中国社会科学》1987年第4期）

崇高·丑·荒诞

——西方近现代美学和艺术发展的三部曲

一、丑的升起

从古典美学向近代美学的转折和发展,是以不和谐、不稳定因素的侵入、扩大和日益受到人们的重视为契机的。具体地说,就是丑的发展导致古典美学的否定和近代美学的产生。我在拙著《论美是和谐》和《文学艺术的审美特征和美学规律》(又名《文艺美学原理》)两书中,曾一再说过:美是和谐,丑是不和谐、反和谐。从排斥丑到吸取丑、重视丑;从丑服从美、衬托美,到美衬托丑,丑逐步取得主导的地位,便成为近代美学冲击、代替古典美学的转折点,也成为近代美学发展成熟的主要标志。鲍桑葵在其名著《美学史》中,对丑给予特别的重视,比较详细地评述了丑在近代的发展过程,把丑的发展与近代美学的发展视为同步现象,是颇有见地的。

古典美学厌恶丑,排斥丑,反对艺术描绘丑的事物。古典美学也讲到过丑,但古典美学中的丑主要讲的是形式的丑。形式丑也不是得到广泛的运用,大都主要限于强调壮美的事物,而优美的艺术连形式丑也被拒之于门外。当舍斯塔科夫在其《美学范畴论——系统研究和历史研究尝试》中说"在古典主义美学中，丑的问题实际上是被否定了"[①]的时候，也不算过分。或者说他说的是符合古典美学的实际的。

在西方首先起来批评古典"理想的美"，倡导丑的是启蒙主义思想家和美学家。伏尔泰在批评法国古典主义戏剧时说过："莎士比亚笔下光彩照人的畸形人给我们带来的快感要比当今的理智、慎重大一千倍。"西班牙埃斯特万·阿特亚加也说："模仿所摄取的只是集美丑善恶于一身的远非完美的个人。"他甚至认为："艺术史的第一页都驳斥了模仿'美的自然'的思想。"[②]在近代美学史上，第一个打破丑的禁令而又有深远影响的是莱辛。他的名著《拉奥孔》表面上致力于区别诗与画的界限，实质上是区别古代造型艺术和近代诗歌艺术之间的界限，是区别古代艺术和近代艺术、古典和谐美艺术和近代崇高型艺术的界限。他认为古代艺术主要是造型艺术，它是美的艺术，美的法则是它的最高法则。作为美的艺术，它不肯表现丑，甚至是拒绝和排斥丑的。在当时他认为近代艺术主要是诗歌艺术。近代诗歌艺术主要不是美的艺术，而是真的艺术，它不以美为最高理想，而以真为最高法则。真实的现实，既有美，也有丑，因此丑有权利可以入诗。他说：艺术所描绘的不应该像古典主义主张的那样仅仅是美，更不应该仅仅是理想的美。"艺术在近代占领了这较宽广的领域。人们说，艺术模仿要扩充到全部可以眼见的自然界，其中美只是很小的一部分。真实与表情应该是艺术的

[①] [苏联] 舍斯塔科夫：《美学范畴论—系统研究和历史研究尝试》，湖南文艺出版社，1990年版，第139页。

[②] 同上，第140页。

首要法律；自然本身既然经常要为更高的目的而牺牲美，艺术家也就应该使美隶属于他的一般意图，不能超过真实与表情所允许的限度去追求美。"[①]这里的丑可以入诗有双层含义：一是描写丑的对象；二是根据真的法则，打破古典和谐美的原则，对艺术各元素作不和谐的处理。这后一条具有更本质、更深刻、更长远的意义。因为古代美学虽然拒绝丑，但古代艺术也还是描绘过丑，如鲍桑葵所说："希腊人尽管生活在理想中，还是有他们的百年怪、独眼巨人，长有马尾马耳的森林之神，合用一眼一牙的三姊妹、女鬼，鸟身人面的女妖，狮头羊身龙尾的吐火兽。他们有一个跛脚的神，并且在他们的悲剧中，描写了最可怕的罪行（如在《俄狄浦斯》和《俄瑞斯特》中）、疯狂（如在《阿雅斯》中）、令人作呕的疾病（如在《斐洛克特蒂斯》中），还在他们的悲剧中描写了各种罪恶和不名誉的事情。"[②]但这种丑的描写必须包含在整体的和谐之中，以不破坏和谐的美和单纯愉悦为原则。这也就是亚里士多德所说的"最讨人嫌的动物或死尸的外形，本身是我们所不喜欢看的，在绘成精心绘制的图画以后，却能使我们看到就起快感"[③]的原因。偏于模仿再现的西方艺术，虽然较早地模仿了丑，但处理的原则却是和谐的，丑经过模仿的和谐模式而转化为艺术美。第一次明确地提出丑的处理原则（不和谐、反和谐的原则）的是莱辛，鲍桑葵称赞他是"预告了一个新时代的黎明"[④]。表面上看来，康德、黑格尔对丑很少论述，这使研究近代美学的人感到迷惑不解。其实，康德、黑格尔

---

① [德]莱辛：《拉奥孔》，朱光潜译，人民文学出版社，1982年版，第18页。
② [英]鲍桑葵：《美学史》，张今译，商务印书馆，1985年版，第516页。
③ 同上，第77页。
④ 同上，第299页。

已经扩大了美的范围，由狭义的美（古典的和谐美，亦即优美）扩大为广义的美。在康德那里出现了近代崇高，在黑格尔那里出现了浪漫型艺术。在这两个审美范畴中，都已包含了矛盾对立的不和谐的原则，都已包含了丑。这个论述是深刻的，在黑格尔那里是辩证的，虽然是唯心的。随着19世纪初浪漫主义运动的兴起，美在不断地失去它往日的光彩，丑却在不断地增值。首先是雨果在《〈克伦威尔〉序言》中明确地提出了美、丑对立的原则，鲜明地抬高了丑的地位。他指出：古代的丑怪还是怯生生的，并且总想躲躲闪闪。可以看出它还没有正式上台，因为它在当时还没有充分显示出其本性。它对自己还一味加以掩饰。半人半羊的神、海神、人鱼都只稍稍有点畸形。司命神、人面鹰身的三妖妇只在外形上丑恶，其本性并不可怕，罪罚女神甚至还很美丽，人们称之为"欧美妮德"，意即"温和""慈善"。在其他丑怪身上，也都披上一层神秘的外衣。而在近代则已根本不同，人们已经"感觉到万物中的一切并非都是合乎人情的美，感受到丑就在美的旁边，畸形靠近着优美，粗俗藏在崇高的背后，恶与善并存，黑暗与光明相共""诗着眼于既可笑又可怕的事件上"。又说：在近代人的思想里，滑稽丑怪都具有广泛的作用，它无处不在。一方面，它创造了畸形与可怕；另一方面，创造了可笑与滑稽。他大声疾呼："现在是时候了，一切富有学识的人应该抓住那一条总是把我们称之为美的东西和我们根据偏见称之为丑的东西联结起来了的纽带。缺陷——至少我们是这样称呼的——往往是品格的一个命定的、必然的、天赋的条件。"[1]他在《巴黎圣母院》中创造了一个外形极丑而心地极美的卡西莫多和外形很美

---

[1]《雨果论文学》，第22、23、84页。

而心灵很丑的侍卫队长的形象,把美与丑鲜明地对立起来,推动了近代审美理想的发展。美、丑对立的原则是浪漫主义者提出的,但把丑摆在突出的位置,甚至像果戈理的《死魂灵》《钦差大臣》等只描写丑、批判丑、嘲讽丑的艺术,却是现实主义创造的,所以现实主义艺术命里注定是批判的。到了19世纪下半叶,丑几乎成了德国美学中的主要问题。韦塞继续探索丑的问题,他赞成索尔格的观点,认为同单纯的美相区别,丑是一种要求取代美的地位并推动构成美的各种力量的一种病态但又迷人的东西。他有一个非常关键而又非常重要的发现:"没有丑这一要素,美的具体的变化就不可能产生。"[1] 1853年,罗森克兰兹出版了他的《丑的美学》,这大概是研究"丑"的第一部专著。罗森克兰兹是黑格尔的信徒,在这部著作中,他认为丑"不在美的范围之内""但又始终决定于对美的相关性,因而也属美学理论范围之内""丑本身是美的否定""产生美的哪些因素可以倒借为它的对立面,这就是丑"。更重要的是罗森克兰兹把莱辛初步提出的丑的原则予以更明确、详细地论述了。他一方面认为"如果企图把自己局限于单纯的美,它对观念的领悟,就会是表面的""艺术不想单单用片面的方式表现理念,它就不能抛开丑"[2];另一方面又强调丑是"美的积极的否定""不呈现为美",又"不失其为丑",中间又特别突出了对立的形式,认为它是"构成一对矛盾的品质之间的关系""适合于说明几种积极的否定(或者说倒错)相互之间的关系"。这就把丑的关系明确地规定为矛盾、对立、不和谐的关系,而与丑形成对立面的美,也就是统一、

---

[1] [英]鲍桑葵:《美学史》,张今译,商务印书馆,1985年版,第511页。
[2] 同上,第517页。

和谐的关系了。罗森克兰兹虽然较详细地探索了丑,但他仍未突破"丑服从美"的老原则,他仍认为"吸收丑是为了美,而不是为了丑",丑只能作为美的衬托物,正如"不谐和者,要以谐和音为前提""画家放在丹内依旁边的丑陋的老太婆不可能成为单独一幅画的主题"(除非追求真实的风俗画和人物肖像画);他仍然坚持艺术在表现丑的时候,形式上也需要遵守"美的一般法则,如对称、和谐、比例和富有个性的表现力量等法则"。因为"单用不和谐音,是无法组成音乐的"。这一方面说明他还未完全脱尽古典和谐美的某些影响,另一方面也说明追求对立的崇高艺术(即近代浪漫主义和现实主义艺术),也不能完全抛开和谐。和谐在崇高艺术中虽然未能彻底否定,但随着近代艺术的发展,丑的因素却越来越增多增大了。正像哈特曼所说:愈是否定古典美,愈是向崇高发展,丑的因素也就愈大;或者说"美越是足以显出特征""形式丑也就愈大"。如"划一的重复消失在对称中;单纯的双边对称消失在一幅画的微妙的平衡中;最高度细致的形式据说对于比较奥妙的色彩和谐的注重是不能相容的,流畅的或简单的乐音组合不能满足伟大的音乐家才华迸发时的需要,而在绘画和戏剧中,为了充分揭示注重个性的特征刻画的美,也必须离开人体轮廓(所谓希腊式或雕像式轮廓)的标准的种属规律性,或体面的性格的划一性。"[1]他甚至说:"今天引起我们注意的问题不但在于丑怎样参与美而且在于美怎样参与丑。"[2]这个变化是一个信号,它标志着美、丑地位的重大变化,标志着崇高美学已发展到临界点,开始向现代主义的丑美学进

---

[1] [英]鲍桑葵:《美学史》,张今译,商务印书馆,1985年版,第551页。
[2] 同上,第553页。

发了。鲍桑葵在详细地考察了西方近代美学之后,在其《美学史》的结束语中也敏锐地指出:随着丑的日益增值,"在过去的一百年间""不协调的现象也变得比以往任何时候更加深刻了。人民的艺术传统陷于中断";但另一方面人们的"心灵是更加坚强了,自我是更加丰满了""即令我们被我们自己制造的丑包围起来,我们也有了更大的和更敏锐的美感"。[1]这也就是说,人们的美感已由单纯的对美(狭义的)的欣赏,扩大为对丑、崇高、悲剧、喜剧等一切审美对象的欣赏了。但是于1892年完成《美学史》的鲍桑葵,还未能充分看到20世纪以来的西方现代主义的艺术(它实质上是资本社会近代艺术的一部分,但是是极端分裂对峙的一部分,或者说是其向极端化发展的形态),还未见到丑戴上皇冠,成为舞台主角的情景。虽然那时罗丹已经创造了并无美的陪衬的《欧米哀尔》,但他还是认为"在美与丑的结合中""结果总是美得到胜利"。他的信念还是古典的。

总之,近代美学史告诉我们,丑是一个近代范畴,它是近代社会、近代精神的产物。如李斯托威尔所说:丑"引起的是一种不安甚至痛苦的感情",是一种"染上了痛苦色彩的快乐""它主要是一种近代精神的产物"。[2]而到20世纪现代主义艺术,方成为一种独立的占主导地位的形态,一种最典型、最纯粹的近代形态。

在中国,丑角真正出现在舞台上,也是明中叶以后的事情。明中叶随着资本主义萌芽,市民力量的抬头,近代启蒙思潮和浪漫主义的兴起,美与丑日益尖锐对立,丑逐渐为人们所重视。冯沅君先

---

[1] [英]鲍桑葵:《美学史》,张今译,商务印书馆,1985年版,第597页。
[2] [英]李斯托威尔:《近代美学史述评》,蒋孔阳译,上海译文出版社,1980年,第233页。

生在《古优解》中说"丑这个角色""直到元人作品才出现,它是从'净'分化出来的,'净'出自'参军','参军'又与'古优'有远缘,这便理清了从'优'到'丑'的演变线索"。王国维则断定丑"始于明",他说:"惟丑之名,虽见《元曲选》,然元以前诸书,绝不经见,或系明人羼入。"[①]又说:"元明以后,戏剧之主人翁,以末旦或生旦应之,而主人之中多美鲜恶,下流之归,悉在净丑。由是角色之分,亦大有表示善恶之意。国朝以后,如孔尚任之《桃花扇》,于描写人物,无所措意。其定角色也,不以品性之善恶,而以气质之阴阳刚柔,故柳敬亭、苏昆生等人物,在此剧中,当在复社诸贤之上,而以丑净扮之,岂不以柳素滑稽,苏颇倔强,自气质上言之当如是也?"[②]王国维的判断可能更为准确。丑的地位日益突出,这已表现在几个方面:一是形式丑向内容丑、本质丑的深化,角色之分开始有"表示善恶之意",而且"下流之归,悉在净丑",丑角已不像古优,只是外貌畸形丑陋,而实是善良的聪明的智者那样,现在是不仅外形丑,而扮演的人物也是下流的丑恶之人。二是形式丑与内容日趋尖锐对立,同雨果《巴黎圣母院》奇丑而又善良的卡西莫多一样,我国的《徐九经升官记》《七品芝麻官》中的正面人物,也都是丑扮的。《玉堂春》中的崇公道也近于此。三是更带近代色彩的,就是在对立斗争中具有崇高色彩的人物,需要用不和谐的丑形式予以强调和突出,这可能就是柳敬亭、苏昆生丑扮的原因。他们的"倔强"与"滑稽",从与和谐美对立来说,是更近于崇高性的。这种"倔强"与"滑稽",也不只是局

[①]《王国维戏曲论文集》,第195页。
[②]《王国维戏曲论文集》,第196页。

限于王国维所说的个人的气质,是具有更多的时代内涵的,这一点是王国维所未能发现的。由于中国近代资产阶级发展的迟缓和软弱,近代崇高观念未获充分发展,丑也未达到在西方近代艺术中的地位,关于丑的理论也不像西方那样系统和深刻。但是丑总是作为历史的必然,在中国这块大地上也有所发展。对奇特的不和谐的艺术的追求,在审美中寻找痛感中的乐趣,这都表现出对古代和谐美的冲击,说明审美理想向丑、向崇高感的倾斜和转移。

具有近代浪漫倾向的袁宏道,在评论其弟弟(袁中道)的诗作时曾说:"大都独抒性灵,不拘格套,非从自己胸臆流出,不肯下笔。有时情与境会,顷刻千言,如水东流,令人夺魂。其间有佳处,亦有疵处。佳处自不必言,即疵处亦多本色独造语。然余则极爱其疵处。"[1]这种"极爱""疵处"的审美心理,绝不只是个人癖好,而是寻求不和谐的丑的刺激的一种时代风尚。这种风尚在李贽、汤显祖、徐渭等具有浪漫色彩的人物中已逐渐形成一种潮流。比较倾向写实的金圣叹也承袭发展了这一近代美学思潮,鲜明地强调了矛盾、奇特、惊险、恐惧的因素。他对《水浒传》中宋江浔阳江遇险的描绘写了这样一段批语:"此篇节节生奇,层层迫险。""令人一头读,一头吓。"又说:"上文险极,此句快极,不险则不快,险极则快极也。"这种"惊吓""骇人"之处,正是其快活之源,在古典的单纯愉悦中已萌动寻求刺激的丑感。《金瓶梅》之所以更具近代色彩,标志之一就是主要描写了丑。正如东吴弄珠客作的《金瓶梅词话序》中所说:"借西门庆以描写世之大净,应伯爵以描写世之小丑,较诸淫妇以描写世之丑婆、净婆,令人读之汗

---

[1]《袁中郎全集》卷三。

下。盖为世戒非为世劝也。"丑的增值，美丑的界限被打破了，脂砚斋在评《红楼梦》时提出了描写美中之丑的问题，他说："可笑近之野史中，满纸羞花闭月，莺啼燕语，殊不知美人方有一陋处，如太真之肥，飞燕之瘦，西子之病，若施于别个不美矣。"（见第二十回批）当然这里有点说得不准确，如"太真之肥，飞燕之瘦"，并非是她们的美中之陋，相反，倒恰恰是汉、唐时代的一种审美风尚，但关键的问题是他否定了古典的那种追求范本式的理想（写美人，就是闭月羞花、沉鱼落雁的绝代佳人），而追求一种美中带丑的平凡的真实的人，这就指出了一种新的真实的描写美丑混杂的现实的美学理想。五四运动以来，随着以郭沫若为代表的浪漫主义和以鲁迅、茅盾为代表的现实主义的蓬勃发展，新文艺中的不和谐因素日益浓重，丑的问题日益显赫起来，受西方现代主义影响的徐志摩说得更为强烈："我的思想是恶毒的，因为这个世界是恶毒的，我的灵魂是黑暗的，因为太阳已灭绝了光彩，我的声调是像坟堆里的夜枭，因为人间已经杀尽了一切的和谐。"[1]既然是一个杀尽了和谐的不和谐的时代，当然诗人就要唱出不和谐、反和谐的歌，写出不和谐的丑的艺术了。

二、崇高与丑的独立

丑的侵入与增值，导致单一的古典和谐美的裂变和解体，逐步形成丑与美的对立关系及其复杂的组合形态，促使美的形态日益分

---

[1]《毒药》，转引自曾小逸主编：《走向世界文学》，湖南文艺出版社，1986年版，第358页。

化和复杂化，崇高、悲剧、喜剧逐步成为独立的审美对象，形成严格意义上的近代美学范畴。古典美的一元时期结束了，近代的多元化的时代开始了。夏斯勒说，"丑在本质上可以参与一切美"，是一种"活跃的辩证否定的要素"，由于它的加入，审美兴趣才"被迫去创造形形色色的确定的或富于特征的美"。①哈特曼说得更清楚，"在一切美中皆有丑"，丑的介入"也就产生了哀情、喜剧、悲剧和幽默——美的变异"。②

近代美学从根本上说，是以丑的介入，形成美丑对立的复杂关系为标志的。这种对立首先导致崇高的出现，导致新起的崇高对古老的和谐的否定，使美（狭义的）和崇高（广义的美）才形成两大美的历史形态。博克认为丑与崇高有血缘的关系，有部分的一致（鲍桑葵《美学史》），莱辛认为丑是使近代诗歌达到"喜剧性和可怖性的手段（同上书）"谢林说："美本身的定义同古代艺术的公式，近代艺术和各种理想的艺术的公式不在美本身的定义范围之内。"黑格尔通过古典的艺术探讨了狭义的美（优美），又通过艺术类型的历史演变论述了广义的美。而包括不和谐的丑的浪漫型艺术与康德论述的崇高，在精神实质上是相通的。鲍桑葵在总结了古代美学向近代美学的发展之后，引他人的话说，"如果这种正统的美的排他性不是快要寿终正寝的话，那倒的确是一个问题""新的坦佩河谷（希腊—河谷，这里指代替希腊古典美的新的审美对象）可能是神秘的远方的一个不毛之地：人类的灵魂可能发现自己同那些带有人类青年时代所不喜欢的阴暗色彩的外部事物愈来愈和谐""一

---

① [英] 鲍桑葵：《美学史》，张今译，商务印书馆，1985年版，第534页。
② 同上，第552页。

个沼泽地带、一个湖海,一座大山圣洁的崇高风格,按其性质上来说,将同人类当中比较善于思考的人的心境,绝对契合无间"。①夏斯勒说得更简洁,丑的掺入产生了两种形态,即秀美和崇高。

从这一发展线索看,崇高实即美与丑相互对立、相互斗争、相互渗透、相互作用的产物。这种美丑之间的关系,一方面客观地展开为主体的美与客观的丑之间的矛盾冲突,另一方面在主体内部也展开了某些美与丑的斗争(崇高主体作为上升的进步的社会力量,常有尚未全面掌握规律即不真的地方,存在着某种主体的善与客体的真的矛盾,这就是主体内部丑的因素)。不同的是,客体上的丑还相对强大,而崇高主体的丑只作为某些次要的因素。这种美丑斗争又展现为一个生动的现实过程,一方面是崇高主体,通过总结经验,吸取教训,克服自身不真的丑,达到真与善的更高的统一;另一方面崇高主体对客观丑的斗争,通过艰难曲折,日益从失败走向胜利。美丑矛盾的相互转化过程,规定着崇高的双重性和过渡性,它既有和谐的美又有不和谐的丑,而且最后又由不和谐导向和谐。这就以无序的激烈的动荡的风格打破了古典和谐艺术的宁静美(它缺乏矛盾对立,更少激烈冲突)。与此相对应,主体的审美感受,也冲破单纯的美的愉悦,而是把美的愉悦和丑的痛感复杂地交织在一起,最后由压抑感导向解放感,由痛感导向自由感。总之,崇高艺术虽增加尖锐而深刻矛盾对立因素,但最终还趋向美,还保留着和谐的因素,压抑之中,痛苦之后,还给人以美的愉悦。

但近代的丑在日益升值,日益膨胀,崇高中美丑的矛盾结构关系也在发生变化。开始是以美、丑对立,以美为主导,丑是陪衬美

---

① [英]鲍桑葵:《美学史》,张今译,商务印书馆,1985年版,第596页。

的，而且最后趋向总是导向美，否定丑。而当丑发展到占压倒的优势时，情况就发生了剧变。这时丑占上风，取得主导地位，美成了丑的衬托，而且总的趋向变成是肯定丑，否定美，向往彻底的不和谐。沿着这条线走到极端，那便把美全部彻底地驱逐出去，丑成了唯一的上帝，独霸天下。这样丑便扬弃崇高，成为一个独立的审美范畴，在近代美学和近代艺术发展史上，成为一个相对独立的时期，即丑的美学和丑的艺术的时期。

崇高与丑有深刻的内在联系，但两者又是两种不同的审美形态。美是和谐，丑是不和谐、反和谐，崇高是美与丑的对立，是和谐与反和谐的组合。美的主体追求是和谐感、愉悦感，如朗读中国古典诗歌，观看梅兰芳的京剧；丑的主体追求是不和谐、反和谐，是刺激，是痛感，如看卡夫卡的《城堡》、加缪的《局外人》。崇高的主体追求是既刺激又愉悦，如看席勒的悲剧《阴谋与爱情》或托尔斯泰的《安娜·卡列尼娜》。古典的美是范本式的美，崇高是特征的美，丑则是混乱的、奇异的、怪诞的、荒谬的。从其发展的关系来看，丑是在崇高中孕育、生长、蜕化而来，是对立的崇高极尽裂变之势，把对立推向极端的产物。所以西方的近代美学实是从崇高美学裂变、演化为丑美学的过程。从其美学本质来看，丑代表了西方近代对立美学的极端形态，是对立美学更纯粹更典型的形态（崇高还包括和谐这样非对立因素，因而不及丑典型）。假若把丑的美学和丑的艺术作为西方近代美学的典型代表、成熟形态，那么崇高美学和崇高艺术则成为由古典美到近代丑的一个过渡阶段，是一个近代美学发展的中介环节。

问题还可以进一步加以分析，崇高强调对立的原则，丑在本质上是反和谐，在对立这一基本原则上，丑与崇高是共同的，因而总体上它们都属于资本主义近代美学的大范畴（尽管丑和丑的现代主义艺术被西方习惯上称为"现代派")。但丑与崇高又有其不同的特点。首先丑不是像崇高那样只是增加了对立的因素,而是把这种对立的因素推向极端,使矛盾的两面各自达到极端,并以这一端,反对、排斥、否定、摒除另一端。正因为把对立推向极致,排斥任何相互联系、相互渗透、相互转化的因素,因而崇高中的和谐因素也被彻底驱除净尽了。崇高由不和谐转向和谐,而丑则从始到终一直是不和谐、反和谐的。由对立转向和谐的崇高感是由痛感转向愉悦感,是痛感和快感混合的复杂感受。而反和谐的丑感则是追求一种刺激感、痛感。正像有一种变态心理的人,只有虐待他人或鞭挞自己的痛感才能使自己获得满足。正像崇高型的艺术内部裂变为相互排斥的浪漫主义和现实主义一样,丑艺术更进一步裂变为相互否定的两个极端,这两个极端,一个是表现主义,一个是自然主义。表现主义由具象表现主义到抽象表现主义,把浪漫主义的重自我、主体、个性、心理、情感推向摒除客体、对象、共性、认知的因素,因要主体、自我、个性、心理情感的极端;而自然主义从照相现实主义到超级现实主义,则把现实主义重客体、再现、感性、典型、认知的方面,推向否定摒除主体、自我、情感、意志的因素,而只要客体、再现、逼真、认知的极端。

英国斯·斯班特在《现代主义是一整体观》中说:"现代文学艺术史上的诸多运动(即种种'主义'),均是为了从整体上表现过去与将来的对抗关系而设置的技术纲领。"[①]现代主义并不只是一个时间概念,而且是一个带有美学性质的概念:"现代主义不时被人用来指20世纪艺术的一般性趣味""一种像浪漫主义一样的通过西方文

---

① 袁可嘉等编选:《现代主义研究》(上),中国社会科学出版社,1989年版,第157页。

化影响遍于世界的强大运动。""现代主义是与我们生活于其中的新结构相适应的创作方法,是对时间和空间新的处理方式。"这种20世纪的现代主义,"不是由一条主线组成的,而是由两条不时相连的大致上相对偶的主线组成的"。因而"在浪漫主义和自然主义作品中,占统治地位的因素在逐渐消失。""19世纪所依附的现实和文化的和谐世界已经一去不复返了。"麦·布鲁特勃莱和詹·麦克法兰在其合著的《现代主义的称谓和性质》[1]中指出:现代主义内部具有自身的矛盾性,包容着向两个极端发展的对立倾向,但这两条线、两种倾向,并不是平行发展的,而是不停地摇摆于这两个极端之间,出现两种倾向交替发展的状态。在发展中两种倾向相互斗争,彼此消长,互有盛衰。而相对来说,正像主体论是近代哲学的主流一样,表现主义美学比自然主义也具有更大的优势,甚至西方有些人认为现代主义就是"浪漫主义的一种复活"[2]。

三、丑与荒诞的变奏

荒诞原指西方现代派艺术中的一个戏剧流派,兴起于20世纪50年代末60年代初。1953年,贝克特《等待戈多》上演成功,使荒诞喜剧红极一时。最初这一流派还被统称之谓先锋派戏剧,到了1961年英国马丁·埃斯林的名著《荒诞派戏剧》一书的问世,荒诞派戏剧的名称才被固定下来,流传开来。我这里所说的荒诞,虽然与荒诞派戏剧有关,但它已远远超出戏剧的范畴,已上升为一个普遍的

---

[1] 袁可嘉等编选:《现代主义文学研究》(上),中国社会科学出版社,1989年版,第209—215、240、224页。

[2] 同上。

深刻的重要美学范畴，它不仅包括荒诞派戏剧，而且包括20世纪50年代以来西方所有的文学艺术，乃至一切文化现象，是这一时代的美学主潮，是这一时代占主导地位的美学范畴。这一点就像悲剧、喜剧由戏剧现象上升为美学范畴一样。

丑是对立、不和谐，荒诞与丑具有共同的美学属性。《简明牛津词典》对"荒诞"（absuvd）的定义是："荒诞：1.（音乐）不和谐。2. 缺乏理性或恰当性的和谐（当代用法）。"《企鹅戏剧词典》把荒诞剧的本质定为"人与其环境之间失去和谐后生存的无目的性（荒诞的字面意思是不和谐）"。[1]

法国罗贝尔·埃斯卡尔皮在法国《百科全书》"荒诞"一条中说："荒诞就是常常意识到世界和人类命运的不合理的戏剧性。"[2]丑的这种对立否定着事物矛盾的联系性和统一性，在本质上已有不合理性、不正常性，荒诞则进一步把这种不正常性、不合理性继续向两极发展。丑本来是对立的、不和谐的，但荒诞认为丑的对立还是一般的，还不够极端（艺术中即有人提出了"极端主义"）。它把丑的对立推向了极度不合理、不正常，甚至人妖颠倒，是非、善恶倒置，时空错位，一切因素都荒诞不经、混乱无序，令人不可思议、不能理喻的程度。渡边守章曾说：阿达莫夫荒诞戏剧表现的是"悲剧的极限，这里只有窒息和恐怖的感情"[3]。

当然这种荒诞也有它的形成、发展过程，有它的具体不同形态。荒诞艺术的开始，是以传统的理性形式、逻辑形式处理、表现

---

[1]《荒诞·怪诞·滑稽》，第4、5页。
[2] 王树昌编：《喜剧理论在当代世界》，新疆人民出版社，1989年版，第173页。
[3]《现代剧集解说》，转引自《西方现代派文学与艺术》，第356页。

荒诞的（不合理性的）现实、荒诞的人物、荒诞的事件。如加缪的《局外人》，形式是古典式的，他通过一个故事，通过小说人物的矛盾纠葛，向读者展示一个荒诞的世界。在这个世界里一切都是偶然的、无意发生的，从莫尔索对母亲死的冷淡，到母亲刚刚埋葬即和玛丽发生性关系，一直到在海边无意地开枪杀死了阿拉伯人，这一切都不是有意为之，都是在不可思议、不可捉摸的荒诞中发生的。在这里作者是理性的，运用的小说叙述形式是理性的，但它叙述的内容是荒诞的，存在着明显的荒诞的非理性的内容与清醒的理性的形式之间的矛盾，即所谓"旧瓶装新酒"。法国莫里斯·布鲁埃兹埃尔曾认为《鼠疫》是一部"矛盾的作品"，其"矛盾有两个方面，一是既认为人类的荒诞处境是宿命的，不可改变的，却又认为人必须勇敢地反抗荒诞，以获得幸福；二是小说的荒诞内容与其载体——小说形式的传统审美价值之间的不一致性"。[1]这一分析对于《局外人》来说也是适合的，表现了荒诞艺术初期的主要特征。加缪、萨特等存在主义的文学大体属于这个时期。

当荒诞艺术发展到成熟期，其标志是用非理性的荒诞的形式，叙述、描绘或展示一个非理性的荒诞的内容。从一方面看，"旧瓶装新酒"换成了"新瓶装新酒"，旧形式和新内容之间的矛盾消解了；从另一方面看，理性的东西被彻底扬弃了，不但内容是非理性的、荒诞的，连形式也是非理性的、荒诞的，这样非理性与理性的分裂更达到彻底极端的形式了。法国罗贝尔·埃斯卡尔皮曾说："要想荒诞就要冲破有条理的叙述结构。"[2]马丁·埃斯林在其

---

[1]《二十世纪小说美学》，第214、215页。
[2] 王树昌编：《喜剧理论在当代世界》，新疆人民出版社，1989年版，第176页。

《荒诞派戏剧》这一权威性论著中曾认为：生活的无聊和理想的丧失在季洛杜、阿努伊、萨特和加缪这类戏剧家的作品中也有所反映，但他们是用旧的传统规范表现非理性，而荒诞派戏剧都是在寻找更加适当的表现形式。它们打破了所有的规则，抱有特定的信念，使用特有的方法，实即用非理性的方法来表现非理性的内容。他说："从广泛的意义来说，本书所论及的贝克特、阿达莫夫、尤奈斯库、热内及其他戏剧家作品的主题，都是在人类的荒诞处境中所感到的抽象的心理苦闷。但荒诞派戏剧不是仅仅根据主题类别来划分的。吉罗杜、阿努依、萨拉克鲁、萨特和加缪本人大部分戏剧家的作品的主题，也同样意识到生活的毫无意义，理想、纯洁和意志的不可避免的贬值。但这些作家与荒诞派作家之间有一点重要区别：他们依靠高度清晰、逻辑严谨的说理来表达他们所意识到的人类处境的荒唐无稽，而荒诞派戏剧则公然放弃理性手段和推理思维来表现他所意识到的人类处境的毫无意义。如果说，萨特或加缪以传统形式表现新的内容，荒诞派戏剧则前进了一步，力求做到它的基本思想和表现形式的统一。从某种意义上说，萨特和加缪的戏剧，在表达萨特和加缪的哲理——这里用的是艺术术语，以有别于哲学术语——方面还不如荒诞派戏剧表达得那么充分。"马丁·埃斯林又说："如果加缪说，在我们这个觉醒了的时代，世界终止了理性，那么，他这一争辩是在那些结构严谨、精雕细刻的剧作中，以一位18世纪的道德家优雅的唯理论和推理方式进行的"，而"荒诞派作家们一直试图凭本能和直觉而不凭自觉的努力来战胜和解决以上的内在矛盾"[①]。"正是这种使主题与表现形式统一的不懈努

[①] 袁可嘉等编选：《现代主义文学研究》，中国社会科学出版社，1989年版，第475、476页。

力,使荒诞派戏剧从存在主义戏剧中分离出来"[1],从而使荒诞艺术走向成熟,达到比较纯粹、比较典型的形态。这可以贝克多的《等待戈多》为代表。

当荒诞艺术达到成熟之后,便形成了一种特殊的相对稳定的审美处理方式,这种稳定的审美矛盾结构和处理方式,不只是一种表现方式,而且是一种特定的审美心理结构和思维模式。正像古代的素朴辩证思维产生了古典的和谐美,近代的形而上学思维产生了对立的崇高一样,形而上学的极端形态也产生了丑和荒诞的艺术。这时,对荒诞来说,重要的已不是表现特定的荒诞现实和荒诞内容,而是以荒诞模式处理各种题材。它既可以表现现代,又可表现古代,也可表现未来。它既可以用戏剧来表现,也可用小说来表现,甚至把它推广到各种艺术。法国罗贝尔·埃斯卡尔皮曾说:"荒诞是理性协调的颠倒。荒诞是按照一种有条理的思维方法从经验的不相容性中引发出来的意识。如果变换思维方法,荒诞即可消失。因此,某些实验在欧几里德体系里是荒诞的,而在非欧几里德几何学里却是完全合理的。"[2]荒诞艺术即是20世纪中叶以后,人们用荒诞的模式运用戏剧、小说等各种艺术形式处理各种题材的一种时代的美学潮流。不但荒诞派戏剧,而且黑色幽默小说、超现实主义、新纪实小说都展示了它的美学特征,都可以包括在这一美学思潮之中。

荒诞艺术的处理态度是冷漠的,它既不同于幽默的"谑而不虐",善意批评;也不同于讽刺艺术的无情嘲讽,彻底否定。这两种艺术都认为现实中有丑,也有美,他们相信丑必须毁灭,美必然

---

[1] 袁可嘉等编选:《现代主义文学研究》,中国社会科学出版社,1989年版,第475—476页。

[2] 王树昌编:《喜剧理论在当代世界》,新疆人民出版社,1989年版,第176页。

胜利，因而他们的笑是开心的笑，乐观的笑，有希望的笑，有褒贬的笑，而荒诞派则认为现实世界都是丑的，有的说是"一堆垃圾""一片荒原"（艾略特），有的说是"一个黑洞"，在这里没有美，没有光明，是彻底的丑。人们生活在这个世界上，就像"西西弗"一样，不断地把巨石推到山上，而一到山顶巨石又滚了下来，他不得不又重新推起，这是一个周而复始永无尽头的怪圈。人类永远陷入这一没有任何希望，没有任何结果，没有任何意义的挣扎和困苦之中。人类不能改变这一荒诞的处境，他无能为力，束手无策，因而它即使发出笑声，也是一种无可奈何的笑，一种没有希望、没有褒贬的笑，不置可否的笑。它不同于悲剧，悲剧的基调是悲痛的哭，而它的哭，中间却散布着轻松的调侃的笑，使人哭不出声。它不同于喜剧，喜剧的特点是单纯的笑，而它的笑，却蕴含着浓重的悲泣，它的笑是残忍的取笑，使你笑不起来。它也不同于悲喜剧，传统的悲喜剧，或者是含泪的笑，或者是带笑的哭，而它却是哭笑不得。就像苏州西园的三面和尚，从这边看是哭相，从那面看是笑相，而从正面看却令人哭笑不得。哭也哭不出，笑也笑不起来，就是这样一副困窘的荒诞相。

总之，这是一方面从幽默讽刺，另一方面从悲剧、悲喜剧发展而来的混合形式，它是各种因素组合起来的复杂的矛盾结构，而这种矛盾的复杂的因素和结构，又制约着矛盾的复杂的哭笑不得的审美心理和荒诞感受。

丑和荒诞（包括丑的艺术和荒诞的艺术）的产生和占据主导地位不是偶然的，这一方面是近代形而上学思维极度分裂的结果，这种分裂导致人文主义和科学主义两大思潮的对立发展；一方面人文主义从叔本华的意志主义经柏格森的直觉主义，到弗洛伊德的潜意识、下意识和荣格的集体无意识，越来越排斥客观的、存在的因素；一方面科学主义从孔德的实证主义，经马赫的经验主义，到维特根斯坦的逻辑实证主义，越来越反对主观，反对人的主体因素。一方面是客体失落了，一方面是主体失落了，而二者的片面极端的发展，其共同倾向是反理性，是极端的对立、混乱和颠倒。另一方面也是更主要的是近代资本主义社会日益复杂深刻的矛盾及其尖锐斗争，使现实变得越来越混乱无序，变化多端，令人捉摸不定，人们在焦虑、惊慌、困惑、动荡不安的心态中挣扎。人的异化、分裂的极度发展，导致人的心理失衡，导致精神病患者的猛增，有人说精神病是一种世纪病，这倒是一语中的。不少哲学家、诗人、艺术家本人就是精神病患者，荷尔德林、尼采精神失常，凡·高自杀。这也正是为什么弗洛伊德精神分析学说所以产生和广为流行的时代原因。在大的范围上也可说丑和荒诞艺术都是精神病态的艺术。当然，丑和荒诞也有区别。丑的艺术是精神健康的人去观察表现精神病人的艺术；而荒诞艺术则是不健康的精神病人的艺术，它以不合逻辑的不合情理的精神病人的心理去观察处理一切，包括去观察正常的精神健康的人和生活。美国W.M.F.罗霍克说：他们"用不属健康人，而是属于重病患者的观点去分析理解问题。"[1]

荒诞对应于后现代主义艺术（20世纪50年代以后），正像丑对应于现代主义艺术（19世纪末至20世纪初），崇高对应于现实主义和浪漫主义艺术（18世纪末至19世纪中）一样，英国麦·布鲁特勃莱和詹·麦克法兰在其合写的《现代主义的称谓和性质》一文中说：后现代主义中"居于显著地位的是荒诞的创作观、任

---

[1]《笑的边缘：某些现代小说的怪诞性》，发表于《喜剧理论在当代世界》，第177页。

意的方法论、天花乱坠的杜撰",同时人们也"用后现代主义这个词来谈论那种新的写物主义,这种主义已扩展开来,不仅包括了法国小说,而且包括了德国和美国非虚构小说。在德国和美国,真人真事、对象和历史事件,都被放进大可怀疑的故事脉络中去了"①。这些倾向正是上承着丑艺术中表现主义和自然主义两大潮流而又向前发展的。

现在资本主义近代美学和近代艺术,已由崇高经丑走到荒诞。崇高、丑、荒诞,是近代美学和艺术发展的三部曲,是其演进的三个阶段和出现的三种审美形态。而这近代文明的最后一个阶段正好是荒诞性的喜剧,这莫非像马克思所说的那样人类要含笑同过去告别吗?不过它和莫里哀的古典喜剧不同,它已经笑不起来只好哭笑不得地同近代社会和近代文明诀别了。

荒诞艺术把崇高和丑中的对立,推到混乱、颠倒的极致,"物极必反",对立达到极端之后,必然要出现一个更高的统一,更高的综合,更高的和谐。人类在经过近代崇高、丑,荒诞的对立、动荡、颠倒、无序的痛苦分裂和百般折磨之后,一种向往新的平衡、新的宁静、新的和谐的情感在萌动。后现代主义不但是分裂的极端主义,而且也是对新的和谐的呼唤。美国大卫·盖洛威在《荒诞的艺术·荒诞的人·荒诞的主人公》一文中说:"加缪的主题(指其《西西弗神话》)是人在一个混乱的世界面前却不断渴望能有一种统一性;荒诞的人生正是'由于他的意图和等待他的现实之间所存在着的不协调'而为人所知。"②美国伊·哈桑也在《后现代主义

---

① 袁可嘉等编选:《现代主义文学研究》(上),中国社会科学出版社,1989年版,第225页。

② 同上,第655页。

问题》一文中说:"作为一种文学发展的模式,后现代主义可以同老一辈先锋派(主体主义、未来主义、达达主义、超现实主义等等)区别开来;也可以同现代主义区别开来。既不像后者那样高傲和超然,也不像前者那样放荡和暴躁,后现代主义为艺术和社会提供了一种新的调和方式。"[①]这种调和在资本的社会中是不可能实现的,是一种梦幻,但这不正是对于一个新的社会制度、新的辩证和谐美的强烈呼唤吗?!新小说派在混乱、无序的表层结构下暗含着一个平衡、有序、和谐的深层结构,这是否是他们审美欲求的一种曲折而又顽强的表现呢?斯潘诺夫在强调后现代主义与现代主义之差别时,特别提出历史性概念,他指责现代主义是共时的,他的历史性内含着对现代主义的否定和向未来历史的前进。后现代主义的审美理想,也许不止于像菲德勤于1969年12月在《越过界限,填平鸿沟》一文所说的,越过并填平"纯文学"与"俗文学"、"大众文化"与"精英文化"的界限和鸿沟,同时也在趋向于越过和填平主体和客体、非理性与理性、有序与无序、和谐与不和谐的界限与鸿沟,在朦胧中期求着一种新型和谐美的理想。

(原载《文艺研究》1994年第3期)

[①] 袁可嘉等编选:《现代主义文学研究》(上),中国社会科学出版社,1989年版,第329页。

近代崇高型艺术的艺术本质观

每个时代有不同的艺术,每个时代也就有不同的艺术本质观。在这个意义上,适用于一切时代的艺术本质观是不存在的,存在的只有历史的具体的艺术本质观。关于古代艺术的艺术本质观,我已有专文论述[1],现在对近代崇高型艺术的艺术观再作一次集中的探讨。

随着对立的崇高之代替和谐的美,构成艺术一切因素都突破了素朴的和谐关系,而日益裂变为分离、对峙的关系。在这种对峙中,素朴和谐的古典主义艺术,逻辑必然地而且也历史现实地分裂为两种美学倾向和艺术类型。一种是偏重于客观再现,一种是偏重于主体表现;一种是偏重于客观现实,一种是偏重于主观理想;一种是偏重于认识、思维和勤奋,一种是偏重于情感、想象和天才;一种是向感性的外部世界拓展,一种是向理性的内心世界开掘。前者是现实主义,后者是浪漫主义。

浪漫主义和现实主义之突破单纯和谐的古典主义,走向分裂对峙,是随着资本主义之对抗,否定封建主义而产生的。主体的觉

---

[1]《中国古典美学的艺术本质观》,发表于《文学遗产》,1987年第6期。

醒，个性的解放，主体日益意识到它与客体的分裂，个性日益深切地感受到它与社会的对立，这种分裂对立是主体、个性历史地位日益上升、提高的结果，因而不但表现主观意愿、理想的浪漫主义，具有强烈的主观性，而且那认知现实本质必然的现实主义，也具有强烈的主观色彩，使它不同于强调客观模仿单向反映的古典主义。古典主义是在主体、个性不发展的古代产生的，它那主体与客体、个性与社会、人与自然、感性与理性的和谐统一，是原始的素朴的结合，是在主体依附于客体、个性依附于社会、人依附于自然的情况下产生的，一句话，是在客观性基础上产生的。一个主体性，一个客体性；一个分裂对立，一个素朴和谐，这两大特征，使近代现实主义和浪漫主义同古代的古典主义根本区别开来，同时也使两相对立的浪漫主义和现实主义具有近代崇高型艺术的同一特性，即两者在主体性基础上，在分裂对立的结构上，都是共同的，都具同一的近代美学原则。现在我们就近代崇高型艺术的本质特征作些探讨。

1. 古典美的艺术，把客观再现和主观表现在客观性基础上素朴地结合在一起，一方面突出其审美的品格，一方面也局限了再现与表现的分化和发展。客观再现在主观表现的局限下，无视现实世界的偶然性、个别性，失去了感性生活无比的丰富性、复杂性，常常按照主观的伦理观念去处理他的人物和情节。而这种类型化的处理，不但丧失了个性的丰富多彩，而且还使这种类型停留于经验的普遍性，而不能充分揭示历史的本质和规律，缺乏深刻、广阔的时代内涵。崇高型艺术则是在主体性日益成为主导原则的基础上产生的，他把意识到的客观再现与主观表现、对象与自我分裂对立起来。浪漫主义偏重主观、表现，现实主义偏重客观、再现；浪漫主义偏重内心，向自我心理世界探求，揭示复杂矛盾的内心世界，现实主义偏重向外，朝对象感性世界开掘，描绘大千世界错综复杂的矛盾和尖锐剧烈的斗争。正如浪漫主义的乔治·桑对巴尔扎克所说的，"你既有能力而且也愿意描绘人类如你所眼见的""我总觉得有必要按照我希望于人类的，按照你相信人类应当的来描绘它"。这种分裂对峙，一方面使现实主义艺术向感性的无限的生动性、丰富性发展，一方面使浪漫主义艺术向理性的深刻性、超越性发展。而这两方面既相互对立、排斥，又相互联系、渗透、补充。浪漫主义深刻超越的理性，给现实主义的感性以深广的时代内涵和历史的本质必然，防止现实主义追求感性逼真而滑向自然主义。而现实主义感性的丰富和作为个体、偶然的真实存在，又给浪漫主义以坚实的现实主义基础和丰富的艺术内容，防止它变为脱离现实的空想和抽象的思想号筒。这二者的根本对立和相互补充，使近代的现实主义不同于古代的客观模仿，使近代的浪漫主义也不同于古代的抒情写意。古代的客观模仿，抽象化、类型化、范本化，既达不到近代现实主义那样的复杂矛盾的本质必然，又失去了现象的特殊和偶然；古代抒情写意"以理节情"，使情感和伦理观念、伦理规范、宇宙情怀相结合，不能像近代浪漫主义那样，深化为个体的心理体验和超越为人生的理性思辨。

在自我与人物、演员与角色之间，古典主义讲既"入乎其内"又"出乎其外"，讲既是角色又是演员，而近代艺术则把两者分裂对峙起来。浪漫主义艺术中的人物常常就是作者自己，郭沫若说，"蔡文姬就是我"，其实屈原也是他，作家可以在艺术中直接表露自己。而现实主义即使是以自己为模特，也要把自己掩在人物的背后。浪漫主义的乔治·桑与现实主义的福楼拜曾有一场著名的争论，乔治·桑要求在作品中直接表现作者的情感、观点；而福楼拜则认为作者没有这种权利。他说："艺术家不该在他的作品里露面，就像上帝不该在自然里露面一样。"①浪漫主义舞台上要求人物就是我，而现实主义舞台上则要求我必须转化为人物，转化为角色。斯坦尼斯拉夫斯基现实主义的演剧体系，主张在规定情况中，从自我出发，体验角色，进入角色，忘掉自我。我是娜拉，不是我自己。同既是演员，又是角色；既是梅兰芳，又是杨贵妃的古典主义的表演体系根本不同。

2. 崇高艺术中主观表现与客观再现的分裂对立，也导致理想与现实的分裂对立。古代艺术家总是把理解与现实素朴地结合在一起，或者集现实中个别的美，以创造理想的范本式的美；或者以理想美化现实，使现实理想化。近代艺术家则与此根本不同，他们把理想与现实尖锐地对立起来，浪漫主义追求理想，或者追求失去了的理想，或者追求明天的未来的理想，前者是消极的浪漫主义，后者是积极的浪漫主义。但不管是消极的还是积极的，都以追求现实中不存在的理想为特征，这就是为什么浪漫主义一出现，就带有反抗叛逆精神的缘故。现实主义则与此相反，既然现实中失去了理想，没有了善、美，没有了光明，剩下的便只有丑，只有恶，只有黑暗，那么把现实作为丑的、恶的事物来描写、来批判，便成为现实主义的主要特征之一。浪漫主义和现实主义就是理想与现实分裂对立在理论上和实践上必然产生的两种美学思潮和艺术倾向。席勒在《素朴的诗与感伤的诗》中，首先抓住了这一根本特征。他认为素朴的诗建立在理想与现实一致的基础上，感伤的诗则基于二者的矛盾对立，不是在哀悼、悲叹失去了理想，成为"哀歌诗"，就是把失去理想的丑恶现实作为否定批判的对象，成为"讽刺诗"。

---

① 《与乔治·桑的信》。

这里所说的哀歌诗，就是近代的浪漫主义，讽刺诗就是近代的现实主义，而感伤的诗与素朴的诗的区别，也不像朱光潜先生所解释的那样，是现实主义和浪漫主义的区别，而是古代美的艺术与近代崇高型艺术的历史分野。浪漫主义的乔治·桑说自己写的是"安慰人心"的东西，即理想的善良的东西，并指责现实主义的福楼拜写的尽是"伤人心的东西"，即现实的丑恶的东西。而福楼拜则说自己一直"胶着在地面上"（立足于现实，从现实出发），他批评乔治·桑"由先见的原理、理想出发，一下子就升到了天堂"，因而是不真实的、理想化的。这一争论反映了浪漫主义和现实主义的根本分歧。巴尔扎克之非难司汤达也说明了这一点。后来别林斯基和车尔尼雪夫斯基也都持这种观点。别林斯基说果戈理作品中没有一个正面人物、理想形象，但却是十足真实的艺术。车尔尼雪夫斯基提出不要局限于描写美，而要描写"一切引发人生兴趣的事物"，提法是宽广的，但实际上是指揭露批判沙皇俄国农奴制度的腐朽和黑暗。丹纳说巴尔扎克是一位"科学家和哲学家"，恩格斯称雪莱是"一位伟大的预言家"，也指出了现实主义执着现实，而浪漫主义追求未来理想的根本特点。

客观再现与主观表现的对立也是近代艺术的根本特征，这在西方与东方都是共同的，而西方更趋向主观表现，中国更趋向客观再现。西方由古代的偏重客观模拟，到浪漫主义的兴起，由浪漫主义经由具象表现主义发展到康定斯基的抽象表现主义，再现的绘画也变成了表情的音乐，主观表现日益占着主导的地位。而中国则由古代的偏于抒情写意，转到近代的客观再现，小说中有鲁迅、茅盾为代表的现实主义，戏剧中崇尚斯坦尼斯拉夫斯基演剧体系，绘画中徐悲鸿对写生、透视的倡导，成为中国现代文艺的主潮。浪漫主义相对的一直受到贬抑，连浪漫大师郭沫若在一个相当长的时期内，都不敢承认自己是一个浪漫主义者。

3. 客观现实与主观理想的分裂对峙，必然带来创作心理元素的分裂对峙，与古典主义把情感和理智、思维与想象、天才（灵感）与勤奋素朴结合相反，近代艺术把它们拆解开来，各自予以片面发展。情感、想象、天才（灵感）是浪漫主义的三面旗帜，而现实主义则特别推崇理智、思维、人力（勤奋）。英国浪漫主义从布莱克开始，到拜伦、雪莱、渥兹华斯、柯尔立治、赫兹利特、济慈等，反复讲的就是情感、想象、天才和灵感。布莱克说"只有一种力量足以造就一个诗人：想象，那种神圣的幻景""无灵感，就不该妄想当艺术家"。柯尔立治认为：意象"只有在受到了一种主导的激情"和由此"引起的联想的制约之后，才能成为诗的"。雪莱也说：诗是"想象的表现""情感每增多一种，表现的宝藏便扩大一份"。济慈甚至说："我只确信心灵所受的神圣性和想象的真实性，我但求过感觉的生活，而不是思想的生活。"赫兹利特说得更为简洁直接："诗歌是想象和激情的语言，不是字面的真实和抽象的理性。"[①]

现实主义则与此相反，福楼拜认为一位真正的艺术家，"首先是一个观察者，而观察的第一个特质，就是要有一双好的眼睛"。巴尔扎克则进一步指出，作家应"从分析中创造真理"。契诃夫曾说他写作"只是根据冷静的思考"。屠格涅夫也曾这样表白，"从来没有先入为主的倾向在指挥着我""我抱着出奇的冷静写作"。托尔斯泰力主"艺术所传达的情感是在科学论据的基础上产生的"[②]。易卜生则

[①]《欧美古典作家论现实主义和浪漫主义》，第252、304页。
[②] 段宝林编：《西方古典作家谈文艺创作》，春风文艺出版社，1983年版，第285、527页。

最早提出了问题剧，娜拉出走后怎么办，曾引起人们长期的思考和探索，直到鲁迅还在回答这一问题。车尔尼雪夫斯基更是现实主义美学的典型代表，他不但要求艺术再现生活，更特别强调"说明生活""对生活下判断"，做"生活的教科书"。现实主义艺术家强调勤奋的观察、思索和磨炼，要求按计划写作，而不强调天才、灵感。他们认为勤奋就是天才，或认为勤奋可以补天赋之不足。雨果说："有两种诗人，一种是感情用事的诗人，一种是逻辑的诗人。"也约略指出了浪漫主义者和现实主义者的根本区别。由于浪漫主义强调情感、想象，所以在偏于表现的诗歌、音乐中有辉煌的成就，正如现实主义强调理智、认识，在长于客观再现的绘画、小说和话剧中有伟大的贡献一样。

4. 客观再现与主观表现的分裂对峙，也引起时间和空间意识的对立。这对立突出地表现在两个方面，一是时间和空间的裂变及单向发展，客观再现艺术向空间中展开，不去直接描绘时间的流传。现实主义的雕塑、绘画只截取人物、情节相对静止的一段，不在具象中直接描绘它的过去和未来，这种过去和未来的运动感，只是在相对静止中暗示出来的，并不直接呈现在画面上。主观表现的浪漫艺术在时间中流动，将声音与情感直接结合，在声、情的律动中表现一切，排斥空间形象的模拟和再现。假若说在贝多芬的《田园交响乐》中还有自然的模拟，如风雨声、雷电声，那么在其《命运交响乐》这一浪漫主义的典型作品中则很少客观再现因素了，它给人的空间感只是声音在空间中线形的律动和跳跃。这与古典美的艺术中那种把时间空间化或把空间时间化素朴结合的形态是大相径庭的。

近代艺术中空间和时间对立的另一个方面是现实主义追求客观的物理的时空，追求像生活一样的逼真的幻觉。现实主义绘画中严格的透视法，把古典绘画游动的自由的视点，局限于一个固定的视角，它在画面上呈现的形象，是画家由一个固定的主观视角，立在地面平视对象所见到的客观物象，他极力在二维空间的画布上，达到立体的三维空间的立体效果。易卜生在话剧舞台上创造三堵墙的空间和分幕的时间，以及道具和布景，都是要造成和生活一样的真实感。而浪漫主义则偏于主观的心灵的时空，它常常不顾历史时间的顺序和空间的位置，任凭主观的想象创造时空。带有浓厚浪漫色彩的莎士比亚的《暴风雨》，如柯尔立治所指出："它的兴趣不是历史的，也不在于描写逼真的或事件的自然联系，而是想象的产物，仅以诗人所认可或假设的要素的联合为依据，它是一种无须顺乎时间和空间的剧本。因此，在这个剧本中的年代和地理学上的错误（在任何剧本中都是不可宽恕的过失）是可原谅的，不关紧要的。"[1]

时间和空间的分裂对峙，这在近代艺术中不管是西方还是东方，都是共同的，这是一条普遍的规律。但相对来说，中国近代艺术由于更重再现的现实主义，客观的现实的像生活一样的时空意识，占据着更为主导的意识。鲁迅先生看到一幅反映工厂生活的木刻，仅仅因为烟囱没有冒烟，而大加指责，认为它破坏了工厂的真实的空间感；当他看果戈理的《钦差大臣》的演出，发现演员不开门就进入屋内时，也曾严肃加以批评，认为这一空间动作违背了生活的真实。而近代西方由于浪漫主义、表现主义的极端发展，更重时间意识，更重主观心灵的时空。例如毕加索的《猫》，把在不同时间不同角度所见到的猫的不同动作组织到一个画面上来。很显然，画家为着集中猫的各种角度的动作于一纸，为着表现动

---

[1]《欧美古典作家论现实主义和浪漫主义》，第283页。

作的连续性，打破了固定视点的透视、传统的时空观念和西方传统的"三一律"。他的《泣妇》也采取了同样的手法，巧妙地把脸的正侧两面，把在不同时间、不同角度用帕子抹泪的手，组织在一个构图里，生动地表现出号啕大哭的妇人形象。保留着古典遗风的达·芬奇的《蒙娜丽莎》，曾展示了她永恒的微笑，而毕加索的《泣妇》，却永不停歇地在哭泣。两者相较，一客观的静，一主观的动，时空观念已由古代向近代来了一次彻底的革命。

5. 内容与形式的对立。古代主体与客体、人与自然、个性与社会的和谐关系，也决定着美强调理性内容和感性形式的和谐统一。理性内容是人的主体精神，感性形式是对象客体，在艺术中体现为人与物的形象。对人自身来说是躯体和精神的统一。席勒曾说：美是活的形象。这个活的形象体现在人自身，就是感性的肉体和理性的精神的和谐统一。体现为艺术品，就是人加工创造艺术对象，赋予对象以理性形式。后来黑格尔就把古典艺术看作美的艺术，认为它是内容和形式和谐统一的最完满的形态，这突出地体现在古希腊的雕刻上。古希腊的雕刻在感性的躯体上闪耀着理性的光辉，维纳斯成为那个古典的美的时代的象征和化身。而近代艺术则由于主体与客体、人与自然、个性与社会的对立，在内容与形式问题上也强调对立。它表现为无限的理性内容冲破和压倒有限的感性形式，观念与形式形成尖锐的对立状态。这体现在人身上，就表现为灵魂和肉体的对立。近代浪漫派首先揭示了人的灵与肉的冲突及性格内部的斗争，雨果的《巴黎圣母院》展示了形体美与灵魂丑的对立（侍卫长）和形体丑与灵魂美的对立（卡西莫多），他们重在表现心理、精神的深刻矛盾和情理冲突的巨大波澜；而近代现实主义则致力于反映客观人物的性格矛盾。总之强调性格二重矛盾是近代艺术的显著特征。有的人将此历史现象泛化，提出普遍的任何时代都适用的二重性格矛盾组合原理，显然是反历史的，与艺术实际相违背的。

6. 物化艺术的感性材料上的对立。美的形态不仅要求内容的和谐、内容与形式的和谐，而且要求构成外形式（物化形式）的诸感性材料（艺术媒介）的组合也是均衡、有序、和谐统一的。古典艺术不但内容上排斥丑，而且形式上也防止丑。古典音乐反对不和谐音，古典戏曲舞台上乞丐也穿绫罗绸缎，只是在上面缝几个补丁，表示它穿着破烂就可以了。近代崇高艺术由于强调内容与形式的对立，追求内容冲破和压倒形式，趋向无形式，这就要求打破古典的形式美的规律，强调感性材料组合的不和谐、不稳定、不平衡、不对称、不合比例，这就是要求形式丑。崇高事物本身内在地展开了真与善、美与丑的斗争，它一方面表现为同客观世界的恶做斗争，另一方面也展开了主体世界内部真与善、美与丑的斗争。崇高事物在其发展的过程中，含有不真的、不合规律的因素，也就是含有丑。这只有用不和谐、不稳定的形式丑，才能更充分、更突出地表现崇高的内在本质力量。后期牛虻脸上的伤疤深刻地再现了他经过火与血的洗礼之后的性格特征与内在精神。浪漫音乐强调不和谐音、不稳定的音程，现实主义的绘画不避讳描写丑，运用丑的线条和形体，都是渗入形式丑的结果。对立的原则不仅制约着感性材料的组合，而且也制约着感性材料本身表情功能和认识功能的对立。浪漫主义强调材料的表情性，尤其发展了音乐、舞蹈、抒情诗等艺术表情的特长。在音乐中，与古典时代的声乐高于器乐不同，它更重视器乐，让器乐离开声乐而高度发展，声乐反倒模仿器乐，追逐器乐。西方近代舞蹈语汇与古代舞的偏于模拟不同，而基本上是表情性的。如芭蕾舞的托举、大跳、倒踢紫金冠等，并不模拟什么，主要是展示一种内心情感。现实主义和浪漫主义正好相反，它更强调感性材料的认知性，特别发挥了绘画、文学，尤其是小说等艺术的认识再现的功能。在绘画中，线条的表情性高于色彩，所以偏于写意的古代中国画，是一种线条的艺术。色彩的认知性高于线条，所以现实主义的绘画，以色彩、光线为主，色彩高于线条。西方油画基本上不用线条，完全在光、色的变化中，呈现事物的立体形象。语言也有其内容和形式两方面，语义是其包含的概念内容，是客观事物的观念符号；声音则是物质形式，具有较强的表情性。所以中国古典的律诗，充分运用了语言的平仄声韵以表情。而近代的小说则突出了语言的观念符号作用，以逼真的描绘客观事物，而语言的形体、声音的表情作用，则降到极其次要的地位。浪漫的诗人则有意地打破古典诗歌的音韵格律，自由体的诗歌几乎完全否定了语音的表情作用，可以说已向另一极端发展了。

总之，从主体与客体、再现与表现到内容与形式，以及构成形式的诸因素，近代艺术都与重和谐的古代艺术不同，它处处时时都贯彻着对立的原则。

（原载《学术月刊》1994年第7期）

荒诞和荒诞的后现代主义

一、荒诞观念的发展

荒诞是指西方现代派艺术中的一个戏剧流派,兴起于20世纪50年代末60年代初。1953年,贝克特《等待戈多》上演成功,使荒诞戏剧红极一时。最初这一流派还被统称为"先锋派戏剧",到了1961年英国马丁·埃斯林的名著《荒诞派戏剧》一书问世时,荒诞派戏剧的名称才被固定下来,流传开来。我这里所说的荒诞,虽然与荒诞派戏剧有关,但它已远远超出戏剧的范畴,上升为一个普遍的深刻的重要美学范畴。它不仅包括荒诞戏剧,而且包括20世纪50年代以来西方主要的文学艺术,乃至一切文化现象,是这一时代的美学主潮,是这一时代占主导地位的美学范畴。这一点就像悲剧、喜剧由戏剧现象上升为美学范畴一样。

丑是对立、不和谐,荒诞与丑具有共同的美学属性。《简明牛津词典》对"荒诞"的定义是:"荒诞:1.(音乐)不和谐。2.缺乏理性或恰当性的和谐(当代用法)。"《企鹅戏剧词典》把荒诞剧的本质"定为人与其环境之间失去和谐后生存的无目的性(荒诞的字面意思是不和谐)"①。法国罗贝尔·埃斯卡尔皮在法国《百科全书》中解释道:"荒诞就是常常意识到世界和人类命运的不合理的戏剧性。"②丑的对立已否定了事物的矛盾的联系性和统一性,在本质上已有不合理性、不正常性,荒诞则进一步把这种不正常性、不合理性继续向两极发展。丑本来是对立的、不和谐的,但荒诞认为丑的对立还是一般的,还不够极端。它把丑的对立推向了不合理、不正常,甚至是非善恶倒置、时空错位,一切因素都荒诞不经,混乱无序,达到令人不可思议、不能理喻的程度。渡边守章曾说:阿达莫夫荒诞戏剧表现的是"悲剧的极限,这里只有窒息和恐怖的感情"③。

当然这种荒诞也有它的形成、发展的过程,有它不同的具体形态。荒诞艺术的开始,是以传统的理性形式、逻辑形式处理、表现荒诞的(不合理性的)现实、荒诞的人物、荒诞的事件。如加缪的《局外人》,形式是古典式的,通过一个传统小说的故事,通过小说人物的矛盾纠葛,向读者展示了一个荒诞的世界。在这个世界里一切都是偶然的,无意发生的,从莫尔索对母亲死的冷淡,到母亲刚刚埋葬他即和玛丽发生性关系,一直到他在海边无意地开枪杀死了阿拉伯人,这一切都不是有意为之的,都是在不可思议、不可捉摸的荒诞中发生的。在这里作者是理性的,

---

① [美] A.P.欣奇利夫等:《荒诞·怪诞·滑稽——现代主义艺术迷宫的透视》,杜争鸣等译,陕西人民出版社,1989年版,第4—5页。

② 转引自王树昌编:《喜剧理论在当代世界》,新疆人民出版社,1989年版,第173页。

③ 转引自赵乐牲等主编:《西方现代派文学与艺术》,时代文艺出版社,1986年版,第356页。

运用的小说叙述形式是理性的，但它叙述的内容是荒诞的，存在着明显的荒诞的非理性的内容与清醒的理性的形式之间的矛盾，即所谓"旧瓶装新酒"。法国莫里斯·布鲁埃兹埃尔曾认为《鼠疫》是一部"矛盾的作品"其"矛盾有两个方面：一是既认为人类的荒诞处境是宿命的，不可改变的，却又认为人必须勇敢地反抗荒诞，以获得幸福；二是小说的荒诞内容与其载体——小说形式的传统审美价值之间的不一致性"①。这一分析对于《局外人》来说也是适合的，表现了荒诞艺术初期的主要特征。加缪、萨特等存在主义的文学大体属于这个时期。

当荒诞艺术发展到成熟期，其标志是用非理性的荒诞的形式叙述、描绘或直接呈现一个非理性的荒诞的内容。从一方面看，"旧瓶装新酒"换成了"新瓶装新酒"，旧形式和新内容之间的矛盾消解了；从另一方面看，理性的东西被彻底扬弃了，不但内容是非理性的、荒诞的，连形式也是非理性的、荒诞的，这样非理性与理性的分裂更达到彻底极端的形态了。法国罗贝尔·埃斯卡尔皮曾说："要想荒诞就要冲破有条理的叙述结构。"②马丁·埃斯林在其《荒诞派戏剧》这一权威性论著中曾认为：生活的无聊和理想的丧失在季洛杜、阿努伊、萨特和加缪这类戏剧家的作品中也有所反映，但他们是用旧的传统规范表现非理性，而荒诞派戏剧却是在寻找更加适当的表现形式。它们打破了所有的规则，抱有特定的信念，使用特有的方法，即用非理性的方法来表现非理性的内容。他说：

---

① 罗国祥：《二十世纪西方小说美学》，武汉大学出版社，1991年版，第214-215页。

② 转引自王树昌编：《喜剧理论在当代世界》，新疆人民出版社，1989年版，第176页。

从广泛的意义来说，本书所论及的贝克特、阿达莫夫、尤奈斯库、热内及其他剧本家作品的主题，都是在人类的荒诞处境中所感到的抽象的心理苦闷。但荒诞派戏剧不是仅仅根据主题类别来划分的。吉罗杜、阿努伊、萨拉克鲁、萨特和加缪本人大部分戏剧家的作品的主题，也同样意识到生活的毫无意义，理想、纯洁和意志的不可避免的贬值。但这些作家与荒诞派作家之间有一点重要区别：他们依靠高度清晰、逻辑严谨的说理来表达他们所意识到的人类处境的荒唐无稽，而荒诞派戏剧则公然放弃理性手段和推理思维来表现他所意识到的人类处境的毫无意义。如果说，萨特和加缪以传统形式表现新的内容，荒诞派戏剧则前进了一步，力求做到它的基本思想和表现形式的统一。从某种意义上说，萨特和加缪的戏剧，在表达萨特和加缪的哲理——这里用的是艺术术语，以有别于哲学术语——方面还不如荒诞派戏剧表达得那么充分。

马丁·埃斯林又说："如果加缪说，在我们这个觉醒了的时代，世界终止了理性，那么，他这一争辩是在那些结构严谨、精雕细刻的剧作中，以一位18世纪道德家优雅的唯理论和推理方式进行的"，而"荒诞派作家们一直试图凭本能和直觉而不凭自觉的努力来战胜并解决以上的内在矛盾"。"正是这种使主题与表现形式统一的不懈努力，使荒诞派戏剧从存在主义戏剧中分离出来"[1]，从而使荒诞艺术走向成熟，达到比较纯粹、比较典型的形态。这可以贝克多的《等待戈多》为代表。

---

[1] 以上均见袁可嘉等编选：《现代主义文学研究》，中国社会科学出版社，1989年版，第675-676页。

当荒诞艺术达到成熟之后，便形成一种特殊的相对稳定的审美处理方式，这种稳定的审美矛盾结构和处理方式，不只是一种表现方式，而且是一种特定的心理结构和思维模式。正像古代的素朴辩证思维影响了古典的和谐美，近代的形而上学思维范畴了对立的崇高一样，形而上学的极端形态也产生了丑和荒诞的艺术。这时，对荒诞来说，重要的已不是表现特定的荒诞现实和荒诞内容，而是以荒诞模式处理各种题材。它既可以表现现代，又可以表现古代，还可以表现未来。它既可以用戏剧来表现，也可用小说来表现，甚至可把它推广到各种艺术。法国罗贝尔·埃斯卡尔皮曾说："荒诞是理性协调的颠倒。荒诞是按照一种有条理的思维方法从经验的不相容性中引发出来的意识。如果变换思维方法，荒诞即可消失。因此，某些实验在欧几里得几何学里是荒诞的，而在非欧几里得几何学里却是完全合理的。"[①]荒诞艺术即是20世纪中叶以后，人们以荒诞的模式运用戏剧、小说等各种艺术形式处理各种题材的一种时代的美学潮流。不但荒诞派戏剧，而且黑色幽默小说、新小说派都展示了它的美学特征，都可以包括在这一美学思潮之中。

　　荒诞艺术的处理态度是冷漠的，它既不同于幽默的"谑而不虐"、善意批评，也不同于讽刺艺术的无情嘲讽、彻底否定。这两种艺术都认为现实中有丑，也有美，他们相信丑必然毁灭，美必然胜利，因而他们的笑是开心的笑，乐观的笑，有希望的笑，有褒贬的笑。而荒诞派则认为现实世界都是丑的，有的说是"一堆垃圾""一片荒原"（艾略特），有的说是"一个黑洞"，在这里没有

---

① 转引自王树昌编：《喜剧理论在当代世界》，新疆人民出版社，1989年版，第173-176页。

美，没有光明，是彻底的丑。人们生活在这个世界上，就像西西弗一样，不断地把巨石推到山上，而一到山顶巨石又滚了下来，他不得不重新推起，陷入这样一个周而复始、永无尽头的怪圈。人类永远陷入这一没有任何希望、没有任何结果、没有任何意义的挣扎和困苦之中。人类不能改变这一荒诞处境，他无能为力，束手无策，因而他即使发出笑声，也是一种无可奈何的笑，一种没有希望、没有褒贬、不置可否的笑。它不同于悲剧，悲剧的基调是悲痛的哭，而它的哭，中间却散布着轻松的调侃的笑，使人哭不出声。它不同于喜剧，喜剧的特点是单纯的笑，而它的笑，却蕴涵着浓重的悲泣，它的笑是残忍的取笑，使你笑不起来。它也不同于悲喜剧，传统的悲喜剧，或者是含泪的笑，或者是带笑的哭，而它却是哭笑不得。就像苏州西园的三面和尚，从这边看是哭相，从那边看是笑相，而从正面看却是哭笑不得，就是这样一种尴尬的感受，这样一副困窘的荒诞相。

总之，这是一方面从幽默讽刺，另一方面从悲剧、悲喜剧发展而来的混合形式，它是各种因素组合起来的复杂的矛盾结构，而这种矛盾的复杂的因素和结构，又制约着矛盾的复杂的哭笑不得的审美心理和荒诞感受。总之，矛盾的悖论成为荒诞的根本特征。

荒诞（包括丑的艺术和荒诞的艺术）的产生并占据主导地位不是偶然的，这一方面是近代形而上学思维极度分裂的结果，这种分裂导致人文主义和科学主义两大思潮的对峙发展：一方面人文主义从叔本华的意志主义，经柏格森的直觉主义，到弗洛伊德的潜意识、下意识和荣格的集体无意识，越来越排斥客观的、存在的因素；一方面科学主义从孔德的实证主义，经马赫的经验主义，到维特根斯坦的逻辑实证主义，越来越反对主观、反对人的主体因素。

一方面是客体失落了，一方面是主体失落了，而二者的片面极端的发展，其共同倾向是反理性，是极端的对立、混乱和颠倒。另一方面也是更主要的是近代资本主义社会日益复杂深刻的矛盾及其尖锐斗争，使现实变得越来越混乱无序，变化多端，令人捉摸不定，人们在焦虑、惊慌、困惑、动荡不安的心态中挣扎。人的异化、分裂的极度发展，导致人的心理失衡，导致精神病患者猛增，有人说精神病是一种世纪病：这倒是一语中的。不少哲学家、诗人、艺术家本人就是精神病患者，荷尔德林、尼采精神失常，凡·高自杀。新小说派的代表人物海勒就说："我是一个病态忧郁的人。"这也正是弗洛伊德精神分析学说产生和广为流行的时代原因。在大的范围上，也可以说丑和荒诞艺术都是精神病态的艺术。当然，丑和荒诞也有区别：丑的艺术是精神健康的人去观察、表现精神病人的艺术；而荒诞艺术则是不健康的精神病人的艺术，它以不合逻辑的不合情理的精神病人的心理去观察处理一切，包括去观察正常的精神健康的人及其生活。美国的W. M. 弗罗霍克说：他们"用不属健康人，而是属于重病患者的观点去分析理解问题"[1]。

荒诞对应于后现代主义艺术（20世纪50年代以后），正像丑对应于现代主义艺术（19世纪末至20世纪初），崇高对应于现实主义和浪漫主义艺术（18世纪末至19世纪中）一样。英国麦·布鲁特勃莱和詹·麦克法兰在其合写的《现代主义的称谓和性质》一文中说：后现代主义中"居于显著地位的是荒诞的创作观，任意的方法论、天花乱坠的杜撰"，同时人们也"用后现代主义这个词来谈论

---

[1] 转引自王树昌编：《喜剧理论在当代世界》，新疆人民出版社，1989年版，第173-176页。

那种新的写物主义，这种主义已扩展开来，不仅包括了法国小说，而且也包括了德国和美国的虚构小说。在德国和美国，真人真事、对象和历史事件，都被放进大可怀疑的故事脉络中去了"[1]这些倾向正是上承着丑艺术中表现主义和自然主义两大潮流而向前发展的。

　　近代资本主义美学和艺术已由崇高经丑走到荒诞。崇高、丑、荒诞，是近代美学和艺术发展的三部曲，是其演进的三个阶段，出现的三种审美形态。而近代文明的最后一个阶段正好是荒诞性的喜剧，这莫非像马克思所说的那样人类要含笑同过去告别吗？不过这种喜剧和莫里哀的古典喜剧不同，他已经笑不起来，只好哭笑不得地同近代社会和近代文明诀别了。

　　当然，更概括地说，崇高、丑、荒诞的变化，也深刻地植根于近代主客体之间的矛盾结构和变化中。近代主客体之间是一种在主体基础上展开的深刻对立和尖锐复杂的斗争关系。首先是主体的高扬、个性的自觉和人的解放。人以理性的主体同封建的神学的客体现实相对抗，这就是崇高的出现和浪漫主义与现实主义的相更替。继而理性的主体转化为感性的主体，主体与客体世界的对立也走向极端，以至于彻底否定了客观世界，把感性主体膨胀到创造对立独霸天下的地位。"上帝死了""人还活着"，这便是极端对立的丑，和象征主义、表现主义与自然主义的对立与分流，感性主体一旦离开了客体，个性一旦脱离了社会，它的极度膨胀，同时也就是极度消亡。这种在主体自身和主客体之间所展现的深刻的矛盾对立和悖论，便是由丑的极端裂变而进入到荒诞，在艺术中便是荒诞派戏

---

[1] 转引自袁可嘉等编选：《现代主义文学研究》，中国科学出版社，1989年版，第329页。

剧、黑色幽默小说和新小说派的创作。伴随着近代社会中主客体之间矛盾结构的不断变化和发展,主体和客体也呈现出不同的特色。从主体方面看,近代美学和艺术走了一条从高扬理性主体,转到高扬感性主体,最后走到感性主体自身的矛盾、悖论和消亡的路;开始是高唱理性主体的崇高赞歌,现在则是演出感性主体消亡的荒诞喜剧。在崇高的理性主体中,与古代的主体相比:它是复杂的、多面的,而不是单一的;它是具体的,而不是抽象的;它是丰富的,而不是贫乏的;特别是它是自觉的,具有强烈的个性意识和独立意欲,而不是依附于客体和群体的。而在丑的感性主体中,人则由理性转向反理性,转向感性生命,由思维、理智转向感性意欲,由显意识、自觉意识转向潜意识、下意识、"性本能"和"集体无意识"。最后在荒诞的主体中,人只剩下了哈桑所说的那种"内在性",人已由世界的主人沦落为无家可归、自我否定的游魂;现在是不但"上帝死了",而且"人也死了"。从客体来看,崇高中的客体,特别是现实主义中的客体,是本质的、必然的,而不是经验的、类型的,是复杂的、富于感性的个性特征的,是不可重复的,而不是理想化的、范本式的。而丑的客体,特别是在自然主义艺术中,更向个别、感性、偶然、细节、纯客观方向发展。而到了荒诞的客体,则完全否定了客体本体的统一性、本质性,一切都变成无中心、无深度、无本质、无意义的了。由矛盾、悖论走向消解一切对立、差别,这中间是否也在朦胧地期待一种新的和谐和宁静呢?

二、后现代主义艺术的美学特征

后现代主义艺术以荒诞为追求的理想,荒诞的审美模式规范着后现代主义的基本特征。后现代主义同荒诞一样，以裂变的极端手段和主体的衰落所引起的错乱、混乱、颠倒为根本特征。后现代主义虽同现代主义一样都是极端主义者，但二者的区别，就在于这种感性主体是否由高扬走向了彻底的衰亡，这种分裂是否达到了颠倒、混乱的程度。一般地说，现代主义是19世纪末至20世纪40年代的艺术，后现代主义是50年代以来的美学思潮和艺术倾向，但这不是绝对的，我们不能以时间来画线。因为美学思潮和艺术实践可能作为萌芽而超前，也可能作为传统而滞后。

丑的现代主义强调分裂，但它的分裂还未导致主体的完全消亡，还未彻底否定统一性，它有时也否定统一，但这仅限于否定认识论的统一性。荒诞的后现代主义艺术则由彻底否定客体性走到彻底否定主体性，由否定认识论的统一性走到否定本体论的统一性，从而彻底粉碎了整体、中心、秩序、稳定、和谐、意义等观念，从本体上把一切都推入混乱、颠倒的深渊。汉斯·伯顿斯在《后现代世界观及其与现代主义的关系》一文中，对著名的伊哈布·哈桑的后现代理论作了评述，他说："在十分一般的意义上，哈桑的后现代特征中大都——也许全部——同分解主义的无中心世界之概念相关。换言之，它们受制于一种激进的认识论和本体论怀疑，这在哈桑看来是后现代主义与现代主义的主要差别：'现代主义——除了达达和超现实主义外——之所以创造出自己的艺术权威形式，恰恰是因为中心再也不存在了，因此后现代主义便走向同正在崩溃的事物有着深层联姻的艺术无规束状态。既然现代主义者试图使自己免受宇宙混乱意识和可能会感觉到的不会出现'中心'脆弱意识的侵扰，而后现代主义者则接受了这种混乱的现象，他们实际上生活在同这一混乱的某种相似状态之中。这种对所有权威，所有高级话语和所有中心的终将死亡的后现代认识致使人们对混乱予以接受。"[1]

杰拉德·霍夫曼在其《后现代美国小说中的荒诞因素及其还原形式》一文中,把后现代和荒诞直接联系起来,并一语中的地指出:它"不以任何秩序原则为特点,在那里面,'混乱''机遇'和'均等'占统治地位"[2]。塞奥·德汉在《美国小说和艺术中的后现代主义》中也认为:"现代主义者将对艺术的暂时信托作为弗罗斯特式的'对混乱的反抗',而后现代主义者则不然,他们认为,艺术是以构成混乱的一部分。它不是一个独立的领域,而是用支离破碎的'现实'中的其他全部因素连成一体的。"[3]主客体极端对立,主体消亡、颠倒、混乱是后现代主义的基本特征,是其与现代主义的根本区别之一,这在不少后现代主义美学家中也几乎达成了共识。

后现代主义把矛盾对立的两个极端,推到混乱、颠倒的极致,"物极必反",对立达到极端之后,必然追求更高的统一、更高的综合、更高的和谐。人类在经过近代崇高,丑、荒诞的对立、动荡、颠倒、无序的痛苦分裂和百般折磨之后,一种向往新的平衡、新的宁静、新的和谐的意欲在萌动。后现代主义不但是分裂的极端主义,而且也是对新的和谐的呼唤。悖论,是后现代主义的根本特征。当它把矛盾双方推向混乱之极时,潜在地要求着新的统一,而且它在憧憬着统一时,却正是在把对立推向颠倒、混乱的极端。这

---

[1] [荷]佛克马、伯顿斯编:《走向后现代主义》,王宁等译,北京大学出版社,1991年版,第34页。
[2] 同上,第233页。
[3] 同上,第260页。

又是后现代主义同现代主义相区别的根本特征之一。现代主义虽然还没有彻底粉碎统一性,但它致力于打碎这个统一,它是单纯的形而上学的极端主义。而后现代主义则是在彻底粉碎了这个统一性,真正体验到荒诞的混乱无序的精神痛苦之后,所产生的复杂的矛盾心态。著名的后现代主义理论家伊哈布·哈桑曾指出,后现代主义有两个重要特征:一是"不确定性",一是"内在性"。他认为,"在这两极中,不确定性主要代表中心消失和本体论消失之结果,内在性则代表使人类心灵适应所有现实本身的倾向",前一特征导向"某种整体多元论的倾向",后一特征导向"可以通过一种语言来创造自己及其世界""正是在这种内在性中,哈桑发现了一种走向'太一'(the One),走向统一的运动"。①他在《后现代主义问题》一文中也曾说:"作为一种文学发展的模式,后现代主义可以同老一辈先锋派(主体主义、未来主义、达达主义、超现实主义等等)区别开来。也可以同现代主义区别开来,既不像后者那样高傲和超然,也不像前者那样放荡和暴躁,后现代主义为艺术和社会提供了一种新的调和方式。"②美国的大卫·盖洛威在《荒诞的艺术·荒诞的人·荒诞的主人公》一文中说:"加缪的主题(指其《西西弗神话》)是人在一种混乱的世界面前却不断渴望能有一种统一性;荒诞的人生正是'由于他的意图和等待他的现实之间所存在着

---

① [荷]佛克马、伯顿斯编:《走向后现代主义》,王宁等译,北京大学出版社,1991年版,第35—36页。

② 转引自袁可嘉等编选:《现代主义文学研究》,中国社会科学出版社,1989年版,第329页。

的不协调'而为人所知。"[①]威廉·斯邦诺斯也非常强调后现代的"人与自然的合一",而且这种合一,不是"超验的形而上学的统一",而是"在具体世界中的统一"。[②]当然,这种调和与统一,在资本社会中是不可能真正实现的,但在这梦幻般的企求中,不正透露出对一种新的社会制度、新的辩证和谐美的强烈呼唤吗?!斯潘诺夫在强调后现代主义和现代主义的差别时,特别提出了历史性的概念,他认为现代主义是共时的、静态的,而后现代主义则是动态的、历史的,它含着对分裂、共时、静态的否定和向未来、统一的发展,这种统一性、合一性,有时被理解为取消一切界限、一切差别,填平一切鸿沟。菲德勒在《越过界限,填平鸿沟》一文中就提出要越过和填平"纯文学"与"俗文学"、"大众文化"与"精英文化"的界限和鸿沟。杜威·佛克马在《初步探讨》中也曾说:"后现代主义不仅超出了语言艺术的界限,而且对各门类艺术的传统区别以及艺术与现实的区别的超越也被认为是后现代主义的特征。'高雅'文学与通俗文学的对立,小说与非小说的对立,文学与哲学的对立,文学与其他艺术问题的对立统统消散了。"[③]当然它消解的还不止这些,其深层的要求,也可能还在趋向于消解主体与客体、理性与非理性、有序与无序、和谐与不和谐的界限,在朦胧中企求着一种新的和谐美的理想。

[①] 转引自[美]A. P. 欣奇利夫等《荒诞·怪诞·滑稽——现代主义艺术迷宫的透视》,陕西人民出版社,1989年版,第4-5页。

[②] [荷]佛克马、伯顿斯编:《走向后现代主义》,王宁等译,北京大学出版社1991年版,第29-30页。

[③] 同上,第1-2页。

三、后现代主义艺术的艺术本质观

后现代是继现代主义的极端分裂主义而发展的，它自身也包含着不同的两端：一种是以"人本主义"为基础的荒诞戏剧、黑色幽默小说，一种是以"物本主义"为基础的新小说派。它们出现的时间虽然有先后，但大体都是始于20世纪50年代之后，盛于60-80年代。二者虽为相反的两极，但"荒诞"又是它们共同的特征，西西弗的荒诞意识，永无止境地"等待戈多"的情结，支配着荒诞戏剧。而新小说派在彻底瓦解事物的"整体性""统一性"，否定"深度"原理之后，一切都陷入"平面"的混乱之中。西方有的评论家也已看出这一点，他们已指出新小说派是"趋向荒诞"的。著名的荒诞戏剧家贝克特也曾是新小说派成员之一，新小说派主持的"午夜"出版社，既出新小说，又出荒诞剧，可见他们内在的一致。

下面我们对后现代主义荒诞的艺术本质观作一剖析。

1. 首先在艺术的主观与客观问题上，荒诞派戏剧与新小说派都持相反的两极态度。它们都把人与现实、主体与客体不可调和地对立起来，互不相干地分裂开来。荒诞派受存在主义的影响很深，以人本主义为哲学基础，在存在主义那里，"存在"就是"自我"。以自我为对象，实质上就是以自我的荒诞意识为呈现对象，而主、客观世界，只是人们荒诞意识的隐喻或象征。贝克特曾说："艺术家通过直喻把握世界。"[1]他的《等待戈多》的整个人物、情景，就是一个悖论的隐喻：人们在等待不可能到来的戈多，虽然不能到来，但还要等待下去。这一矛盾的悖论，不只是《等待戈多》，在后现

---

[1] 朱虹：《荒诞派戏剧集·前言》，上海译文出版社，1980年版，第30页。

代主义看来，后现代社会整个时代的特征就是如此。人们的时代意识、时代精神也是如此，这也就是《等待戈多》之所以成为荒诞戏剧的代表，成为后现代主义艺术之典型的根本原因。不但整个人物、情景，而且舞台上出现的各种物体，也都是一种隐喻或象征。不论在尤奈斯库《阿麦迪威脱身术》中的尸体，还是在《椅子》中满台的椅子以及《未来在鸡蛋》中满台的鸡蛋，都寓意着后现代工业社会对人的排挤和压抑的观念。所以荒诞派戏剧也被人们称为"隐喻戏剧"。这种隐喻戏剧反对传统的戏剧模式，不仅淡化了人物，淡化了情节，淡化了一切再现因素，而且还把这已淡化了的再现因素彻底打碎，以颠倒的时空观念、幻梦般的手法、梦呓般的语言，结构成混乱的舞台形象。总之，他们不是通过戏剧展示客观世界的戏剧矛盾的戏剧冲突，而是去呈现他们基于荒诞观念产生的荒诞感受，而且像马丁·埃斯林在《荒诞派戏剧》这一名著中所指出的，还"试图让我们跟他们一起体验那种感受"。后现代艺术中这种对主体荒诞意识的直接呈现，同现代主义艺术中的表现自我不同，因为在后现代艺术中主体已经消亡，主体已不需要表现，已无表现可言，它只是把主体的荒诞意识直接地呈现给我们而已。

与荒诞派戏剧以人为本相反，新小说派则以彻底的反人本主义、反人道主义为特征。他们把人与物不可调和地对立起来。新小说派的首领阿兰-罗伯-葛利叶在《自然·人道主义·悲剧》一文中说："事物就是事物，人只不过是人。"他的根本宗旨就是把物与人彻底分开，还客观世界一个"原样"。他在《未来小说的道路》中说："我们必须制造出一个更实体、更直观的世界，以代替现有的这种充满心理的、社会的和功能意义的世界。让物体和姿态首先以它们的存在去发生作用，让它们的存在凌驾于企图把它们归入任何体系的理论阐述之上，不管是感伤的、社会学的、弗洛伊德主义的，还是形而上学的体系。"①新小说派是纯客观主义，在这一点上，他们比自然主义走得更远，自然主义者反对以道德的社会的眼光来观察、描写人物，而主张以生理学、遗传学、生物学的眼光去观察自然，而新小说派则反对一切人的解释、人的同情、人的评价。阿兰·罗伯—葛利叶说："要描写物件，我们就必须毅然地站在物之外，站在它的对面。我们既不能把它们变成自己的，也不能把某种品质加诸它们。它们从来就不是人，它们总是超出我们所能及的范围，始终都不会成为我们天然的同盟者，也不能用痛苦去加以拯救。要把自己严格限于描写，这个自然要求摒弃一切其他的和物接近的方式，要把同情斥为反现实主义，把悲剧看作异己，而把理解归之于科学的专门领域。"②这种客观描写与自然主义近似，又有根本之不同，自然主义是"看到什么，就写什么""事物是怎么样，就写它怎么样"。而新小说派的描写，是在整体性、统一性彻底瓦解的基础上，它所描写的都是零乱、无序的碎片，这些偶然的碎片又混乱、颠倒地结合在一起。阿兰·罗伯–葛利叶曾把巴尔扎克的现实主义时代和新小说的后现代主义时代作了比较，他说："巴尔扎克的时代是稳定的，刚建立的新秩序是受欢迎的，当时的社会现实是一个完整体，因此巴尔扎克表现了它的整体性。但20世纪则不同了，它是不稳定的，浮动的，令人捉摸不定的。因此，要描写这样一个现实，就不能再用巴尔扎克的方法，而要从各个角度去写。把现实的飘浮性、不可捉摸性表现出来。"③他自己的小说，时空混乱，淡

---

① 柳鸣九编选：《新小说派研究》，中国社会科学出版社，1986年版，第36页。
② 同上，第83页。
③ 柳鸣九：《"于格诺采地"上的"加尔文"——在午夜出版社访罗伯特–葛利叶》，载《文艺研究》，1982年第4期。

化了的人物、情节，没有逻辑联系，前后跳跃，颠三倒四，混乱无序地排列着，而且突然停止，没有结尾。这中间透露出一种人与自然不能沟通的冷漠、孤独、空虚、恐惧的情绪。这大概是其荒诞离奇的内容所要求的。阿兰·罗伯-葛利叶的小说正是以混乱、荒诞的形式展现了那颠倒、混乱的荒诞内容。在这一根本特征上，新小说派与自然主义的差别是一目了然的。

2. 虽然荒诞派戏剧、黑色幽默文学和新小说派承自然主义和表现主义的两极而发展，但在理想与现实的问题上，却没有像自然主义那样倾向于现实，也没有像表现主义那样趋于理想，而是同还有整体性、统一性、理想性的现代主义根本不同，它们在那个"怀疑"的时代，根本上全都丧失了理想。正如艾伦·王尔德所说："如果现代主义的明确特征在于对断裂和分离持反讽的看法，那么后现代主义在其观念上则更为激进，它倒是源自一种随意性、多重性和偶然性的观念：总之，一个需要修补的世界为一个无法修补的世界代替了。现代主义受到某种焦虑的刺激，试图在艺术的自立秩序中，或在自我的自我意识（self-conscious）深度中恢复整体性……因而在其欲望和幻灭的强度中走向英雄的高雅。后现代主义出于对这些努力的怀疑，自然表现为故意地、有意识地反英雄特征。"[①]汉斯·伯顿斯在《后现代世界观及其与现代主义的关系》一文中曾介绍了美国学者豪的观点："豪认为，战后的美国社会在50年代的丰裕条件下已变得混乱无序；他看到了传统的权威中心的腐烂，传统的风俗被忽视和堕落，消极厌世情绪到处可见，而牢固的信心和'事

[①]［荷］佛克马、伯顿斯编：《走向后现代主义》，王宁等译，北京大学出版社，1991年版，第32页。

业心'却荡然无存了。结果,他称之为后现代小说中的人物往往缺乏社会目标,因而变得虚无,在世界上随波逐流,漫无目标,在这个世界上,由传统和权威确立的社会关系也悄然不见了。"现代主义作家毕竟"还倾向于认为,资本主义世界上人与人之间的社会关系是确定的,亲密的和可知的",而在豪所称作后现代的作家看来,"似乎我们的思想和文学成规的准则都在被全然摈弃"。后现代作家的创作全然摈弃了英雄和英雄人物的冲突,他只能虚构他所生活的世界上的那些"极度畸形"和他那"极度飘忽不安的"经历之"病态"。[1]总之,后现代是一个丧失了理想、丧失了希望的时代,黑色幽默小说家冯尼格特曾借他小说中的人物发问:"一个有思想的人能对已经在地球上有过一百万年经验的人类抱什么希望呢?"回答是:"什么希望也不抱。"后现代彻底绝望了。[2]在现代主义艺术中还有愤世嫉俗之情,还有抗争奋战之意,而在后现代艺术中似只剩下冷漠的可怕和虚无的可怖。

当然,现代主义与浪漫主义已大为不同,它已把浪漫主义的社会理想变为个人价值和意义的追求,已把对人生、社会、历史的体验转化为感性生命的欲求和体验。但它们毕竟还有追求,还有期望,还在寻求着人类精神的家园。而后现代的荒诞戏剧和黑色幽默文学却认为一切都没有价值,没有意义,因而拒绝了一切欲望和企求。尤奈斯库曾说:"荒诞就是没有目的,和宗教、哲学甚至直觉的源泉切断联系,人感到迷惘,他所有的行动成为毫无意义,荒诞不

---

[1] [荷]佛克马、伯顿斯编:《走向后现代主义》,王宁等译,北京大学出版社,1991年版,第16-17页。

[2] 赵乐甡等主编:《西方现代派文学与艺术》,时代文艺出版社,1980年版,第112页。

经和没有用处。"[1]爱德华·阿尔比也认为，荒诞"主要涉及人在一个毫无意义的世界里试图为其毫无意义的存在找出意义来的努力。这世界之所以毫无意义，是因为人为了自己的'幻想'而建立起来的道德、宗教、政治和社会的种种结构都已经崩溃了"[2]。

荒诞戏剧和黑色幽默文学一方面丧失了理想，一方面又以"人本主义"为基础，把现实变成某种荒诞意识的象征物和对应物。客观现实已失去了它们的生动性、丰富性。而新小说则在丧失了理想之后，比自然主义走得更远，自然主义主要是反对把现实理想化，它们的主要目的是还自然以"原样"，尚未完全丧失理想，而后现代的新小说派比自然主义彻底得多，因而在新小说派的作品中，充满着不厌其详的丰富的物象描写和细节描写。翻开阿兰·罗伯-葛利叶的《窥视者》，首先是一个又一个的物象。作者的眼睛就像一架摄像机，他只是看，只是摄像，从此一物到另一物，从甲地到乙地，他不是向我们讲述什么，而只是向我们展示一串串"照片"。这些照片之间也没有什么逻辑顺序，只是混乱地摆放在一起。物象描写的关节点是细节描写。现实主义的细节描写曾是它区别于浪漫主义理想抽象的特点之一。自然主义的细节描写，已把现实主义分裂地片面地发展了。后现代新小说派的细节描写则更进一步追求全面和详尽。它把物象的细节描绘本身看作目的是其"物本主义"的具体显现，在这一点上，也把后现代主义的细节描写同现实主义、自然主义区别开来。现实主义的细节描写，服务于性格的塑造和主

---

[1] 朱虹：《荒诞派戏剧集·前言》，施咸荣等译，上海译文出版社，1980年版，第7页。

[2] 赵乐甡等主编：《西方现代派文学与艺术》，时代文艺出版社，1980年版，第51页。

题的表达；自然主义的细节描写，虽然较之现实主义琐碎、繁杂、详细，但它还未把"物象""细节"作为独立的"本体"。

3. 在审美心理因素的构成上，表现主义在浪漫主义的想象中，特别强调了幻想、直觉，但还有理性的观照、处理，而荒诞派戏剧和黑色幽默小说，不但不要逼真的感觉，而且不要有序的逻辑思维和认识。尤奈斯库说，要和"宗教、哲学，甚至直觉的源泉切断联系"[1]，这样剩下的便只有怪诞的幻想、梦境，非理性的荒诞意识。马丁·埃斯林在其《荒诞派戏剧》中曾说："从广泛的意义来说，本书所论及的贝克特、阿达莫夫、尤奈斯库、热内及其他剧作家作品的主题，都是在人类的荒诞处境中所感到的抽象的心理苦闷。但荒诞戏剧不是仅仅根据主题类别来划分的。吉洛杜、阿努伊、萨拉克鲁、萨特和加缪本人大部分戏剧家的作品的主题，也同样意识到生活的毫无意义，理想、纯洁和意志的不可避免的贬值。但这些作家与荒诞派作家之间有一点重要区别：他们依靠高度清晰、逻辑严谨的说理来表达他们所意识到的人类处境的荒唐无稽，而荒诞戏剧则公然放弃理性手段和推理来表现他所意识到的人类处境的毫无意义。"马丁·埃斯林又说："如果加缪说，在我们这个觉醒了的时代，世界终止了理性，那么，他这一争辩是在那些结构严谨、精雕细刻的剧作中，以一位18世纪道德家优雅的唯理论和推理方式进行的。"而"荒诞派作家们一直试图凭本能和直觉而不凭自觉的努力来战胜并解决以上的内在矛盾。"[2]这样便使荒诞戏剧和黑色幽默文

---

[1] 朱虹：《荒诞派戏剧集·前言》，施咸荣等译，上海译文出版社，1980年版，第7页。

[2] 袁可嘉等编选：《现代文学研究》，中国社会科学出版社，1989年版，第675—676页。

学陷入一种怪诞的梦幻之中。甚至像海勒的著名小说《第二十二条军规》本不是写梦境的,但他写的现实却像一个永远纠缠不清的梦魇。更令人惊奇的是阿兰·罗伯-葛利叶,他本是以原样的"记录现实"而著称于世的,而他的《在迷宫里》写一个士兵在一个空旷的城市里走来走去,整个城市像一个神秘的存在,几乎一模一样的街道,街道上门窗紧闭,寂无人声,这个士兵就像一个梦游者,似乎是在寻找什么,探求什么,但人们很难理解它,它就像一个神秘莫测、难以理解的梦幻。作者自己说:"我那部小说就是要表现这个哲理,那士兵想在外部世界里寻找和发现一点什么,也想发现和识别自己的内心世界,然而,这两者对他来说,都像是迷宫。"①

与荒诞戏剧和黑色幽默小说之走向内心的幻觉和梦境截然相反,新小说派则紧紧抓住可视可见的客观存在。新小说派在捕捉这些存在时,一方面认为这些存在没有什么深层的本质,存在的里层就像它们的表层一样,表面是什么样,存在就是什么样。这和传统的理性观念截然不同,传统的理性观念总认为存在的表面现象和深层的内容是不同的,艺术的再现就是通过现象表面,达到深层本质的把握。而新小说派之所以新,就在于彻底抛弃深度的观念,将一切描写平面化。阿兰·罗伯-葛利叶说:"今天有一种新的因素彻底把我们和巴尔扎克,同样把我们和纪德、拉·法耶特夫人区别开来,那就是抛弃关于'深度'的古老神话。"②又说:"正当关于人的本体论观念面临灭亡的时候,'条件'的观念代替了'本性'的观念,物件的表面也就不再是隐藏着它的心的面具。"③假若说阿

---

① 柳鸣九编选:《新小说派研究》,中国社会科学出版社,1986年版,第569页。
② 同上,第64页。
③ 同上,第65页。

兰·罗伯-葛利叶专注于存在的客观现象,那么娜塔丽·萨洛特则致力于人们的心理现象,但她同样不相信有什么人的深层本质。她说,"现在,每个人都清楚地知道,并不存在什么'最深层'""普鲁斯特的分析所揭开面纱的那一个'深层',早已不过是个表面而已"。"现代的人,受到各种相互敌对力量的冲击,成了没有灵魂的躯壳,归根到底,无非是外表上表露的那样而已。"[1]这样,在新小说派的审美创造心理中,既不要理智、思索,也反对想象、虚构、同情。萨洛特说:"读者拒绝接受单凭想象写出的小说。"[2]而阿兰·罗伯-葛利叶则要求小说家像摄影机一样摒除思维和想象。他说:"正是摄影艺术的规范(平面、黑白的形象、银幕的框子、镜头焦距的调整)帮助我们从固守的程式中解放出来。这个'复制'的世界的不熟悉的一面,同时也就显示了我们对周围世界的不熟悉,它的不熟悉在于不符合我们的要求。"[3]摒除了理性和想象之后,剩下的便只是对现象的"记录"和心灵的感觉与印象。娜塔丽·萨洛特给我们的心理图景不过是"一团数不尽的感觉、形象、感情、回忆、冲动,凭任何语言也表达不了的潜伏的小动作"[4]。阿兰·罗伯-葛利叶描绘的更是一些琐碎、偶然的生活小碎片的杂乱无序的堆积,它给人的感觉是那样的陌生,那样的无情,那样的疏远,那样无法沟通的冷漠。

由此看来,荒诞派、黑色幽默从自我、内心走向本能、潜意识、幻觉、梦想、荒诞意识,而新小说派则从客体、现象走向感

---

[1] 柳鸣九编选:《新小说派研究》,中国社会科学出版社,1986年版,第3页。
[2] 同上,第30页。
[3] 同上,第63页。
[4] 同上,第48页。

觉、印象。倾向虽相反,走向非理性、走向荒诞则是一致的。由此看来,莱文把它称作"反智性思潮",是恰如其分的。[①]

4. 现代主义的时空向两极发展,自然主义追求客观的时空,表现主义展现心理的时空。后现代主义艺术也把这种对立发展到极限。新小说派、波普艺术把自然主义的时空推至极端化。自然主义的时空以逼真为理想目标,它要求像客观物质一样,而波普艺术已不满足于"像",而进一步要求就是真实的物质世界本身。波普艺术是在战后的美国发展起来的,被人称之为"新现实主义",其先驱者罗伯特·劳森伯格主张"用真实的世界创造真实的世界"。他认为艺术就是生活,生活就是创造。他把轮胎、图片、铁皮、草的标本等真实的物件组织起来,进行创作。他们认为只要赋予物品以观念,它就由普通的物体变为一种艺术品,皮特·布莱克的《玩具店》,就是把真正的玩具放在橱窗里,由"实物拼贴"成的。

荒诞派、黑色幽默,特别是概念艺术,则把主观、心理的时空推到极端。表现主义的时空虽然是主观的、心理的,但其自由度还不能超出时空之外,它还在特定的时空中表现。而在荒诞戏剧中,一切都变得不重要了,时空也不例外。在这里只有主观、意识性是重要的,观念要不借助于任何条件、形式直接呈现出来。特别是概念艺术更以文字代替图像,它不是画出物象,不是画出山、水、花、鸟,而是用打字机打出山、水、花、鸟的字样,让观众在看到这些字样时,脑海中浮出与这些字样相对应的图像。这样概念代替了艺术,艺术成为无形的,完全丧失了时空。所以在荒诞艺术中,

---

① [荷]佛克马、伯顿斯编《走向后现代主义》,王宁等译,北京大学出版社,1991年版,第16页。

没有具体的时间和空间,一切都如坠云雾中。更为重要的是,为了呈示荒诞的观念,它的时空不但不确定,而且混乱、无序,荒诞得出奇。黑色幽默的代表人物冯尼格特公开宣布:"让人给混乱以秩序,我则给秩序以混乱。"他的《五号屠场》中的毕利,时而大笑,时而狂暴,时而幻想,时而沉默,时而登上海岛,时而奔向沙场,时而飞向太空,时而返回地球。他睡觉的时候是一个孤独的老者,而醒来时却正在举行婚礼的喜庆中,时空的荒诞、混乱,令人难以把握。

这种混乱无序的时空观念,不但在荒诞戏剧、黑色幽默小说中是这样,就是在追求与客观世界一样的新小说派那里也是这样。其代表人物米歇尔·布托尔在说到新小说与巴尔扎克小说的区别时,曾明确地说:"'新小说'与传统小说的区别之一是,传统小说总有开头、高潮和结局,'新小说'则没头没尾,当中写上一段,然后再回溯到过去,再又跳到将来,时间的次序被颠倒,被打乱。"[①]其实这只是一个表现形式,其根本的原因在于,巴尔扎克认为现象的后面存在着必然的有序的因果关系,而在新小说派那里,则认为现象就是现象,其背后并无因果联系和必然规律,一切都是偶然的杂陈,散乱的堆积,因而在他们的作品中,很难看清事件的全貌,他们的小说常常一句话没有说完便突然中断,令人莫名其妙,困惑不解。

5. 现代主义把内容与形式的对立推到极限,在表现主义那里形式即内容,在自然主义那里内容即形式。到后现代主义,这种内容和形式的极端对立导致混乱、悖逆的组合,从而使其荒诞的内容与

[①] 柳鸣九编选:《新小说派研究》,中国社会科学出版社,1986年版,第600页。

荒诞的形式达到了一致，实现了统一：新小说派中混乱的内容与混乱的内形式是一致的，实现了统一；荒诞派戏剧和黑色幽默小说中，荒诞的观念与荒诞的语言形式（外形式）是统一的。荒诞派的戏剧语言是佶屈聱牙、古奥晦涩的胡言乱语，不合逻辑，如同梦魇幻觉，但在这荒谬的语言中，偶尔也插入一些闪光的哲理性的语句。在《啊，美好的日子》里，出现的是一种什么美好的生活呢？剧中人物维妮不断地絮叨着："我就像蓝天的一线游丝。"她反复地追问自己："我能做什么呢，从早到晚，日复一日，老套子。"这句真言同满篇的胡言乱语形成强烈对比，与其所说的"美好的日子"也形成强烈反差。在这对比和反差中呈现出其荒诞的不和谐。尤奈斯库曾把《秃头歌女》名为"语言的悲剧"，他说："他们互相一个接一个地说出的基本而又清楚的客观变成了胡言乱语。语言失去了自身的联系，剧中人物都不知所云，荒谬的语言失去了任何意义，这一切都以一场大吵大闹告终，也没法了解这场争吵的原因，因为我的人物对骂的不是话语，也不是一些断续的句子，甚至也不是单词，而是一些音节，或者是元音，或者是辅音。""对我来说，这涉及某一种崩溃的现实，单词只成了有声响的外壳，失去了意义。"①正是这种失去意义、失去所指内容的语言，恰好表达了那失去灵魂、失去理性的荒诞的"现代"人的心灵。

　　荒诞派戏剧、黑色幽默小说除了其荒诞的共性之外，在内容和形式上也有其不同的特点。荒诞的戏剧和黑色幽默小说，虽然也有内形式，但其内形式是不重要的，它们更突出和讲究外形式。黑色

---

　　①［法］尤奈斯库：《〈秃头歌女〉——语言的悲剧》，朱静译，《外国文学报道》，1981年第5期。

幽默重视语言的修饰，即充分说明了这一点。可以毫不夸张地说：几乎所有的修辞方式和手段都被黑色幽默的作家选择、使用过，而且还有所发展。当然黑色幽默的比喻有自己的特点，传统的比喻在喻体和被喻之物之间有类似的属性，以类似联想为心理基础，而黑色幽默的比喻，则常把不相同的事物古怪地结合在一起，既荒诞又有一种新异的意蕴。他们对语言的表现力有精深的研究，对语言的选择、使用有高度的技巧。巴恩的《烟草经纪人》，写妇女之间的相互谩骂，使用了229种名字，长达7页之多，语言却没有重复过。而在冯尼格特的《五号屠场》中，"就这么回事"这一句口头禅，竟重复了近百次。在这后者的重复与前者的不重复中，显示了他们语言表现的魅力。在荒诞戏剧和黑色幽默小说那里，感性材料及其组合的外形式，不仅有强烈的情感表现色彩，而且本身就是一个隐喻，有深刻的自身内涵。海勒的《第二十二条军规》，使用的语言沉闷、冗长、紊乱，就像它所写的梦魇般的现实一样，本身自成一个梦魇，同时隐喻着它表现的内容。

与荒诞派戏剧、黑色幽默相反，新小说派以及原样派重视的是内形式、内容，而感性材料（艺术媒介）及其组成的外形式，则不占什么地位。由于极端地反对主体、情感、观念，追求精确、客观、科学的内容，它们的语言只讲认识功能，而摒弃表现力量。新小说派的语言不讲修饰，很少拟人化的比喻，也很少夸张的、形容性的词语，不带情感色彩的"中立性"词语，受到特别的青睐。甚至为了精确，不时采用像公尺、公分、扇形、圆形、三角形、平行线、垂直线等刻板的、呆滞的科学性的语言。

四、后现代主义艺术的反人物、反典型

后现代主义承现代主义而发展,在艺术中的典型人物问题上,现代主义取淡化的态度,但这种淡化还没有达到彻底否定人物的地步,人物中心论的观念还深深地残留在艺术观念中。到后现代主义则起了一个根本的变化,人物中心论被彻底摧毁了,人消失了,物代替人而成了艺术的主角。荒诞派戏剧、黑色幽默小说、新小说派以"反戏剧""反小说"的面目出现,倡导"纯戏剧""纯小说",以人物、情节为敌人,予以彻底地排除。阿瑟·阿达莫夫荒诞剧的代表作《弹子球机器》中的主人公不是人,而是物,是咖啡馆里的台球台子。新小说的首领阿兰·罗伯-葛利叶,在其《窥视者》中描写的主要不是人,而是物。小说自始至终,充斥着的是一个接一个的物象,好像展示给我们的是一连串图片,而这种描写在细节方面非常详细,不仅超越了现实主义的巴尔扎克,而且连自然主义的左拉也是望尘莫及。艺术由人为中心,变成"物主义"。

同时在人物性格上,后现代主义也超越了现代主义,走向了"极限"。荒诞戏剧和黑色幽默小说超越了表现主义,现代主义把人物变成了观念的象征、哲理的形式,而后现代主义则把人物变成一种观念的代号、哲理的隐喻、类型的影子,一方面更加抽象化、寓意化、多义化了,一方面更加无个性、无差别了。假若说近代现实主义主要创造典型,现代表现主义主要是一种象征,那么后现代的荒诞戏剧、黑色幽默小说则主要是一种隐喻。隐喻不是寓言,寓言要有一个故事;隐喻也不是现代主义的象征,象征要以此物象征彼物。隐喻则既无故事,又无象征物。荒诞戏剧的典范之作贝克特的《等待戈多》,其中心观念在于"等待":人生是一种等待。它

隐喻的是等待的无望和无望中的等待这一悖论。人物只是这一悖论的载体、形式，他姓什么、名什么，从哪里来、到哪里去，从事什么职业，有什么经历，有什么独特性格，都是多余的、无谓的。整个剧既无活的人物，也无完整的情节故事。它本身隐喻着一个哲理。荒诞戏剧的另一部代表作是尤奈斯库的《秃头歌女》，剧中的马丁夫妇和史密斯，他们的言行像机器人一样，没有心理活动，没有思想感情。作者曾说："他们不会再思考了""因为他们不再会感动，再也没有什么爱好""再也不知道自己是怎么存在在这个世界上的，他们可以'变成'任何样的人，任何一种东西"。这些人没有自己的个性，他们虽然各有名字，但这些姓名就像一、二、三、四一样，是一种代号，是可以互换的。就像尤奈斯库自己所说："这是一个无人称的世界，他们是可以互相交换的。可以把马丁放到史密斯的位置，调换是不会被觉察的。"[①]

在新小说派中，娜塔丽·萨洛特抛开了情节，抛开了完整的人物形象，以专注于人物心理的描写而著称于世，但她描写的心理变化是模糊的、缥缈的，难以捕捉的。在浪漫主义那里，心理的描写和个性的展示是联系在一起的，而在新小说派这里，心理的"灵魂的运动"，见不到人物的任何个性特征。而另一位以描写物象和细节而闻名遐迩的阿兰·罗伯-葛利叶，不是以物象代替了人，就是把人写成一架人形机器。他看的时候就像一架摄像机，看到什么，摄下什么；他行动的时候就像一个没有灵魂的机器人。《窥视者》中的马第雅恩，对待杀人，也像机器一样的冷漠、无所谓。假若说

[①]［法］尤奈斯库：《〈秃头歌女〉——语言的悲剧》，朱静译，《外国文学报道》，1981年第5期。

在表现主义那里还保留着人物的共性,在自然主义那里还残存着人物的个性特征,那么在新小说派这里,人物的共性、本质、理性丧失了,人物的个性、差别也模糊了。人已从天国落到了深谷,已从"宇宙的主人"落到了"宇宙的垃圾",已从世界的创造者落到了无家可归的流浪儿。近代人已经走到历史的尽头,物极必反,新世纪的开创者,新的现代人不是已经出现在东方的地平线上了吗?古典的类型典型过去了,现实主义、浪漫主义的个性典型过去了,现代主义和后现代主义的非典型、反人物、反典型也即将过去,代之而起的将是个性与共性辩证统一的新时代的新典型。

五、后现代主义美学的艺术功能观

自然主义虽然追求绝对客观的真,但当它否定艺术的虚构、概括、典型化之后,剩下的实际上只有逼真的外貌而已。不过自然主义者还执着于实验科学般的真到后现代的新小说派,则发展到否定世界的整体性、统一性,从本体论上否定了真。阿兰·罗伯-葛利叶认为,"现实像迷宫一样难于辨识"。伯恩哈特则说:"我们写的一切都是错误的。"[1]表现主义打开了人的本能、潜意识深层心理的黑暗王国,展示了被异化、被分裂的个性灵魂的痛苦和烦恼,苦苦追求着"上帝死了"之后,个体生命的价值和归宿问题。但当感性个体失去了社会集体和普遍理性之后,实质上已失去判断是非、善恶的客观标准,善恶已落到"麻油拌白菜,各人心里爱"的地步,

---

[1] [荷]佛克马、伯顿斯编:《走向后现代主义》,王宁等译,北京大学出版社,1991年版,第151页。

善善恶恶已无从评说。不过表现主义还真诚地关注着个体的价值和意义,而到了荒诞派戏剧、黑色幽默小说则认为一切都没有什么目的,一切都没有什么价值,一切都在悖论中荒诞地存在着,如此而已,岂有他哉!所以,美学、艺术发展到后现代,分裂、对立、混乱似已到了极限。在这里既没有真,也没有善;既无价值,也无意义。美国巴尼特·纽曼说:"艺术家看美学,就等于鸟看鸟类学一样莫名其妙。"真与善似已绝响于美学和艺术这片美妙的领地。所以,从现代主义之后,美学界已很少谈论真与善这些人类最崇高的目标、最珍贵的范畴了。

后现代主义从根本上否定了真,摈弃了善,也就否定了艺术的任何功利目的。荒诞派戏剧以"反戏剧"的姿态出现,标榜"纯戏剧"。尤奈斯库说:"戏剧家就是写戏,他的戏只是提供见证,不进行说教。"[①]新小说派也以"反小说"的面孔出现,追求"纯小说",其首领人物阿兰·罗伯-葛利叶说艺术"只是呈现存在",存在是没有意义的,艺术也没有什么意义。当然这不是说他们的作品统统没有任何意义,而是从典型的理论形态说,他们是反功利的,是以"纯戏剧""纯小说"本身为目的的。总之,后现代主义美学认为世界、艺术都是无意义的,而对无意义的事物要求它有意义,后现代美学认为这本身就是一个悖论,就是一种荒诞。杰拉德·霍夫曼在《后现代美国小说中的荒诞因素及其还原形式》一文中说:"缺乏意义的宇宙要求人在反抗中寻找意义,这种假设业已成为使选择开放的文学想象的玩物了,或者用《回来吧:凯利加里博士》里的

---

① 朱虹:《荒诞派戏剧集·前言》,施咸荣等译,上海译文出版社,1980年版,第31页。

《金子阵雨》中巴塞尔姆的话说:"'皮特逊想,我错了,世界是荒诞的。荒诞因为我不信仰它而正在惩罚我,我肯定了荒诞性。另一方面,荒诞性本身就是荒诞的。'"[1]丑的现代主义已不能给人以愉悦,而荒诞的后现代艺术则进一步不给人以任何单纯的感受。现代主义的刺激、痛感、恶心、厌烦,还是简单的、极端的、确定的,而荒诞艺术的感受则是既哭又笑,既可怕、可惧,又调侃嬉笑、游戏人生,黑色幽默小说就曾被人称为"残忍的笑"[2]。正如荒诞本身是一个复杂矛盾的悖论一样,对荒诞艺术的感受也是一种复杂的矛盾感受。

(原载《文艺研究》1995年第6期)

---

[1] [荷]佛克马、伯顿斯编:《走向后现代主义》,王宁等译,北京大学出版社,1991年版,第236页。

[2] 廖星桥:《外国现代文学派导论》,北京大学出版社,1988年版,第518页。

在矛盾、冲突、激荡中追求着和谐

人的一生是不平坦的,我的一生似更不平坦。上帝安排了我崎岖的一生,挫折已成了习惯,顺利反而令我吃惊,感到异样了。我的一生不是一首和谐的歌,但我在不和谐中追求着和谐。我仍在荆棘丛生的山路跋涉着,跋涉着,峰顶还在前面……

1929年9月的一天,我来到了这世界上。故乡是不算富也不算贫的青城县(现改为山东高青县),它北临黄河,南濒小清河,没有大山,连土丘也少见,是一望无际的大平原。我的父亲周希城,母亲连名字也没有,户口簿上把她娘家和婆家的姓加在一起,叫周董氏。两位老人辛勤一生,难得温饱,在艰难中把我们兄妹8个养大成人,那伟大只能在我的自述中悼记一笔,若不恐永没于历史的沉寂了。我的小学生活虽清苦还有一点儿时的温暖,到读师范、中学则备尝了求学的困难,失学的痛苦。1949年考入华东大学,1951年又转入山东大学中文系之后,才算开始了我的学术生涯,才在我的眼前隐隐约约地展现着一幅金色的画卷,才真正打开闸门,释放出那压入潜意识层的无穷潜能。这惊人的潜能,可以支持我每天学习18个小时而不倦,我感谢这"上帝"的恩赐。1953年中文系毕业后,我主要的时光还是在山大从事教学和科研工作。先后任讲师、副教授、教授。1961–1963年去北京参加高校教材《美学概论》的编写工作。1984年8月应国际美学大会主席麦克米柯教授的邀请，赴加拿大蒙特利尔参加第十届国际美学大会。我向大会提交的论文《中西美学比较研究》，受到大会重视，选入大会文集，在加拿大出版。1986年被国务院学位委员会评为博士导师。1987年创办了山东大学美学研究所并任所长。创办《东方审美文化研究》丛刊并任主编。还兼任着国际美学学会执委会委员，国际比较美学学会执委会委员，山东省美学学会会长，中华全国美学会理事，中国作家协会会员、山东分会理事。1988年被评为山东省第一批拔尖人才，也是政府特殊津贴获得者。被贵州大学聘为名誉教授，被北京师范大学聘为兼职博士导师，被南开大学等十多所大学聘为客座教授。

在我近五十年的学术生涯中，先后出版了《马克思列宁主义美学的原则》《美学问题论稿》《论美是和谐》《文学艺术的审美特征和美学规律》《论中国古典美学》《中国美学主潮》（主编）、《中西比较美学大纲》（合著）、《鲁迅文艺思想资料编年》（合编）、《乘风集》《世界百科名著大辞典·美学卷》（主编）、《再论美是和谐》《古代的美 近代的美 现代的美》等15部理论专著，在意大利出版了《中国的现代美学》一书。在国内外发表美学文艺学论文190多篇，约计550多万字。已培养博士生35名，硕士生36名，进修教师15名，教过的大学生已难以数计。我在学术上所做的主要工作有以下几个方面。

一、提出了美是和谐自由关系的新理论。根据马克思在《1884年经济学哲学手稿》中关于"对象怎样变成对象就要取决于对象的性质与对象性质相适应的（人的）本质的性质；因为正是根据这二者之间的关系的具体（特定）性质才可以做出特殊的具体的肯定方式"的思想，我认为：我们把握美的本质，不能仅从主体入手，也不能仅从客体入手，而必须从主客体之间所形成的特定关系入手。

在我看来，人类在长期的社会实践中，与对象世界之间已经建立起了三种主要的关系。在认识活动中，人类主体以"理智"为前提，去把握客观世界的规律性（真）；在实践活动中，人类主体以"意志"为前提，去实现主体世界的目的性（善）；在审美活动中，人类主体以"情感"为前提，去寻求主观世界合目的性与客观世界合规律性的统一（美）。从发生学的角度来讲，由于人与现实的审美关系是建立在认识关系和实践关系之上的，因而可以说社会实践是美的根源。从现象学的角度来讲，由于对象的真、善、美是相对于主体的知、意、情而言的，所以我们又不能仅从对象的性质或仅从审美主体来判定美的本质，而必须在主客体之间所形成的具体的、历史的、特定的关系中来把握美的本质。在前一点上，我把自己的思想与传统的"主观说"、"自然说"、"主客观统一说"区别开来；在后一点上，我又把自己的思想与流行的"社会实践说"相区别。在我看来，广义的"人化自然"既是认识对象，又是实践对象，也是审美对象。这只是客观世界之所以成为人的对象的一般规定，还不是美的特质的具体规定。只有相对于人类主体"理智""意志""情感"等具体的态度、方式和能力，它才可能是呈现为"真""善""美"的不同对象。认识活动受制于客观规律，实践活动受制于主观目的，都有其片面性，是不自由的。审美活动一方面暗合于客观规律，一方面又在无目的性中符合目的性，因而是最和谐最自由的。总之，在这里美的抽象本质必须经由主体的审美态度、能力、方式及其两者产生的相互对应性，才能现实地具体地转化为审美对象。自然的人化只是美的本质的最一般的规定，还不是美的现象形态，还不是美的特殊本质的彻底解决。我在《论美是和谐》一书中曾说："人在实践中一方面使自然人化，一方面使人对象化，现实生成着人与自然的对象性关系，但这种关系只是人与自然的一般自由关系和美的本质的最一般规定,还不是美和审美关系的特殊的质的规定性。自然的人化只是审美及其他各种关系共同的自由本质,探讨美和审美特性还必须以此为出发点,进一步更为具体更为深入的研究。目前我国美学界已找到了这个起点,这是一个重大的成果,但从这个起点予以进一步探讨还不够,因而还未能真正地解决美的特质问题。"①这也就是说现实的具体的审美对象与审美主体是同时出现的,没有相应的审美主体的态度、能力、感受方式,美的现象形态就不可能现实地生成。在《论美是和谐》一书的序言中,我也明确说过:"关于美(广义的)的本质(或者说审美对象的属性)我主要有两点看法,一是作为美的根源说,我认为它是人类实践活动的产物;二是作为现实的美的对象说,它是由审美对象和审美主体相互对应而形成的审美关系决定的。在这个意义上,没有审美对象,就没有审美主体;没有审美主体,也就没有审美对象。在第一点上我同自然说、主客观统一说有分歧,在第二点上我与美的客观性和社会性统一说也有差别。"②这样,我便在马克思辩证唯物主义和历史唯物主义的基础上建立起别具一格的"和谐自由的审美关系说"。

美和审美关系特质的解决,同时也是艺术审美本质的解决。我是把艺术同美和审美关系统一起来思考的,与目前有些同志把美的本质与艺术的审美本质分裂开来研究不同。因为情感审美关系与理性认识关系、意识实践关系的联系与区分,不但规定了审美对象的本质,而且规定了艺术的审美本质。虽然前者为物质对象,后者为

---

① 周来祥:《论美是和谐》,贵州人民出版社,1984年版,第127页。
② 同上,第1页。

精神对象，但其审美属性是共同的。而时下有些同志却把二者分开，谈美和论艺术好像是两回事。

二、在"美是和谐说"的基础上，我进一步区分了古代素朴的和谐美、近代对立的崇高和现代辩证和谐美三种美的历史形态，创立了三大美的学说。我觉得既然审美、艺术是建立在科学认识和伦理实践的基础之上的，那么，随着人类认识和实践活动的发展，人与现实的审美关系也会呈现出不同的历史形态，便必然产生不同的和谐结构和不同的和谐水平。在古代，由于受未发展的生产力水平和自然田园生活的限制，人与现实尚未分裂，人与现实的审美关系也处在朴素的、低级的层次上。因此古代艺术家常将理想与现实、表现与再现、情感与理智诸矛盾因素未经分化地素朴地结合在一起，致使古代的艺术作品一般都呈现出平衡、对称、稳定、有序的形态。这种形态虽不给欣赏者带来感官的痛苦和情感的压力，适合于古代人单纯而脆弱的审美能力，但由于缺乏深刻的理性内容和必要的情感张力，因而只能是一种表面的浅层次的和谐。进入近代以后，由于生产力水平的提高和工业社会的出现，人与现实之间出现了深刻的裂痕，人与现实的审美关系也随之进入一个新的层次。因此，与古代人不同，近代艺术家不是去调和理想与现实、表现与再现、情感与理智的关系，反而要将这些矛盾因素彻底展开，强化其对立和冲突的一面，致使近代的艺术作品一般都呈现为偏执的、粗犷的、动荡不宁的形态。这种形态虽然会给人以过多的痛感和精神压力，但包含了深刻的理性内容和剧烈的情感张力。作为人与现实审美关系否定性的历史环节，这种"和谐"关系的破坏，恰恰是为建立更高层次的和谐提供了历史的基础。我认为真正现代意义上的美应该是近代美的否定，古代美的否定之否定，它应该扬弃近代美的片面性而保留深刻性，从而在一个更高水平上实现对古代美的回归——由素朴的浅层次的和谐进入深层次的辩证和谐。我以"美是和谐"这一命题为核心创立了一个逻辑与历史相统一的完整而新颖的美学理论体系。

当我把逻辑转化为历史范畴时，便与时下的美学理论进一步更鲜明地区分开来。当前大多数人都把美、丑、崇高、滑稽、悲剧、喜剧看作永恒的并列范畴，认为它们自古迄今都存在着。而我则认为美是古代的总范畴，崇高则是一个近代的总范畴，古代的社会历史条件不可能产生偏于矛盾对立的崇高。目前流行的理论把中国古代的壮美（或阳刚之美）等同于近代的崇高，我则把壮美与崇高严格区分开来。我认为壮美和优美是古代和谐美的两种形态，壮美仍在古代的和谐圈之中，而近代崇高却恰恰在于粉碎和冲出了古代的和谐圈。同样，丑、滑稽、悲剧、喜剧都是历史地产生的，都同时是历史范畴。在古代它们还处于萌芽状态，都原始地素朴地和谐地结合在一起，包容在古代和谐圈的总体之中。它们尚未彻底分化，还不可能形成相对独立的审美范畴。只有到了近代资本主义社会，随着社会矛盾广泛而深入地展开和形而上学思维之代替素朴的辩证思维，丑、崇高、滑稽、喜剧才可能突破古代和谐的蛋壳，日益分化裂变，逐步发展成为独立的美学范畴。时下的美学理论认为丑只是一个负范畴，只是一个被否定的对象，我则认为严格的近代意义上的丑，在美学史上也有过它的历史功绩。彻底对立的不和谐乃至反和谐的丑，曾是近代崇高、滑稽、悲剧、喜剧的分化剂和催生婆，我在《论中国古典美学》一书中曾说："不和谐因素的渗入和增加，从排斥到吸收丑、重视丑，从丑服从美到丑逐步取得主导的地位，便成为近代美学否定古典美学的转折点，也成为近代美学发展到极端的主要标志。"我还曾说："丑的侵入和扩大，逐步形成美与丑的对立关系，导致美的单纯性的破坏与瓦解，促使美的形态（广义的)的分化和复杂化,崇高、滑稽、悲剧、喜剧日益成为独立的审美对象,形成严格意义上的近代美学范畴。"[1]古代的美是单纯的和谐的一元美,而近代的崇高则是对立的复杂的多元美,从崇高(狭义的)、丑发展到荒诞,成为近代对立崇高(广义的)发展的三部曲。到了现代,随着社会主义之替代资本主义、随着马克思自觉的辩证思维之替代形而上学思维,我主观地预测:新的时代将创造一种新型的辩证和谐的美。它可能首先是对近代崇高、丑和荒诞的否定,形式上向古典和谐美复归。但它作为一种现代形态的美,不但与近代崇高不同,与古典和谐美也有天壤之别,这是否定之否定的螺旋上升。在辩证和谐的现代美中,丑、崇高、滑稽、悲剧、喜剧,也可能要否定其多元对立的局面,出现相互渗透、相互融合的新形态。但这只是逻辑的推论和历史的预言,能否符合规律,还要由现代历史的发展来检验。

三、我又将三大美学的理论运用于文学艺术的研究,提供了把艺术划分为古代和谐美艺术、近代对立的崇高型艺术(包括现实主义经自然主义向超级写实主义,浪漫主义经具象表现主义向抽象表现主义的两极化发展,以及由丑艺术向荒诞艺术,由"现代主义"艺术向"后现代主义"艺术的极端化裂变)和现代辩证和谐艺术等三大历史类型的学说。我认为无论在中国还是在西方,古代文艺中占统治地位的既不是偏重于客体的现实主义,也不是偏重于主体的浪漫主义,而是主客体未经分化素朴结合的"古典主义"。这种混沌未分的古典主义既取决于农业社会的自然经济而导致的人与自然的和谐,又取决于由原始血缘的宗法制度而导致的个人与社会的统

---

[1]《论中国古典美学》,第70、75页。

一，也与古代人素朴的辩证思维方式相同步。它追求的既不是客体的"真"，也不是主体的"善"，而是表现与再现、理想与现实、情感与理智未经裂变的"素朴和谐美"。与此不同，作为完整的美学思潮，无论是现实主义，还是浪漫主义，都是近代工业社会的历史产物，它们既取决于由工业生产力和商品经济而导致的人与自然的分裂对峙，又取决于由资产阶级和无产阶级的两极分化而导致的裂变和对立，这与近代人形而上学的思维也同步。它们或追求再现、现实、理智，以客体的"真"为目标；或追求表现、理想、情感，以主体的"善"为目的，都以打破"素朴的和谐"，追求"对立的崇高"为其审美理想，因而是"古典主义"历史的逻辑分化的必然结果。我还认为真正意义上的现代艺术应该建立在生产力高度发展，剥削制度废除的社会主义、共产主义的历史土壤之中，因而它不可能是现实主义和浪漫主义的简单发展，而应是二者在更高基础上新的融合。这种融合既扬弃了近代艺术的片面成分，又超越了古代艺术的素朴水平，而与现代人的思维方式——马克思主义科学的辩证思维相同步。它所追求的既不是古代"素朴的和谐"，也不是近代"对立的崇高"，而是现代"对立统一的新型美"。这样，我便又提出了古代、近代、现代三大艺术美学的理论。

在文艺美学领域，我提出的这三大艺术类型的学说，与时下流行的文艺学、美学大不相同。目前的流行观点认为中国与西方的古代艺术是现实主义的，或现实主义与浪漫主义相结合的。我则认为古代艺术是未经分裂的古典主义艺术，大一统的和谐圈笼罩下的古代不可能产生对立的现实主义和浪漫主义。时下的流行观点认为现实主义和浪漫主义是自古就有的，是伴随着艺术的产生而产生的。我则认为现实主义和浪漫主义是一个历史范畴，它只能产生在趋向日益分裂对立的近代社会。它是一个近代范畴，而不是一个古代范畴，更不是一个超历史的抽象范畴。我在拙著《论中国古典美学》一书中曾说："我们应该打破过去的一些框子。不要再用现实主义，或现实主义和浪漫主义或者现实主义和反现实主义的框子来套中国古典的文论和美（以及我们古代的文艺），我觉得这不仅是洋教条，而且是反历史主义的。我们应该从实际出发，尊重我国古典文论和古典美学的特点，尊重历史发展的客观过程和本质规律。谁都知道浪漫主义和现实主义不是诞生于奴隶社会和封建社会，而是产生于资本主义同封建主义的尖锐冲突和资本主义深刻的内在矛盾的基础上。在这里古代的天人合一才裂变为人与自然、个性与社会、合目的性实践与客观规律之间的尖锐对立。同时随着哲学领域中形而上学思维之代替素朴的辩证思维，美学中出现了突出和谐美的崇高理想，艺术中出现了个性与社会、主观与客观、再现与表现、感性与理性、现实与理想、内容与形式的深刻对立（以及破坏形式美，要求形式丑等）。在这种对立中，浪漫主义作为古典主义的否定和反抗，标榜个性、主观、理性，天才、情感、想象是他们的三大口号。现实主义作为浪漫主义的承继和转化，悄悄地登上文艺舞台（不像浪漫主义那样大喊大叫），它强调理智、思维和勤奋，尊重客观、感性与社会。这种尖锐对立的理论，在我国古代文论和古代美学中是没有的，也是不可能有的。我们怎么可以把产生于19世纪的文论和美，倒退几千年，戴到我国古代奴隶社会和封建社会的文艺和美学的头上呢？"[1]再者时下的理论认为现实主义万岁，过去是，现在是，将来还是现实主义的天下。我则认为现实主义既然是

---

[1]《论中国古典美学》，第11、12页。

历史地产生的，它也将随着近代社会的消亡而推移变化。新的社会主义、共产主义时代当有新的艺术兴起，那可能是革命现实主义和革命理想主义相结合的新型和谐美的艺术。

四、在国内美学界，我是比较早也比较多地从事中西比较美学研究的。我发表于1981年《江汉论坛》上的《中西古典美学理论比较》一文被称为是对中西美学作宏观总体比较的第一篇论著。我和陈炎同志合著的《中西比较美学大纲》被誉为是中国第一部对比较美学系统研究的理论专著。首先在这些著作中，我们对中西美学发展的共同的历史规律和不同的民族特色进行总体的对比考察。我认为，尽管从总体上讲，中西古代艺术均以和谐为主导倾向，有着"质"的共同点。然而相对而言，中国古代艺术在和谐的前提下偏重于表现，以"意境"胜；而西方古代艺术在和谐的前提下则偏重于再现，以"典型"胜。中国是"诗中有画"，西方是"画中有诗"，即在相同的"质"的情况下有着不同的差异。而进入近代社会以后，中西方艺术的民族特色都在物极必反的情况下出现了双向逆转的发展趋势。中国表现艺术的主导倾向开始让位于再现艺术，蓬勃兴起的小说和戏曲取代诗词的正宗地位。西方再现艺术的主导倾向则开始让位于表现艺术，就连绘画、小说这类再现性很强的艺术部门也开始走上了抽象表现的道路。我还认为随着现代社会中各民族文化的碰撞与融合，表现与再现的辩证结合将可能是人类艺术发展的共同趋势。我这一系列的见解，不仅引起了国内学者的关注，很快流行开来为很多人所接受；而且在国际上也产生了广泛的影响，美国拉扎林博士曾对我向第十届国际美学大会提交的论文《中西美学比较研究》作了专文评述，将其称之为"开创性的比较美学研究"。国际比较美学学会主席马其诺教授将我撰写的《今日中国之比较美学》由英文译为意大利文，选入他主编的国际比较美学系列丛书，在意大利出版。

五、为"文艺美学"建立了一个独具特色的理论体系。1982年，我在全国各大专院校中率先开设了"文艺美学"课，在《美学论纲》的基础上，我从"美是和谐"的理论命题出发，以"三大美学"为经，以"比较美学"为纬，建立了一个具有网络结构的"文艺美学"体系。

我在《文学艺术的审美特征和美学规律》的序言中，对该书的逻辑构架和理论体系的特点曾作如下概括："我在这本书中，一方面对艺术作纵向研究，由对艺术审美本质的最一般、最简单、最抽象的规定开始，在范畴的逻辑发展中，展示艺术由古典和谐美、经近代崇高型艺术（广义的）曲折地、螺旋地发展到现代对立统一的和谐美艺术的历史过程，以及由再现艺术经表现艺术向综合艺术发展的历史趋势。另一方面，又对艺术作横向研究，研究艺术家反映现实创造艺术的美学规律，相对静止地解剖艺术品通过艺术欣赏、艺术批评的中介在社会实践中所产生的能动作用。但横的与纵的研究是不能分开的，我力图在纵的研究中渗入横的研究，如艺术美的各种类型，既是运动的历史形态，又是相对静止的并列范畴。甚至如绘画、音乐等各种艺术类型，既有各自历史发展的成熟形态，又是并存的两种姊妹艺术。我也力图在艺术的横向研究中，加入纵向研究，如意境和典型，一则解剖它们的构成因素，一则阐明这些因素组合的不同历史形态（古典美艺术偏于典型和意境）。再如情节和人物，一则阐明二者的一般审美关系，一则揭示其组合的不同历史原则（古典美艺术偏重于情节，富于故事性，人物在故事中表现出来；近代崇高型艺术偏重于人物，富于个性性格，为了塑造性格，打破了故事的完整性和情节的单一性，甚至剪取各种互相不同的细节，多侧面、多层次刻画典型性格）。这样，纵向中有横向，横向中有纵向，形成一种纵横交错的复杂的网络结构。我试图用这种网络结构来较为全面地反映和揭示艺术的美学原理和规律。"

六、在中国美学史的研究方面，做出了我自己的贡献。在《论中国古典美学》一书中，我将中国美学放在世界美学的总体框架中进行审视，同时又把中国美学作为一个整体，对其自身的性质及独特的规律进行了宏观的考察，论者誉之为是对中国美学进行宏观研究的开创性的理论专著。我又在此基础上主编了《中国美学主潮》，该书出版后，被评为是从先秦直写到80年代的第一部中国美学通史。在该书的前言中我曾作了这样简括的介绍："我们这部《中国美学主潮》有两个最鲜明的特点：第一是从古至今，从遥远的先秦，直写到80年代，成为一部从古代美学，经过近代美学，向现代美学发展的比较完整的中国美学通史；第二是有一个统一的总体设计，总体构架。作为美学主潮，它既不局限于美学理论资料，也不能包括一切审美文化现象，而是抓住每个时代的总范畴和审美理想，作为历史发展的主要线索，着力揭示这一总范畴和审美理想产生、发展、裂变、兴替的历史轨迹。"之所以这样做，原因之一就是要同目前的一些美学史理论和美学史著作区别开来。"目前写中国美学史有两种主张，一种是写中国美学思想史，一种是写中国审美意识史。前者如中国建筑、雕塑、工艺，虽有辉煌的审美创造，却无重要的理论总结，持这种意见就只能将它们摒之于中国美学史之外了。而后者又似乎太宽，几乎囊括了中国一切审美文化创造，限于资料和时间，不但在现在，即使几十年、几百年之后，也难以做到。考虑到两者的利弊，我们试图紧紧抓住各时代美学的总范畴和主导理想，而凡表现这一总范畴和主导理想的理论资料和审美创造，都要加以总结和概括，并尽量使两者相互补充、相互对照、相映生辉，以补两种主张偏颇之弊。"对这一总范畴、主导理想在中国美学史上的产生、展开和发展过程的探索和揭示，则是这本著作一个独特的理论贡献。这一发展过程的特点，我在《中国美学主潮》序言中也作了挂一漏万的总括："作为美学的总范畴和审美理想，不管是东方，还是西方，大体遵循着共同的规律，都有共同的过去和未来的走向""但这一发展在中国和西方又各不相同。首先，西方从古希腊到19世纪初，古典和谐美还居于主导地位，从康德开始是一个伟大的转折，他总结了古典和谐美，开创了近代对立的崇高。随着哲学中科学主义和人文主义的两极分化，随着艺术实践中从现实主义经自然主义向超级写实主义、照相写实主义和从浪漫主义经具象表现主义向抽象表现主义的两极发展，美学上也从相对对立的崇高走到绝对对立的不和谐的丑。其近代美学、近代艺术的分化比较彻底，获得了充分的发展，为未来的辩证和谐提供了更成熟的条件，但未来的美的理想还不可能被自觉地提出。而中国美学的发展，在封建社会中和谐美理想和艺术所取得的辉煌成就，可与古希腊比肩。同时，它从李贽、汤显祖、金圣叹开始的近代崇高理想，也比康德要早。但总体上看，近代美学和艺术却既复杂又不充分，既五彩缤纷，又很不成熟。特别是从王国维、鲁迅开始的近代中国美学上，既有近代的富于生机的崇高理想，又有陈旧的古典和谐的理念，还有从马克思主义传入后萌芽的辩证和谐的意识，这三种意识交织在一起，既相互斗争，又相互制约，错综复杂，此消彼长地曲曲折折地艰难地向前发展着。在社会主义处于初级阶段的今天，近代对立的崇高作为由古典和谐到辩证和谐的中介环节，还需要予以充分发展。只有在它充分裂变的基础上，才可能创造真正的辩证和谐的美，而避免向古典和谐美的复归，当然这种充分的裂变，又不同于西方极端对立的现代主义美学和艺术，它是在辩证和谐的审美理想光照之下，并以之作为未来的发展趋向的"。[1]最后，关于中国古典美学的历史分期，我也提出了自己的见解，在《论中国古典美学》中，我已指出："关于中国古典美学的发展，我觉得经历了三个大的历史阶段。从先秦到中唐是第一个阶段。这一时期从社会学角度看，虽有奴隶制社会和封建前期的不同，但从美学观点看，其偏于壮美的理想，其偏于写实的倾向（在表现的基础上），在本质上是一致的，没有根本的美学差异。从晚唐到明中叶，美的理想由壮美转向优美，由偏于写实转向偏于写意。明中叶以后，随着资本主义的萌芽，兴起了带近代色彩的浪漫思潮和有近代批判性质的写实主义，审美理想，又由优美发展到近代崇高的萌芽，由偏于写意表现的诗词逐渐发展以再现写实为主的小说、戏曲（与西方近代话剧比，它还偏于写意）。明中叶以降的美学，也可以说是世界近代美学的先声。西方的浪漫思想兴起于18世纪中叶和19世纪初，西方的批判现实主义滥觞于19世纪30年代，而中国的浪漫思潮却发轫于16世纪，而写实主义则在17世纪金圣叹的小说美学中就已出现了，比西方几乎早两个世纪。"[2]这一分期的原则已贯穿于《中国美学主潮》之中。

最后，我之所以在美学研究中取得这些成果，首先得益于我对

---

[1] 周来祥主编：《中国美学主潮》，山东大学出版社，1992年版，第1、2、3页。
[2] 《论中国古典美学》，第4页。

马克思主义辩证思维持之以恒的学习、探索和运用。我越来越深地感觉到：对于一个现代意义上的学者来讲，材料只是血肉，方法才是灵魂。我在对博士生、硕士生的培养中，也特别注重思维方式、思维能力的培养。我从1952年就开始注意锻炼自己的辩证思维的能力，积四十年之体验，我觉得要掌握辩证思维的方法，需要突破三个难点：一是超越感性具体的经验归纳，进入到理性抽象的整体把握。即由科学抽象得出的最一般规定作为研究的逻辑起点，通过发现和展开这些概念和范畴自身所具有的内在矛盾，使其在否定之否定的思维过程中不断丰富，以达到理性层次上的具体和完善。二是放弃和改变孤立的、静止的下定义的方法，使作为思维网结点的各概念和范畴在其自身的矛盾运动中发生多层次的广泛联系，并由逻辑起点经逻辑中介最后到达逻辑终点，从而把真理看作一个过程，而不是一个简单的形而上学的结论。三是尽可能多地占有感性资料，越丰富越全面越好，因为只有在全面的资料中，才容易发现规律性的东西，而不为某些个别的偶然的东西所蒙蔽。当然也不能囿于材料之中，拘于传统的就事论事的经验模式。突破了以上三个难点，大概才能达到"由抽象上升到具体""逻辑与历史相统一"的辩证思维的科学境界。而这一境界似乎是无止境的，我毕生都在向着这一目标努力。

我已做过的工作大概就是这些，但我的事业还未完成，我经常感到自己刚刚在起步，还有好多要说的话没有说，还有好多可做的事没有做。我虽已年过花甲，但精力不减当年，而思辨能力似犹胜当年。我还在探索如何吸取现代自然科学方法以发展辩证思维，如何用双向逆反纵横交错的网络式结构来创构当代马克思主义美学、文艺学理论体系的问题，如何认识和把握西方现代主义、后现代主义和我国现当代美学和艺术问题。我将不停地思索、追求,直到心脏的最后一跳,以期有新的发现,新的突破。

我的自述至此已告一段落,忽吟得四言四句,暂作不能作结的结语:

  泰山巍巍,白云悠悠;
  纷乱无止,和谐难求?!

(原载《今日中国哲学》1996年)

论哲学、美学中主客二元对立思维模式的产生、发展及辩证的解决

1999年7月在北京"《周来祥美学文选》（上、下）学术讨论会"上，有的同志提出主客二分是一种二元对立的思维模式，在西方正受到越来越强烈的否定，如海德格尔正在用比较原始的主客未分的"此在"（Dasein），取消和代替主客对立的观念。近几年来，质疑主客二分思维模式的文章越来越多，而且给人的一种印象是似乎只要一提人与对象、主体与客体这类概念，就是二元对立的思维模式。这促使我不断地研究和思考：究竟什么是主客体二元对立的思维模式？在西方哲学史、美学史上二元对立处于一个什么位置？海德格尔是如何消解二元对立的？二元对立与马克思的辩证思维是怎样的关系？我们应怎样对待二元对立？经过几年的探索，现在把我的一些初步想法写在这里，请大家指教。

一、什么是哲学、美学中主客二元对立的思维模式？

什么是哲学、美学中的主客体二元对立呢？我觉得存在着两种根本不同的理解：一种认为只要把存在划分为主体与客体，就是二元对立；另一种认为划分主客体并不就是二元对立，这种一分为

二，可能走向二元对立，也可能走向和谐统一，关键在于承认不承认人与物、主体与客体之间是否是相互联系、相互依存、相互渗透、相互沟通、相互转化、相辅相成的。拒绝这一点就是二元对立，肯定和实践这一点就不是二元对立。

现在我们先看第一种观点，如有的同志说："主体性哲学建立在主客二元对立的主体论基础上，这种本体论把存在分割为主体与客体两部分，古代哲学以客体作为主体的依据，近代哲学以主体作为客体的根据，它们都不能避免二元论的弊端。"[①]这就是说，只要把存在划分为主体和客体两部分，那就是主客体二元对立，这样主客二分的历史，就是二元对立的历史，不同的是，古代的对立以客体为根据，近代的对立以主体为根据。事实是这样吗？逻辑是这样吗？答案可能很不同。

我觉得客观存在是统一的，也是差异的、矛盾的。而差异、矛盾是绝对的、永恒的、无处不在的。但万事万物的差异及矛盾的性质、形态是不同的，大体上可以划分为两种：一种是对立的；一种是非对立的，或者说是杂多的。二元对立是指差异矛盾的两方面在本质上是截然相反的，如美与丑、真与假、善与恶、肯定与否定、前进与后退、正与反、是与非、阴与阳、黑与白等。同时，对立的双方又互为依据：失去了正，就没有反；失去了美，就没有丑。非对立的，杂多的，则不具有这种本质上的截然不同，如酸、甜、咸、辣，如红、黄、蓝、白，如东与北、西与南，其性质各自独立，彼此不受影响：失去了红，仍有黄、蓝、白；失去了酸，仍有

---

① 杨春时：《现代性视野中的文学与美学》，黑龙江教育出版社，2002年版，第123页。

甜、咸、辣。

黑格尔作为辩证法的大师，对我们仍有意义。尽管20世纪以来，批判否定黑格尔成为一种时髦，谁不骂几句黑格尔，似乎就不现代，就不后现代，就不够时尚。但深入剖析一下近代、现代、后现代的哲学和美学思潮，便会发现它们最致命的弱点恰恰就是丢掉了黑格尔辩证法的精髓，落入了极端对立的桎梏，现在呼唤回到黑格尔，回到马克思，回到辩证思维，也可能是适时的。黑格尔早在《小逻辑》中就论述了杂多和对立的两种不同的矛盾形态。他说：

> 异第一是直接的异或杂多。所谓杂多即不同的事物各自独立，其性质与别物发生关系后互不受影响，而这关系对于双方是外在的。由于不同的事物之异的关系是外在的，无关本质的，于是这"异"就落在它们之外而成为一第三者，即一比较者。①

又说：

> 异的本身就是本质的异，有肯定与否定两面：肯定的一面乃是一种同一的自我关系，亦即坚持其自身的同一，而非其自身的否定。而否定的方面，即是异之自身，而不是肯定。于是每一方面之所以各有其自身的存在，乃由于它不是它的对方，同时每一方面均借对方而反映其自身，只由于对方的存在而保持其自身的存在。因此，彼此本质的异即"对立"。在对立中，相异者，不是任一别物，而是与它正相反对的别物，这就是说，每一方面只由于与另一方面有了关系方得到它自己的性

---

① [德] 黑格尔：《小逻辑》，贺麟译，商务印书馆，1962年版，第259页。

格,此一方面只有从另一方面反映回来,方能自己照映自己;另一方面亦然。这样每一方面都是对方自己的对方。[1]

按照黑格尔的论断,宇宙中的万事万物都是相互差异、相互矛盾的,而差异、矛盾大体划分为两大形态:一是"杂多",一是"对立"。前者是外在的异,非本质的异;后者是内在的异,本质的异。前者之间是相似与不相似的关系,彼此独立,互不相涉;后者则是肯定与否定的关系,是"正相反对"的关系。一方的存在、性格正是由于它的截然相反的对方的存在而产生的,失去了对方,也就失去了自己。这样"对立",就是"一物必须与它的对立的别物相关联"[2]。

不仅事物的矛盾有非本质的杂多和本质的对立,而对立也有绝对的对立和辩证的对立之分。绝对的对立认为,既然对立的双方是正相反的,那么彼此之间就不可能相互渗透、相互融合,更不可能相辅相成,和谐统一。如康德认为,物自体是不能认识的,在主观和客观、此岸世界与彼岸世界之间划了一道不可逾越的鸿沟,还有他提出的时间与空间等一系列二律背反的命题,大体上都处在这种对立之中。这种绝对对立的不能沟通的观念,是真正的即我们所说的主客二元对立。这种绝对对立的观念,在西方影响深远,根深蒂固,可以说自康德以来的西方近代哲学、现代哲学和后现代哲学(除去谢林、黑格尔、马克思等)都贯穿着这一根本的观念。在他们灵魂深处,压根就不相信客体与主体等对立双方之间,能够沟通,能够和谐,能够统一。所以当存在主义寻求消解二元对立的途

---

[1] [德]黑格尔:《小逻辑》,贺麟译,商务印书馆,1962年版,第263页。
[2] 同上,第263页。

径时，首先要把客体世界设置为主体自身，这样主客体的关系就变成主体之间的关系（他们称之为"主体间性"），这样主体与主体之间就可以相互融合、相互沟通了。这种主体间性的提出，正好反映了他们绝对对立观念之深。而辩证的对立则与此正相反，它认为矛盾的双方不仅是对立的，而且是统一的，不但是截然相反的，而且是相互联系、相互影响、相互渗透、相互合作、相互融合、相辅相成、和谐统一的。而且它之所以是和谐统一的，恰恰因为它们是相互对立的。它们正是在相互关联的对立中，埋下了它们相互融合、和谐统一的种子，它们之间对立的产生与发展，同时是它们相互融合、相互转化、和谐统一的实现，这是一而二、二而一的矛盾事物的两个方面。在这个意义，可以说它们之所以是和谐的，正因为它们是截然对立的；或者说，正因为它们是辩证对立的，所以它们必然是和谐统一的。辩证的对立统一的观念，对于长期陷入人文主义和科学主义对立的西方近现代文明来说，是很难读懂的，也是很难理解的，恐怕在今后相当长的时间中还是很难接受的。不过，应该说明，这种辩证的对立，不是西方某些人所说的绝对的二元对立，因此，不能一提主客二分，就说是二元对立，甚至把辩证的对立也说成是绝对的二元对立，把马克思主义的辩证思维也说成是主客二元对立的思维模式，那是不科学的、不恰当的。正如列宁所说："辩证法是一种学说，它研究对立面怎样才能够同一，又怎样（怎样成为）同一的，——在什么条件下它们是相互转化而同一的，——为什么人的头脑不应该把这些对立面看作僵死的、凝固的东西，而应该看作活生生的、有条件的、活动的、彼此转化的东西。"[①]问题还可以进一步，不但有两种不同的对立观念，而且对

---

① 《列宁全集》第55卷，人民出版社，1990年版，第90页。

二元对立的解决,也有两种不同的方式和方法:一种是强调斗争的方法,一种是强调协调的、和谐的方法。古希腊德谟克利特强调斗争,而毕达哥拉斯则主张和谐。一般说,西方的传统更强调斗争,而我们中国的传统更强调和谐(当然在我国也曾有过偏于斗争的历史)。前者突出对立,激化矛盾,主张以"斗"取胜,认为斗争是发展的动力,不斗争矛盾就不能解决,事物就不能发展;后者则淡化矛盾,缓和对立,协调沟通,以"和"取胜,认为"和实生物",和则万事兴,和则两利,斗则两伤。对于和解来说,主客体的对立性就更加淡化、更加微弱了。而一味地强调绝对的二元对立,则会拒绝了和解、和谐的解决方法,丢掉了中国中和、和谐的传统,甚至不能适应时代的精神和要求。

二、哲学、美学中主客二元对立思维模式不是从古就有的

应该说明的是主客二分并不是从人类社会产生就有的。在远古时代,从旧石器时代到新石器时代末,是人类逐步从自然界走出的时代,同动物逐步分离的时代。那时人与自然还没有鲜明的界限,主体与客体并未分化,客体即是主体,人类的幼年同一个人的孩童时期一样,把世界看作是人自身,远古流传下来的神话正是他们典型的杰作。同时,主体也就是客体,人和动物是一体,我国蛇身人首的女娲,埃及金字塔的狮身人面像,真实地记载着人与自然的合一,说明原始的人还没有真正的人的意识,还没有人的自觉。动物图腾的广泛存在,也说明原始人结成的社会群落,常把自己看成某一动物的后裔,是龙或凤的同类,唯独还没有人自己。但这种主客未分化的合一,是原始的,是未开化的,若向往这种未分的状态,

要保持这种状态，那就不可能有人类的诞生，也就不可能有真正的人类文明的发展。正是在这个意义上，我认为人的独立化，主体与客体的分化，并不全像海德格尔所说的那样，是人类文明的不祥之兆，而首先是有伟大的历史功绩的；可以说，人从自然走出，人把自己与禽兽分开，正是人类文明的真正开端，舍此，原始的人就永远留在远古的混沌之中。

从远古到古代，从原始群落到奴隶的、封建的古代社会，从人兽同体到人的独立，从主客混然到主客二分，是人类文明创造和发展的关键的一步。但这种主客二分有四大特点：

第一，主体与客体有明确的区分，客体就是客体，主体就是主体，自然就自然，人就是人，甚至人已开始羞于与禽兽同类，"禽兽不如"这句话逐渐成为人类最大的耻辱。

第二，这种主客二分并未走到对立，而是相互依存、相生相克、相互融合、和谐统一的。西方古希腊哲学认为，世界的本原是水、火、气。德谟克里特说是原子，人与万物具有同一性，它们来源于共同的宇宙本体，又复归于自然本体，这也是一种天人合一，是存在论上的天人合一。柏拉图和亚里士多德是古希腊两位最伟大的哲人，柏拉图创造了以绝对理念为核心的理论体系，而亚里士多德则提出了形而上学的思想体系，他们都把人放在理念发展和宇宙结构的整体中来理解，同样也是天人合一的。这种主客和谐、天人合一的精神在古代中国就更为典型，更为显著。老庄首创自然哲学，提出"道生一，一生二，二生三，三生万物"的观念，而作为万物之一的人，对待自然的态度是，尊重自然，亲和自然，"要无为而为"，顺应自然，要"以天合天"，皈依自然，"天地与我同在，而万物与我为一"，天与人是何等的亲密无间啊！与老庄之偏于自然相较，孔孟儒家则更偏于社会，儒家哲学可以说是偏于善的伦理哲学。他们认为，人是社会群体中的一员，人与人之间要和睦相处。孔子的学说以"仁"为核心，而"仁者，爱人"，即人与人之间相爱相助。儒家的大同世界就是一幅人人相爱、天下和谐的人间美景。这种思想在中国发展延续了几千年，到明末李贽出来，首倡童心之说，才逐步冲破这种和谐的观念，真可以说是源远流长了。

第三，这种统一以客体为基础，客体存在是绝对的，主体依附于客体，主体未能得到充分的独立的发展。人依附于自然，个人依附于社会群体，人的自由，人的自满自足，是建立在有限的基础上的。因此，古代和谐美的理想和艺术，是素朴的有限的和谐，这一点在邹华同志的著作（如《和谐与崇高的历史转换》）中谈得比较充分，大家可以参考，我不再赘言。

第四，人从自然中走出，为了要生存，要发展，面对这个从中走出的自然界，反而感到陌生、惊奇、神秘、可怕。因而，世界是什么的问题便成为古代人和古代哲学思考的首要问题，认识论哲学也便成为古代哲学的一大特征。在认识中，对于主观能否符合客观，思维能否符合存在，人的认识能否符合客观世界的本质和规律，古代哲学家也提出了和谐统一的主张。古希腊爱利亚派的巴门尼德就说："能被思维者和能存在者是同一的。"我国古代的老庄也认为，通过"心斋""坐忘""涤除玄鉴"，可以获得一个澄明的世界。孔子虽然很少讲认识论，但在他"五十而知天命""七十而从心所欲不逾矩"的人生经验中，也可看出人是能认识外界事物的本质规律，而达到主体自由的。古代不但在存在论上讲"天人合一"，主客体统一，而且在认识论上也讲主客观统一，思维与存在的统一。

总之，古代哲学是在一元论的基础上讲主客二分的，这种主客体的关系是素朴的和谐的统一的，它还不是在二元论基础上产生的绝对的主客对立，不能把二者混为一谈，不能说古代也是主客二元对立的，那样会违背历史，违背实际。正是在古代主客体素朴的辩证统一的基础上，产生了古代素朴的和谐美与和谐的古典美的艺术，产生了古代素朴和谐的人与对象、主体和客体的审美关系。从客体对象说，对象是和谐的，不是分裂对立的，对象客体对人只呈现出它和谐的美的形象，而遮蔽了它崇高的、丑的、荒诞的复杂面目，它相对于分裂、对立、多元的近现代来说，是单纯的、贫乏的。从主体方面说，人的心理结构也是单纯的、和谐的，它没有经过感知、意志、情感、理性和无意识的裂变，它还没有感知、欣赏和容纳崇高、丑、荒诞、悲剧的能力。所以古代艺术对丑是排斥的，古典绘画很少描绘丑，即使间或遭遇到丑，这丑不是形式的、非本质的，就是将丑美化，纳入整体的古典和谐之中。古代人也难于欣赏主客体尖锐对立的崇高，对荒山大漠，悲惨牺牲，不是视而不见，就是将其壮美化。古代人把压抑的崇高，把非经一跃方能进入自由境界的崇高，描绘成豪放的、挺拔的、洒脱的、一直处于自由境界的壮美对象，这也就是中国古代艺术只有优美与壮美两种和谐美类型的根本原因，也是中国古代只有大团圆式的"古典悲剧"，而没有严格的近代意义上的悲剧的根本原因。和谐的美的对象与和谐的未分裂的主体审美心理，相互依存、相互对应、相互渗透、相互融合、相辅相成地构成了古代素朴和谐的人与对象的审美关系。这个关系是和谐的，不是分裂对立的；是一元的，不是二元的，更不是多元的；是单纯的，相对于近代是不丰富、不复杂、不够深刻的；是有序的、稳定的，相对于近代不是无序的、激荡的、开放的。它只能构成和谐的古典的审美关系，而不能构成近现代二元对立的、崇高的、丑的审美关系和后现代荒诞的多元关系。

三、哲学、美学中主客二元对立思维模式在近代的产生与发展

真正的主客二元对立模式是从近代开始的,而这时的二元对立绝不是像某些同志所认为的那样只是一种谬误,更不只是一种罪过。恰恰相反,若没有主体的彻底自觉和独立,若不能形成主客二元对立,也就没有近现代文明,没有康德,甚至没有黑格尔,没有马克思(他的辩证法就失去依据),没有德国古典哲学;没有海德格尔,没有德里达,没有现代主义,也就没有后现代主义;同样,也就没有近代崇高美学、现代丑美学和后现代的荒诞美学、无差别美学。主客二元对立是近现代文明的助推器和催生婆,不能一笔抹杀。

近代主客二元对立与古代主客一元统一的哲学,正好形成鲜明的相反的特征:

第一,古代哲学以客体为基础,是一种客体哲学;近代哲学则从客体转向主体。康德是这一转折的关键人物和代表人物,他结束了古代的客体哲学,开创了近代的主体哲学。康德哲学的精神,实质上是研究人如何从自然的人、感性的人,经审美的人,到达社会的人、理性的人。自此,主体、理性的地位逐步攀升,一个大写的人日益独立于天地之间,神的光环日益暗淡,人代替了神,成为宇宙的光辉主宰。

第二,与古代主客和谐统一的素朴辩证哲学不同,主客处于绝对对立的状态,主体与客体本质上根本不同,相互没有联系,不能沟通,不能互补,不能融合,一句话,不可能达到统一。主客是二元的,它们的对立是根本不能解决的。最早提出这一问题的是大陆

理性派的笛卡尔,"我思故我在"是他的一个著名的命题,他把人的本质规定为"思",即思想,他把主体人的思想实体与客观存在的物质实体水火不容地分裂对立起来,由此认为世界是由人与物、思想与存在、主体与客体二元构成的,第一次形成了主客二元对立的世界观。

第三,这种主客二元对立自笛卡尔以后日益发展,日趋极端化和绝对化。这种对立大体经历了近代、现代、后现代三个时期(黄玉顺同志在《超越知识与价值的紧张——"科学与玄学论战"的哲学问题》中也谈到这个问题,可以参考)。第一个时期大约是从18世纪到19世纪中叶,是从理性主义和经验主义的对立,到康德哲学的综合和德国古典哲学的终结。在美学上,是从柏克到康德的崇高美学和车尔尼雪夫斯基的生活美学;在艺术上,是从浪漫主义的呐喊反抗到现实主义的解剖、批判。从培根经霍布斯、洛克到休姆,强调了认识的感性经验方面,提出了归纳法,形成了经验主义哲学;从笛卡尔到斯宾诺沙,强调认识的理性方面,发展了范畴、概念的演绎法,举起了理性主义的旗帜:两军对垒,各执一端。康德的《纯粹理性批判》,力图把理性派先验的概念范畴和经验派后天的感性经验结合起来,但他不但没有克服二者的对立,反而把这一对立更加深刻化了。因为他的先天综合判断只能认识现象,而不能认识"物自体","物自体"是不可知的,从而在思维与存在、此岸世界与彼岸世界之间划上了一道不可逾越的鸿沟。第二个时期,大约从19世纪末到20世纪中叶,是从人文主义与科学主义对立的形成发展,到海德格尔存在主义哲学的创造。美学上是丑的升值,丑冲破崇高的外壳,彻底扬弃和谐的因素,登上了现代文化主角的宝座。艺术上是现代主义的兴起和向全世界的蔓延。科学主义重视工具理性,强调科学技术,压抑、贬低人文科学、人文精神;人文主义则相反，它重视人的意向、生命和本性，批判和抗拒现代科技对人的物化、单面化、碎片化。两者对立，但也有共同之处：一是双方都各是一个片面，都各讲一面的道理，都在自己的领域做出片面的但又是独创的贡献；二是两者都是非理性的。本来科学是讲理性的，是讲本质和规律的，但20世纪的科学主义思潮，却以感性经验为标榜，这从法国孔德的实证主义，经英国穆勒、斯宾塞、奥地利马赫的经验批判主义，到语言分析哲学、科学哲学和结构主义，都抛弃形而上学，力图建立经验基础上的实证科学，因此，它们不过是近代经验派的哲学的现代演化。与此相应，在美学上便是从俄国形式主义、英美新批评的文本论，到结构主义美学和符号美学的嬗变。同样，人本来是理性的动物，人本主义本应是理性的思潮，但20世纪的人本主义却偏于研究人的非理性的方面，从叔本华的意志哲学偏向人的意志、意向、意欲开始，经尼采的超人哲学、柏格森的生命哲学，到弗洛伊德专注无意识、潜意识的精神分析哲学，一步一步地向人的本能深化。这一方面丰富了对人的主体的认识，另一方面也使理性的人坠落到感性本能的深渊。在美学上便是叔本华的意志论美学、尼采的超人美学、柏格森的生命美学、弗洛伊德的精神分析美学以及海德格尔、萨特的存在主义美学等。人文主义与科学主义比较起来，科学主义更为强大，更占优势，特别是分析哲学几乎风靡欧美，独霸一时。那么什么是分析哲学呢？大体上说它有三大特征：一是以经验为基础；二是以分析方法，代替黑格尔式的思辨方法；三是语言分析和逻辑分析相结合。分析哲学的精神之父维特根斯坦，创构了逻辑原子主义，认为"原子事实"构成经验，而语言和科学就是表述这个经验世界的，哲学就是运用逻辑的方法，对科学和语言关于这个经验世界的陈述进行分析。因此，分析哲学首先以方法论的改变而发端，它以分析的方法，取代演绎逻辑的思辨。而分析又以语言分析为关键，他们认为语言运用得正确与否，是造成一些哲学理论问题长期争论不休的根本原因，因此，正确地运用语言，就会消解由于错用语言而产生的假问题。同时，语言的结构又不是随意的，它是按逻辑规律组织起来的，这样，语言分析又必须深入为逻辑分析。他们在精细的分析中，发现日常用语的不精确，弗雷泽、罗素等人又致力于创造一种人工语言，以提高语言陈述的精确度。总之，分析哲学就是一种排斥人的，纯经验、纯客观的哲学。与科学主义之执着于经验、语言、逻辑之外在客体不同，人文主义却紧紧地抓住意志、意向、生命、无意识这些人的主体的特性。人本来是感性与理性结合的生灵，20世纪的人文主义却只对意欲、本能、无意识情有独钟；人本来也是从自然界诞生的，人文主义却割断这一历史联系，反而认为世界就是主体的创造。叔本华是意志论的代表，可以说是人文主义的滥觞，他认为"世界是我的意志"，意志就是自在之物本身。尼采进一步提出权力意志，认为世界本身就是权力意志。柏格森的生命哲学则认为世界是一种"意识之流""生命之流"，把客体说成是主体的意识和生命本身。而到弗洛伊德的精神分析哲学，则已经不见了客体宇宙，剩下的只有"本我""自我"和"超我"了。其中，尤重于"本我"，这是一种生命冲动，是性本能，是完全先天的、潜意识的。这个与客体完全彻底决裂的主体，也算走到尽头了。主体和客体裂变与对立的日益尖锐，既带来了片面的开拓、丰富和创造，又带来了极端化的褊狭和弊端，这是20世纪中叶以来人文主义和科学主义对立发展的第三个时期的基本特征，也就是后现代文化的主导倾向。从客体方面说，客观世界由绝对实体（理性本体），经现象世界（感性本体）蜕变为一种平面的、破碎的、混乱无序的世界（荒诞世界）。康德的"物自体"，是一种绝对的、理性的本体，是一种自在之物；维特根斯坦的逻辑原子主义，则把由"原子事实"构成的经验世界，作为宇宙的本体，它已失去了康德的理性特色；而到后现代的反本质主义、反中心主义、反逻辑主义，则进一步把世界平面化、无序化、破碎化。从主体方面看，同样，由理性主体，经感性主体，异化为分裂的个别主体。从康德追求社会的人、理性的人，到尼采高喊"上帝死了"，也就是理性的人死了。尼采期待的"超人"和柏格森倡导的生命主体，都是张扬的感性的人。到福科的"人也死了"，则连感性的潜能也耗尽了，最后是"主体的黄昏"，余下的只有多元的单个的人。在美学上便是由崇高经丑向荒诞的演进，在艺术中便是由近代的浪漫主义、现实主义，经现代主义，向后现代主义的嬗变。主体与客体的关系，也随着这种主体与客体的日益疏离而不断发展，不断改变形态。在近代崇高、近代浪漫主义和现实主义里，主客体由对立、争斗而趋向于和谐，趋向于统一，即使在主体遭遇挫折、失败乃至牺牲的命运中，他仍然抱着必胜的信念。在丑和现代主义艺术中，感性的人失去了普遍的理性，无法把握日益疏离的客观世界，他困惑，他无奈，但他仍在绝望地挣扎，仍有一颗未死的心，主体与客体处在一种无法解决的对立、纷争、激荡之中。在荒诞和后现代主义艺术中，主客体是两个极端的矛盾结合体，一个是主客体的对立走到极端，一个是主客体对立的消解也走到极端，荒诞剧、黑色幽默是前一个极端的代表，而女权主义、后殖民主义、新历史主义，特别是大众艺术、审美文化则反映了后一种倾向。在这里分裂、对立的现象世界，同时就是一个多元的相对的世界；耗尽一切潜能的非理性的个体的人，也是多元的相对的人：二者构成的正是德里达的后现代的、多元的、相对的解构关系。这两个极端，正是后现代矛盾集合体必然的产物，是这个矛盾体命定的两面，但它的历史走向，当前似正在由对立的极端，一百八十度急转弯，日益走向无差别式的消解的另一个极端。我在《古代的美 近代的美 现代的美》的前言中曾说："崇高在康德那里，是以近代的对立突破古典的和谐，向丑发展的过渡形态。荒诞则是丑的极端发展的结果，同时又隐隐约约地呼唤着一种新的和谐，历史的发展也可能证明它是由丑向辩证和谐发展的过渡形态。"[1]崇高与荒诞作为过渡形态，有其近似之处：一则两者都是对立的，二则两者都趋向和谐。但也有一个根本的不同：崇高是理性主体的高扬，是理性痛苦而又乐观的凯歌；荒诞则是感性主体的消亡，是感性主体无奈、尴尬、非悲非喜的荒诞剧，本来对立已发展到混乱的极端，却幻想它突然间就化为无差别的美妙人间，这本身就是一个荒诞。

主体与客体二元对立的日益极端化，人文主义和科学主义日益彻底分裂，引起西方一些有识之士的关注，他们开始思考弥合和消解这种对立的途径。法兰克福学派较早地关注这个问题，提出"主体与客体同一"的一元论，反对主客体对立的二元论。阿道尔诺认为，这种"同一"就像阴阳两极产生的磁场一样，二者是相互影响、相互融合的，这是一个新的理论动向。胡塞尔的现象学，提出了"意向性"的理论，这种意向性包括意向主体、意向对象（客体）和意向活动三个方面，显然，他企图用意向活动联结主体与客体的断裂。可惜这种意向活动只是一种意识活动，假若他再向前跨出一步，向主体的意志实践活动靠近一步，他将取得更为积极的成果并产生更大的影响。海德格尔提出存在主义，力图以存在论，特

---

[1] 周来祥：《古代的美 近代的美 现代的美》，东北师范大学出版社，1995年版，第7页。

别是以人与自然、感性与理性尚未分化的"此在"（Dasein），来消解主客体的二元对立。存在主义者还提出"主体间性"的理论，把人与自然界、人与他人的关系都说成是主体与主体的关系，他们认为主体与客体世界是不能沟通的，但把客体看作主体，主体与主体就可以沟通了，就融合了。但客体对象世界是否定不了的，把它说成是主体，它并不就是主体。同时，把"你""我""他"之间都看成是主体间性，而不同时是互为主客体，也是自相矛盾的。因此"主体间性"的概念不久在西方现代哲学中就不再提了，如在杜弗朗的美学中，被海德格尔等抛弃了的客体（对象）和主体的一对范畴，又重新恢复了它们的地位。存在主义不仅没有消解二元对立，反而加剧了二元对立，加剧了主体的衰亡。康德的主体是理性的主体，是普遍的社会的主体，海德格尔由康德抽象的主体，走向感性生存着的"此在"（Dasein）。雅斯贝尔斯则由海德格尔主客体未分化的但又非某个体的"此在"，走向"我"这一非知识性的个体决定论。如叶秀山同志所阐释的这个"我"，不是由因果律决定的，不是"我"的过去决定了"我"的现在，不是"我"的现在决定了"我"的未来，而是"我"吸收了过去和将来，"我"自己决定"我"是什么。[1]这种"我"的存在论意义上的个体决定论，把个体主体突显到首要的地位。解构主义的德里达，则在否定客体本体的基础上，进一步否定了一切本质、中心，把一切都归于个体主体的虚构，它用主观、相对、多元勾销了绝对性和普遍真理，由二元对立发展为多元解构。当然解构主义也有它否定权威、解放思想的积极意义，它对传统的挑战同时为新的美学的发展带来了巨大的机遇

---

[1] 叶秀山：《思·史·诗》，人民出版社，1988年版，第240页。

和发展的空间。总之,他们拒绝客体存在和理性认识论,拒绝知识哲学,只强调主体存在、个体生存的本体性。就这样西方的近现代哲学,便在消解主客体二元对立的努力中,悖论式地走到了主客体二元对立的极端。看来西方靠现代主义和后现代主义,靠存在主义和解构主义来消解二元对立注定是不可能的了。

四、马克思对主客二元对立辩证的科学的解决

在历史上第一次对主客体对立做出辩证的科学回答的是马克思。马克思发展了黑格尔的辩证思维,引入了劳动、实践的观点,从本体论和认识论两个层次,从发生学、历史发展阶段论的历史视角,全面系统地论述了主体与客体分裂、对立和统一的辩证过程。但在西方近现代愈来愈严重的形而上学思维的束缚下,他们很难理解和充分重视这一理论的伟大意义及其丰富的科学内涵,以致马克思之后直到海德格尔、德里达的西方哲学、美学,仍在原来的轨道上愈走愈远(当然,他们也做出了自己独特的贡献)。在某种意义上讲,这是一个巨大的理论悲剧。

马克思认为,主体和客体的产生与划分,是从劳动实践开始的:正是劳动实践创造了人,创造了主体,使人脱离了动物界,使人获得了自由的本质;又正是劳动实践,创造了"第二自然",创造了属人的自然,创造了人的客体世界;也是劳动实践创造了主体和客体的对象性关系,使陌生的客体世界成为主体的对象,同时也使主体成为对象客体的主体,也就是说,生产不仅为主体生产对象,也为对象生产主体。不仅主体与客体的划分、裂变、对立是在劳动实践中产生的,而且劳动实践也内在地规定着二者的同一性、和谐性。主体与客体、人与对象世界为什么能够和谐统一呢?这是

因为劳动实践本身是一种二重化的活动。在劳动实践中，一方面，人按照自然界的客观规律，同时依据自己主体的目的和要求，来改变自然，创造世界，使世界成为人的本质力量的实现和自我确证，正如马克思所说"人的劳动不仅引起了自然物的形式的变化，同时还在自然物中实现他的目的"[①]，这样被改造了的自然界便成为人类的创造物，"表现为他的作品和他的现实"，成了"人自己"。因此，"劳动的对象是人类生活的对象化；人不仅在意识中理智地发现自己，而且能动地、现实地实现自己，从而在他所创造的世界中直观自己"[②]。这就是说，一方面正因为对象客体是"他的作品和他的现实"，是"人自己"，对象才成为人的对象，客体才成为主体的客体；另一方面，劳动生产不仅使自然人化，也使人对象化，也创造着人类自身，也创造着理智、意志、情感以及各种感觉能力。马克思说："社会人的感觉不同于非社会人的感觉。只是由于人的本质的客观地展开的丰富性，主体的、人的感性的丰富性，如有音乐感的耳朵，能感受形式美的眼睛。总之，那些能成为人的享受的感觉，即确证自己是人的本质力量的感觉，才一部分发展起来，一部分产生出来，因为，不仅五官感觉，而且所谓精神感觉、实践感觉（意志、爱等），一句话，人的感觉，感觉的人性，都只是由于它的对象的存在，由于人化的自然界，才产生出来的。五官感觉的形成是以往全部世界历史的产物。"[③]这也就是说，正因为人是对象化的人，人是在人化的自然中产生和发展起来的，主体方能成为客体的主体。就这样，通过劳动实践，客体成为主体的客体，主体成为

[①]《资本论》第1卷，人民出版社，1963年版，第192页。
[②]《马克思恩格斯全集》第42卷，人民出版社，1979年版，第97页。
[③] 同上，第126页。

客体的主体，主体和客体方能真正地相互沟通，相互交往，相互融合，相互转化，才能从本体论上、从发生学上科学地辩证地解决二者的二元对立问题，达到和谐的统一。而存在主义的"主体间性"理论，只是把客体设想为主体、当作主体，以实现二者的结合，这实质上不过是一种诗意的解决、审美的解决，是一种美好的乌托邦。这在理论上是落后于马克思的，是轻视或忽视马克思的结果，怎么能把它当作是超越马克思的最合理的学说呢？

更为重要的是主客体二元对立的解决，不只是一个理论问题，而且是一个现实的问题、历史的问题、实践的问题。马克思指出："主观主义和客观主义，唯灵主义和唯物主义，活动和受动，只是在社会状态中才失去它们彼此间的对立，并从而失去它们作为这样的对立面存在；我们看到，理论的对立本身的解决，只有通过实践方式，只有借助于人的实践力量，才是可能的；因此，这种对立的解决绝不只是认识的任务，而是一个现实生活的任务，而哲学未能解决这个任务，正因为哲学把这仅仅看作理论的任务。"[1]理论上的解决，并不就是历史的现实的解决。因为主体和客体二元对立的产生，并不只是头脑中形而上学思维的作怪，更重要的是还有生产力发展的水平，近代资本制度的痼疾，人与社会关系的裂变与异化等更为根本的因素的制约。正因为如此，尽管马克思早在19世纪中叶就对主客体二元对立问题作了理论上的回答，但在马克思之后的西方近现代哲学中，人文主义和科学主义、主体与客体的二元对立仍在继续发展，可以说，只要没有生产力的高度发展，只要资本制度没有消失，只要人与社会关系的异化仍然存在，那么主客体二元

---

[1]《马克思恩格斯全集》第42卷，人民出版社，1979年版，第127页。

对立的观念便不会真正地彻底地消解。从这个角度看海德格尔的出现，存在主义消解主客体的悖论，"主体间性"的神话，就不是某个人的失误，就不是某个人的局限和悲剧，而是一种历史的过程和必然，这是谁也难于逃脱和超越的。只有历史的超越，才可能有现实的个人的超越。

马克思正是从这种历史的现实的条件出发，从深刻的历史唯物主义原理出发，认为这种主客体二元对立的彻底解决，只有当人类社会发展到共产主义，生产力高度发展，创造了能满足人类日益增长的物质和精神需要的丰富产品，资本制度已根除，人以个性为基础全面发展，人与人、人与自然高度和谐的社会已构成时，才提供了这一历史解决的可靠条件。因此，只有到那时人与对象、主体与客体、自然与人文的对立才现实地根本地达到了和谐的统一。他说：

> 这种共产主义，作为完成了的自然主义，等于人道主义，而作为完成了的人道主义，等于自然主义，它是人和自然界之间、人和人之间的矛盾的真正解决，是存在与本质、对象化和自我确证、自由和必然、个体和类之间的斗争的真正解决。它是历史之谜的解答，而且知道自己就是这种解答。[①]

他又说：

> 全部历史是为了使"人"成为感性意识的对象和使"人作为人"的需要成为自然的、感性的需要而作准备的发展史。历史本身是自然史的即自然界成为人这一过程的一个现实部分。自然科学往后将包括关于人的科学，正像关于人的科学包括自

---

① 《马克思恩格斯全集》第42卷，人民出版社，1979年版，第120页。

然科学一样,这将是一门科学。①

他认为,这种统一的关键在于人成为社会的人,人与人结成了新的和谐社会:

> 自然界的人的本质只有对社会的人说才是存在的,因为只有在社会中,自然界对人说来才是人与人联系的纽带,才是他为别人的存在和别人为他的存在,才是人的现实生活的要素;只有在社会中,自然界才是人自己的人的存在的基础。只有在社会中,人的自然的存在对他说来才是他的人的存在,而自然界对他说来才成为人。因此,社会是人同自然界地完成了的本质的统一,是自然界的真正复活,是人的实现了的自然主义和自然界地实现了的人道主义。②

正是在主客体既矛盾又和谐的基础上,产生了辩证和谐美学和社会主义艺术,产生了人与对象既对立又和谐的审美关系。在这种新型的审美关系中,审美对象各构成元素的组合是既差异矛盾又和谐统一的,而人作为审美主体之审美心理诸因素的构成也是既矛盾又和谐的。辩证和谐的客体对象与辩证和谐的主体审美心理结构相对应,形成现代人的审美关系。它既具有古代素朴和谐关系的单纯性,又具有近代崇高关系的复杂性、丰富性;既具有前者的和谐性、一元性,又具有后者的对立性、多元性;既具有前者的有序性和稳定性,又具有后者的无序性、激荡性和开放性;总之,它是一种最丰富、最全面、最和谐的崭新的审美关系。由此可见,主体与

---

① 《马克思恩格斯全集》第42卷,人民出版社,1979年版,第128页。
② 同上,第122页。

客体、人与自然、人与社会的和谐,既不能像海德格尔的存在主义那样,到远古的人与自然、主客体未分化的"此在"中去寻找,那有过多地向后看的倾向;也不能像生态主义那样,只向自然界、生物界的平衡、和谐中去寻找。西方当前出现的生态主义,有三个特点:一是以自然为本;二是反人类中心主义;三是认为人是自然界生物链中的一个环节,人和动物是完全平等的。它是人文主义和科学主义对立极端发展的产物,也是自然生态遭到严重破坏,人类生存环境急剧恶化的产物,因而它对维持生态平衡,保护人类的生存环境,具有重要的现实意义。它批判人的主体的无限潮涨,蛮横地摧残奴役自然,也有其合理的一面。但它的反人类中心主义,必然导向反对以人为本,是彻底地反人文主义的,西方有人称它们是新自然主义是很有道理的,因而同样是极端的、片面的。这与在共产主义社会自然主义和人文主义的彻底统一是不可同日而语的,更难于由此直接引申出人与自然、人与社会、人与自身和谐统一的生态美学来,只有用自然和人文统一的和谐美学予以吸收和发展才是可能的。

(原载《文艺研究》2005年第4期)

附录一

周来祥先生主要著述写作年表*

专著

01.《马克思列宁主义美学的原则》，湖北人民出版社1957年
02.《乘风集》，上海新文艺出版社1958年
03.《美学问题论稿》，陕西人民出版社1984年
04.《论美是和谐》，贵州人民出版社1984年
05.《文学艺术的审美特征和美学规律》，贵州人民出版社1984年
06.《论中国古典美学》齐鲁书社1987年
07.《中西比较美学大纲》（合著），安徽文艺出版社1992年
08.《中国美学主潮》（主编），山东大学出版社1992年
09.《世界百科名著大辞典·美学卷》（主编），山东教育出版社1992年
10.《中国的现代美学》（意大利文），意大利Rubbetino1993年
11.《古代的美 近代的美 现代的美》，东北师范大学出版社1996年

* 周先生出版专著20种，发表论文290余篇；本年表选入专著19种，选取论文95篇。

12.《再论美是和谐》，广西师范大学出版社1996年

13.《西方美学主潮》（主编），广西师范大学出版社1997年

14.《周来祥美学文选》（上、下），广西师范大学出版社1998年

15.《美学概论》（合），台湾文津出版社2002年

16.《中国古代美学》，韩国美真社出版社2003年

17.《文艺美学》，人民文学出版社2003年

18.《三论美是和谐》，山东大学出版社2007年

19.《中华审美文化通史》（主编6卷本，并与周纪文合著秦汉卷），安徽教育出版社2007年

学术论文

01.《论世界观在艺术创作中的意义》《辽宁日报》，1955年3月27日

02.《评朱光潜先生美学观的新发展》《新建设》，1958年1月号

03.《马克思关于艺术生产与物质生产发展的不平衡规律，是否适用于社会主义文学》《文艺报》，1959年第2期

04.《马克思、恩格斯论现实主义和浪漫主义》《山东大学学报》，1960年3、4期

05.《舞台艺术的真善美》《新建设》，1961年11月号

06.《浅谈艺术的形式美》《光明日报》，1962年1月18日

07.《关于美学的对象——从历史上对于美与艺术的关系问题的争论中得到的几点启示》《山东大学学报》，1962年第2期

08.《艺术欣赏活动中的主客观关系》《山东大学学报》，1962年第4期

09.《论悲剧的范畴和社会主义的悲剧艺术》《美学》，1980年第2期

10.《不着一字，尽得风流——略论司空图的〈诗品〉》《古代

文学理论研究》，1980年第2辑

11.《我们时代的美是对立的和谐统一》《东岳论丛》，1980年第3期

12.《是古典主义，还是现实主义——从意境谈起》《文学遗产》，1980年第3期

13.《中国古典美学的奠基石——论〈乐记〉的美学思想》《文艺理论研究》，1981年第1期

14.《东方与西方古典美学理论的比较》《江汉论坛》，1981年第2期

15.《审美情感与艺术本质》《文史哲》，1981年第3期

16.《论古典主义的类型性典型》《河北大学学报》，1981年第4期

17.《艺术审美本质的几个问题》《江汉论坛》，1982年第11期

18.《论艺术创造的美学规律》《文史哲》，1982年第2期

19.《马克思论美学》《美学评林》，1982年第1辑

20.《形式美与艺术》《文艺研究》，1983年第1期

21.《关于马克思的人化自然学说和美的本质》《学术月刊》，1983年第3期

22.《古典和谐美的理想与中国古代艺术的模式》《汉江论坛》，1983年第10期

23.《中国古典美学同近代浪漫主义、现实主义美学的分歧》《美学》，1984年第5期

24.《建国以来美学研究概观》《文史哲》，1984年第5期

25.《论艺术批评的美学原理》《学习与探索》，1984年第5期

26.《论明清时期中国现实主义的小说美学》《美学与艺术评论》，1985年第2辑

27.《中西方美学比较研究》，加拿大蒙特利尔《第十届世界美学大会论文集》，1985年

28.《再论美是和谐》发表于《社会科学辑刊》，1985年第1期

29.《什么是艺术——第十届世界美学会议述评》）《中国社会科学》，1985年第3期

30.《美学是研究审美关系的科学——再论美学研究的对象》《文史哲》，1986年第1期

31.《现代自然科学方法和美学、文艺学的方法论》《文学评论》，1986年第4期

32.《文艺美学的对象与范围》《文史哲》，1986年第5期

33.《中国戏曲美学》，加拿大《第四次美学会议文集》，1986年

34.《美和崇高纵横论》《中国社会科学》，1987年第4期

35.《中国的传统文化思想是中和主义的》《文史哲》，1987年第4期

36.《中国古典美学的艺术本质观》《文学遗产》，1987年第6期

37.《论现代对立统一的和谐美与艺术》《华南师范大学学报》，1988年第1期

38.《现实主义不是当代文学的主流》《批评家》，1988年第5期

39.《论中国古典的和谐美和古典和谐美的艺术》《美学与艺术讲演录续编》，上海人民出版社，1989年4月

40.《一种被长期忽略的深层的"五四"精神——近代对立精神对古典和谐模式的否定》《文艺报》，1989年6月24日

41.《在批判中弘扬辩证理性》《文艺理论研究》，1990年第3期

42.《毛泽东的哲学精神及美学思想》《文艺研究》，1990年第3期

43.《大足石刻与唐宋间美学思想的变化》，台湾《思源》学术杂志，1991年第4期

44.《中国古代的伦理美学与西方古代的宗教美学》（上）《学术论丛》，1991年第6期

45.《中国古代的伦理美学与西方古代的宗教美学》（下）《学

术论丛》，1992年第1期

46.《辩证思维方法与当代马克思主义美学、文艺学理论体系》《上海文论》，1992年第1期

47.《中国与西方戏剧美学比较》，意大利《美学》，1993年

48.《冲破"左"的思想束缚，尊重文艺的客观规律》《文艺理论研究》，1993年第1期

49.《中国之书法美学》，韩国《书通》，1993年

50.《中韩审美文化之近似性》，韩国《书通》，1994年

51.《崇高·丑·荒诞——西方近现代美学和艺术发展的三部曲》《文艺研究》，1994年第3期

52.《近代崇高型艺术的艺术本质观》《学术月刊》，1994年第7期

53.《中国美学的现状、成就及其发展趋势》，韩国汉城大学《东西方美学国际学术会议文集》，1995年

54.《和谐与中国美》，[美]布洛克等主编《中国当代美学文选》，1995年

55.《荒诞和荒诞的后现代主义》《文艺研究》，1995年第6期

56.《古典和谐美与中国书法艺术》，韩国《书通》，1995年

57.《和谐美学的逻辑与历史》《新华文摘》，1996年第6期

58.《中西方古典和谐美理想的比较研究》，芬兰赫尔辛基《第十三届世界美学大会论文集》1996年

59.《在矛盾、冲突、激荡中追求着和谐》《今日中国哲学》，1996年

60.《世界美学研究的新趋向——第十三届世界美学大会观感》《人文杂志》，1996年第2期

61.《比较美学在当代中国》，日本《艺术学》杂志，1997年

62.《新中国美学研究》，印度《比较美学与文学》杂志，1997年第1期

63.《关键在于思维方式的突破》《光明日报》，1997年7月12日

64.《我的和谐美学》，日本东京《第48回全国美学会议文集》，1998年

65.《和谐美学的总体风貌》《文艺研究》，1998年第5期

66.《关于丑和现代主义》《外国美学》第15辑，1998年10月

67.《我飞跃发展的二十年》《光明日报》1998年11月19日

68.《我的和谐美学与哲学》，斯洛文尼亚卢布尔雅那《第十四届世界美学大会论文集》，1999年

69.《中国20世纪美学的两次转型》《文艺研究》，1999年第1期

70.《中国美学走向世界——第14届世界美学大会随感》《东方丛刊》，1999年第4期

71.《中国古典和谐美学》，印度《比较美学与文学》，1999年第1期

72.《新千年和谐美畅想》《光明日报》，2000年1月13日

73.《新中国美学50年》《文史哲》，2000年第4期

74.《中国的和谐美与艺术》，日本京都《亚洲美学、艺术学会议论文集》，2001年

75.《蒋孔阳的美学思想与人格精神》《学术月刊》，2001年第3期

76.《和谐美与中国古典艺术》，台湾《美学艺术学》杂志，2002年

77.《我的和谐美学的主要思想》，日本东京《第十五届世界美学大会论文集》，2002年

78.《中国古典和谐美和古典艺术》，日本《大阪大学学报》，2002年3月

79.《21世纪美学——第十五届世界美学大会的感受与思考》《东方丛刊》，2003年第4期

80.《辩证和谐美学与审丑教育》《文艺研究》，2003年第4期

81.《华岗关于文史哲大综合的思想》《东岳论丛》，2004年第1期

82.《和谐论〈文艺美学〉的理论特征与逻辑构架》《文史哲》，2004年第3期

83.《论哲学、美学中主客二元对立思维模式的产生、发展及辩证的解决》《文艺研究》，2005年第4期

84.《超越二元对立，创建辩证和谐》《东岳论丛》，2005年第5期

85.《和·中和·中——再论中国传统文化的和谐精神及审美特征》《文史哲》，2006年第2期

86.《我与萧涤非先生》《文史哲》，2006年第11期增刊

87.《现代辩证和谐论与和谐的普遍性》《学术月刊》，2006年第12期

88.《只有东西方美学的共同发展，才能有完整意义上的世界美学——"美学与文化，东方与西方"世界学术研讨会上的发言》《三论美是和谐》，2007年9月

89.《辩证思维·矛盾思维·和谐思维》《学术月刊》，2007年第12期

90.《现代和谐的哲学与美学思考》《文史哲》，2008年第1期

91.《前后两个三十年》《人民日报》，2008年12月11日

92.《汉赋"莫我大也"的时代风貌》《社会科学战线》，2009年第11期

93.《德行与学术》南北桥《国学》，2010年第7期

94.《太极与中华文化》《光明日报》，2011年2月28日

95.《中华美学的根本特点及其对人类美学的贡献》，北京《第十八届世界美学大会论文集》2014年

中国现代美学大家文库

《美在境界——王国维美学文选》
《美育与人生——蔡元培美学文选》
《美是情趣与意象的契合——朱光潜美学文选》
《美从何处寻——宗白华美学文选》
《美即典型——蔡仪美学文选》
《从美感两重性到情本体——李泽厚美学文录》
《从美的理念到美的实践——汝信美学文选》
《美在创造中——蒋孔阳美学文选》
《实践本体论美学思想——刘纲纪美学文选》
《体验人生价值美——胡经之美学文选》
《美是和谐——周来祥美学文选》
《美的哲学——叶秀山美学文选》
《审美是自由的生存方式——杨春时美学文选》
《实践存在论美学——朱立元美学文选》
《生态美学——曾繁仁美学文选》

图书在版编目（CIP）数据

美是和谐：周来祥美学文选 / 周来祥著. —济南：山东文艺出版社，2020.1
 ISBN 978-7-5329-5962-4

Ⅰ.①美… Ⅱ.①周… Ⅲ.①美学—文集 Ⅳ.①B83-53

中国版本图书馆CIP数据核字（2019）第246925号

美是和谐
——周来祥美学文选

周来祥　著

主管单位	山东出版传媒股份有限公司
出版发行	山东文艺出版社
社　　址	山东省济南市英雄山路189号
邮　　编	250002
网　　址	www.sdwypress.com
读者服务	0531-82098776（总编室）
	0531-82098775（市场营销部）
电子邮箱	sdwy@sdpress.com.cn
印　　刷	山东临沂新华印刷物流集团有限责任公司
开　　本	890毫米×1240毫米　1/32
印　　张	12.25
字　　数	294千
版　　次	2020年1月第1版
印　　次	2020年1月第1次印刷
书　　号	ISBN 978-7-5329-5962-4
定　　价	76.00元

版权专有，侵权必究。如有图书质量问题，请与出版社联系调换。